普通高等教育"十三五"规划教材

数字信号处理

季秀霞　主　编
张小琴　卞晓晓　副主编

西安交通大学出版社
XI'AN JIAOTONG UNIVERSITY PRESS

内容简介

本书系统地讲解数字信号处理的基本原理、基本概念与基本分析方法。内容强化数字信号处理理论和性质的应用,简化繁杂的公式推导过程,体现工程性和应用性。

主要内容包括:时域离散信号和时域离散系统、时域离散信号和系统的频域分析、Z变换、离散傅里叶变换(DFT)、快速傅里叶变换(FFT)、时域离散系统的实现、无限冲激响应数字滤波器的设计和有限冲激响应数字滤波器的设计。

图书在版编目(CIP)数据

数字信号处理 / 季秀霞主编. — 西安:西安交通大学出版社,2018.6
ISBN 978-7-5693-0749-8

Ⅰ. ①数… Ⅱ. ①季… Ⅲ. ①数字信号处理 Ⅳ. ①TN911.72

中国版本图书馆 CIP 数据核字(2018)第 155294 号

书 名	数字信号处理
主 编	季秀霞
责任编辑	贺彦峰
出版发行	西安交通大学出版社
	(西安市兴庆南路 10 号 邮政编码 710049)
网 址	http://www.xjtupress.com
电 话	(029)82668357 82667874(发行中心)
	(029)82668315(总编办)
传 真	(029)82668280
印 刷	陕西日报社
开 本	787mm×1092mm 1/16 印张 19 字数 460 千字
版次印次	2019 年 1 月第 1 版 2019 年 1 月第 1 次印刷
书 号	ISBN 978-7-5693-0749-8
定 价	39.80 元

读者购书、书店添货、如发现印装质量问题,请与本社发行中心联系、调换。
订购热线:(029)82665248 (029)82665249
投稿热线:(029)82668284

版权所有 侵权必究

前 言
PREFACE

"数字信号处理"是高等学校工科电子信息工程、通信工程等专业本科生必修的核心基础课程之一。本课程介绍数字信号处理的基本概念、基本分析方法和处理技术。主要讨论离散时间信号和系统的基础理论、离散傅里叶变换 DFT 理论及其快速算法 FFT、无限冲激响应数字滤波器 IIR 和有限冲激响应数字滤波器 FIR 的设计实现以及有限字长效应。通过本课程的学习,学生可以掌握连续时间信号的采样、线性移不变系统的性质、利用 DFT 理论进行信号谱分析以及数字滤波器的设计原理和实现方法等知识,为其进一步学习有关信息、通信系列课程打下理论基础。

本书编者在长期主讲该课程的过程中,感受到不同层次的学生对该课程不同程度的需求,所以本书的写作风格言简意赅,深入浅出。针对信息类专业的要求和"数字信号处理"课程的特点,编写时遵循由浅入深的学习过程,不但注重复杂理论及公式的推导,更注重公式及性质的应用。掌握本门课程的知识,可以借助 MATLAB 软件进行仿真实验。考虑到有很多书籍专门介绍数字信号处理及 MATLAB 编程,本书对此不做专门的阐述,只是在每章最后列出典型的应用,以便读者结合仿真实验更好地理解数字信号处理的理论及性质。

本书分正文和附录两部分,包含数字信号处理领域最基本的概念、理论和方法。全书正文部分共分 9 章:绪论部分用通俗浅显的方法给出本书的主题,使学生建立感性认识,激发学生对数字信号处理学科的兴趣;第 1~4 章是离散时间信号和系统的基本理论,包括离散时间信号和系统的基础知识、Z 变换、傅里叶变换、线性移不变系统的变换域分析以及连续时间信号的采样;第 5~6 章是离散傅里叶变换及其快速算法;第 7~9 章是数字滤波器的设计与实现。一些在工程实践中遇到的方法,如 IIR 滤波器的频率变换设计方法、FIR 滤波器的优化设计方法、有限字长效应等实践性较强的问题,全部安排在附录中介绍。附录 A 给出了三种模拟原型滤波器的设计参数表,供读者查询。滤波器设计与分析工具 FDATool 和信号频谱分析和滤波设计工具 SPTool 在附录 H 做了简单介绍,供读者参考。另外,附录部分还简单介绍了离散随机信号的谱估计及离散余弦变换,供读者开拓视野。附录内容可以根据需要有选择地放入课堂教学中,也可以留作课外阅读。

本书各章之后都附有相应的习题,供读者进一步掌握数字信号处理的基础理论和基本方法。

本书由南京信息职业技术学院季秀霞老师主编,参加编写的还有南京航空航天大学金城学院张小琴和卞晓晓老师。南京航空航天大学金城学院顺利民教授一直关心和支持本书的编写工作,并提出许多宝贵意见,在此表示衷心的感谢。

最后,对本书的参考文献中的作者们表示感谢!

由于编者水平有限,书中难免有疏漏和不妥之处,敬请广大读者不吝指正。

编者

目录 CONTENTS

绪 论 ·· 1

第1章 离散时间信号与系统 ··· 6
1.1 引言 ·· 6
1.2 离散时间信号——序列 ·· 8
1.3 离散时间系统 ·· 16
1.4 线性移不变系统 ·· 19
1.5 由差分方程描述离散时间系统 ·· 23
1.6 MATLAB仿真实例 ·· 26
1.7 本章小结 ·· 29
习 题 ·· 29

第2章 傅里叶变换 ··· 32
2.1 傅里叶变换 ·· 32
2.2 线性移不变系统的频率响应 ·· 35
2.3 傅里叶变换的性质 ·· 37
2.4 MATLAB仿真实例 ·· 45
2.5 本章小结 ·· 49
习 题 ·· 49

第3章 Z变换 ·· 52
3.1 Z变换 ··· 52
3.2 Z变换的收敛域性质 ·· 54
3.3 Z反变换 ··· 57

3.4　Z变换的性质和定理 …………………………………………………… 63
　3.5　系统函数 …………………………………………………………………… 69
　3.6　Z变换与傅里叶变换的关系 …………………………………………… 74
　3.7　单边Z变换 ………………………………………………………………… 75
　3.8　MATLAB仿真实例 ……………………………………………………… 77
　3.9　本章小结 …………………………………………………………………… 80
　习　　题 …………………………………………………………………………… 81

第4章　连续时间信号的采样 …………………………………………………… 83
　4.1　信号的理想采样 …………………………………………………………… 83
　4.2　采样信号的频谱 …………………………………………………………… 84
　4.3　时域采样定理 ……………………………………………………………… 86
　4.4　信号的恢复 ………………………………………………………………… 88
　4.5　连续时间信号的离散时间处理 ………………………………………… 91
　4.6　离散时间信号的连续时间处理 ………………………………………… 93
　4.7　MATLAB仿真实例 ……………………………………………………… 95
　4.8　本章小结 …………………………………………………………………… 99
　习　　题 …………………………………………………………………………… 99

第5章　离散傅里叶变换(DFT) ………………………………………………… 101
　5.1　周期序列 …………………………………………………………………… 101
　5.2　离散傅里叶级数(DFS) ………………………………………………… 105
　5.3　离散傅里叶变换(DFT) ………………………………………………… 111
　5.4　有限长序列的圆周卷积 ………………………………………………… 119
　5.5　DFT与Z变换、傅里叶变换的关系 …………………………………… 125
　5.6　频域采样 …………………………………………………………………… 127
　5.7　MATLAB仿真实例 ……………………………………………………… 130
　5.8　本章小结 …………………………………………………………………… 136
　习　　题 …………………………………………………………………………… 137

第6章　快速傅里叶变换(FFT) ………………………………………………… 141
　6.1　引言 ………………………………………………………………………… 141
　6.2　时间抽取基-2 FFT算法 ………………………………………………… 142
　6.3　频率抽取基-2 FFT算法 ………………………………………………… 147
　6.4　FFT实现中的具体问题 ………………………………………………… 151

6.5 离散傅里叶反变换(IDFT)的计算方法 …… 154
6.6 任意基数的 FFT 算法 …… 155
6.7 线性卷积的 FFT 算法 …… 157
6.8 MATLAB 仿真实例 …… 162
6.9 本章小结 …… 162
习 题 …… 163

第 7 章 IIR 滤波器的设计 …… 165
7.1 引言 …… 165
7.2 常用模拟滤波器设计 …… 167
7.3 通过模拟滤波器设计 IIR 数字滤波器 …… 175
7.4 MATLAB 仿真实例 …… 184
7.5 本章小结 …… 187
习 题 …… 187

第 8 章 FIR 滤波器的设计 …… 189
8.1 FIR 滤波器的线性相位 …… 189
8.2 窗函数法设计 FIR 滤波器 …… 198
8.3 频率取样法设计 FIR 滤波器 …… 205
8.4 IIR 和 FIR 数字滤波器比较 …… 209
8.5 MATLAB 仿真实例 …… 211
8.6 本章小结 …… 214
习 题 …… 215

第 9 章 离散时间系统的实现 …… 217
9.1 系统的信号流图表示 …… 217
9.2 FIR 系统的网络结构 …… 219
9.3 IIR 系统的网络结构 …… 224
9.4 本章小结 …… 227
习 题 …… 227

附录 A 模拟滤波器设计参数 …… 230

附录 B IIR 滤波器的频率变换设计法 …… 235
B.1 模拟域频率变换 …… 235

B.2 数字域频率变换 ·· 236

附录 C　IIR 滤波器的计算机辅助设计方法 ·· 239
C.1 IIR 滤波器的频域最小均方误差设计 ·· 239
C.2 IIR 滤波器的最小平方逆设计 ·· 240

附录 D　FIR 滤波器的等波纹逼近设计方法 ··· 242

附录 E　有限字长效应 ··· 246
E.1 实数的表示及运算 ·· 246
E.2 模数转换中的量化误差 ·· 249
E.3 FFT 实现中的有限字长效应 ·· 249
E.4 离散时间滤波器实现中的有限字长效应 ·· 251

附录 F　离散余弦变换(DCT) ·· 260

附录 G　离散时间随机信号 ·· 262
G.1 平稳随机信号分析 ·· 262
G.2 离散随机信号的频谱 ··· 266
G.3 线性系统对随机信号的响应 ··· 268
G.4 随机信号的谱估计 ·· 270

附录 H　MATLAB 信号处理工具 ·· 275
H.1 滤波器设计与分析工具 FDATool ·· 275
H.2 信号频谱分析和滤波设计工具 SPTool ··· 285

参考文献 ·· 295

绪 论

随着科学技术的迅速发展,大量数据和信息需要传递和处理。信息是客观世界中各种事物的状态和特征的反映,是消息中包含的有意义的内容。通常把信息传递的载体和表现形式称为信号。数字信号处理(Digital Signal Processing,DSP),是利用数字或者符号的形式将信号表示成特定的序列,通过数值计算的方法对信号进行加工和处理,达到提取有用信息便于应用的目的。

1. 信号的定义和分类

生活中到处都有信号存在,如眼睛能看到的交通灯信号、视频信号,耳朵能听到的语音信号,还有人体不能直接感觉到的电磁波信号,等等。信号是随时间、空间或其他自变量变化的物理量。数学上,用一个一元或多元函数来表示信号。例如:$s_1(t) = 5t$ 是一个时间轴上的一维信号,图像信号可以表示成二维空间函数 $f = (x,y)$。

上述两个式子描述的信号都是属于一类可以准确定义的信号,它指定了对于自变量的函数依赖关系,但是在很多情况下,这种函数关系是未知的。例如:某种语音信号(见图1)是不能用函数化形式来描述的。一般来说,一段语音信号可以被高精度的表示为几个不同幅度和频率的正弦函数的总和。即有如下关系:

$$\sum_{i=1}^{N} A_i(t)\sin[2\pi F_i(t)t + \theta_i(t)]$$

其中,$\{A_i(t)\}$,$\{F_i(t)\}$,$\{\theta_i(t)\}$ 分别是正弦信号的幅度、频率和相位的集合。

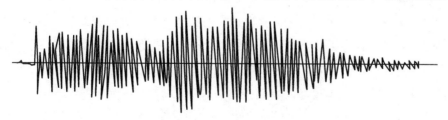

图1 语音信号的例子

对于信号,可以从不同的角度进行分类。

(1)从时间是否连续上,可以将信号分为连续时间信号和离散时间信号。

连续时间信号是指时间上连续,幅值上可以是连续值也可以是离散值的信号。例如:信号 $s_1(t) = 5t$,t 的取值是连续的。

离散时间信号是指时间上离散,即仅在某些离散的时间点上取值,幅值上可以是连续值也可以是离散值,即可以取任意值的信号。例如:信号 $s_2(t) = \sum_{n=-\infty}^{\infty} \delta(t-nT)$, t 仅在 $nT(-\infty \leq n \leq \infty)$ 上取值,是不连续的。

(2) 从时间和幅值是否连续上,可以将信号分为模拟信号和数字信号。

模拟信号是指时间和幅值均连续变化的信号,数字信号是时间和幅值均离散化的信号,亦即幅值经过量化,只能在有限集合内取值。模拟信号经采样、量化、编码转换为数字信号。完成数字信号与模拟信号之间转换的设备称为模数转换器 A/D 和数模转换器 D/A。

由此可见,模拟信号是连续时间信号的子集,数字信号是离散时间信号的子集。

(3) 从产生的可预测性上,可以将信号分为确定性信号和随机信号。

确定性信号是指信号具有唯一的、明确的数学表达形式,可以是函数、数据链表等,即确定性信号的过去、当前和未来的值都是确知的。随机信号是指信号随时间做不可预测的变化,如噪声、语音信号等。随机信号的概率和随机过程只能用统计的方法进行描述和分析。

现实世界中的信号按确定性和随机性分类往往是不明确的,有时候信号的行为同时表现出确定性和随机性。由于对确定性信号和随机性信号进行处理时使用的数学工具不同,错误的信号分类往往会导致错误的处理结果,因此在工程运用中,需要做到具体问题具体分析。

(4) 从数学描述上,可以将信号分为一维信号和多维信号。

一维信号是指信号可以用单个独立变量的函数来描述,多维信号是指信号可以用多个独立变量的函数来描述。例如: $s(t) = 5t$ 属于一维信号,图像信号 $f = (x,y)$ 和视频信号 $f = (x,y,z)$ 属于多维信号。

本书主要讨论的对象是一维离散时间信号,以后将简单地称其为信号。

2. 数字信号处理

信号处理是指对信号进行表示、分析、变换、综合等加工处理,以达到提取信息或便于应用的目的。例如:将两个或多个混合在一起的信号进行分离或者增强某一个信号分量;对于给定信号估计信号模型中的参数;在通信系统中,要传输信息就必须对其做预处理,如信源编码(压缩)、信道编码(差错控制)、调制(调制到一定频段的载波上);等等,待信号到达接收端,要进行一系列相反的处理,以便提取出信息,这一过程中的步骤都属于信号处理的范畴。

数字信号处理是利用计算机或者专用硬件,以数值计算的方法,对信号进行处理。数字信号处理的对象是具有有限精度的数据序列,即数字信号。

3. 数字信号处理的特点

数字信号处理采用数字系统完成信号处理的任务,因此它具有数字系统的一些优

点,例如抗干扰、可靠性强,便于大规模集成等。除此之外,与传统的模拟信号处理方法相比较,它还具有以下一些明显的优点:

(1)精度高。只要字长位数足够,就能实现要求的精度和动态范围。模拟元器件的精度很难达到10^{-3},但是数字系统的16位字长就可以达到10^{-5}的精度。例如:基于离散傅里叶变换的数字式频谱分析仪,其幅值精度和频率分辨率均远远高于模拟频谱分析仪。

(2)数字系统具有体积小、质量轻、成本低且稳定性好等优点,因此抗干扰能力较强,受噪声、温度和电磁感应的影响较小,工作性能稳定,运行结果具有可重复性。

(3)调试方便。模拟系统使用的复杂加减乘除法电路和比较电路等,用数字系统很容易完成,并且可以在通用计算机上用软件实现,便于测试,同时软件实现可以对信号进行离线处理,便于携带。

(4)易于大规模集成、灵活性大。对于数字系统来说,可以通过修改程序使数字信号处理过程得以重新配置,但是对于模拟系统来说,必须重新对硬件进行设计、测试和配置。

(5)数字信号处理能实现许多模拟信号处理不能实现的功能。例如:有限长单位冲激响应数字滤波器可以实现严格的线性相位;在数字信号处理中可以将信号存储起来,用延迟的方法实现非因果系统,提高系统的性能指标;数据压缩方法可以显著减少信息传输中的信道容量;等等。

当然,数字信号处理也有缺点,主要包括:

(1)增加了系统的复杂性。需要模拟接口和比较复杂的数字系统。

(2)应用的频率范围受到限制。主要是因为A/D转换的采样频率受到限制。

(3)系统的功率消耗比较大。数字信号处理系统中集成了几十万甚至更多的晶体管,而模拟信号处理系统中大量使用的是电阻、电容、电感等无源器件,随着系统的复杂性增加,这一矛盾会更加突出。

4. 数字信号处理的历史和现状

数字信号处理技术的发展具有相当长的历史,回顾其前进的历史将有助于我们更好的预测前景,展望未来。

早在17世纪,科学家和工程师们就已经开始使用数学模型(包括连续变量的函数和微分方程)来表示物理现象,当这些方程无法获得闭合形式的解析解时,相应的数值方法就应运而生。牛顿(Newton)提出的有限差分方法可以视为数字信号处理的雏形。到了18世纪,欧拉(Euler)、贝努力(Bernoulli)、拉格朗日(Lagrange)等数学家发展了数值积分和连续函数插值的方法,代表了数字信号处理理论的进一步发展。

1948年,贝尔实验室的几位科学家最早提出把数字硬件技术用于信号处理。香农(Shannon)和博往(Boole)在一次会晤中讨论了用数字元件构成滤波器的可能性,结论认为这样做是不可行的。因为当时无论在理论上、技术上或是器件上,均不具备条件。

20世纪60年代中期出现了较为定型的数字信号处理理论,即数字滤波器的设计和综合理论,对此贡献较大的是贝尔实验室的凯泽(Kaiser)。与此同时,库利—图基(Couley-Tukey)提出了关于计算离散傅里叶变换的快速算法,给予了数字信号处理技术巨大的生命力,这一算法就是FFT,其价值在于把计算离散傅里叶变换(DFT)的时间减少了一到两个数量级,使实时谱分析成为可能。也就是说,60年代数字信号处理在理论上日趋成熟,但在硬件技术和器材上却无能为力。

70年代以后,由于计算机的广泛应用和大规模集成技术的高速发展,数字信号处理技术得到了广泛的应用。与此同时,出现了一门新的学科——数字信号处理。但是由于受到元器件的限制,相应的硬件技术仍旧不能满足实时处理的要求。

80年代以后,特别是90年代以来,随着超大规模集成电路以及微处理机、微处理器的惊人发展,数字信号处理的理论和技术得到充分的推广应用,处理的实时性问题也逐步得到解决。目前,各种体积很小的数字信号处理器(TM320系列),FFT芯片和数字滤波器得到了广泛应用。

5. 数字信号处理的发展特点

(1)由简单运算走向复杂运算。目前几十位乘几十位的全并行乘法器可以在数个纳秒的时间内完成一次浮点乘法运算,在运算速度和运算精度上,为复杂的数字信号处理算法提供了先决条件。

(2)由低频走向高频。模数转换器的采样频率已高达数百兆赫,可以将视频甚至更高频率的信号数字化后送入计算机处理。

(3)由一维走向多维。高分辨率彩色电视、雷达、石油勘探等多维信号处理的应用领域已与数字信号处理结下了不解之缘。

(4)各种数字信号处理系统均几经更新换代。在图像处理方面,图像数据压缩是多媒体通信、影碟机(VCD或DVD)和高清晰度电视(HDTV)的关键技术。国际上先后制定的标准H.261、JPEG、MPEG-1和MPEG-2中均使用了离散余弦变换(DCT)算法。近年来发展起来的小波(Wavelet)变换也是一种具有高压缩比和快速运算特点的崭新压缩技术,应用前景十分广阔,已经成为新一代压缩技术的标准。

6. 数字信号处理的应用和实现

20世纪60年代以前,信号处理几乎都采用模拟技术。随着信息学科和计算机学科的飞速发展,才出现了数字信号处理技术。如今,数字信号处理的理论和技术正在迅猛发展,应用的领域也日益广泛。例如:在通用数字信号处理方面的数字滤波、数字相关、自适应滤波等;在图像处理方面的模式识别、图像增强、图像压缩等;在语音处理方面的语音分析、语音合成、语音识别、说话人辨识等;在通信方面的自适应均衡、高速调制解调器、数据压缩等。

数字信号处理的实现既可以采用软件程序实现,也可以采用硬件器件实现,具体可以分为以下三种:

(1) 软件实现:通过编写软件程序在通用计算机上实现。优点是功能灵活、开发周期短、经济、一机可以多用,缺点是处理速度慢,这是由于通用数字计算机的体系结构并不是为某一种特定算法而设计的。在许多非实时的应用场合,可以采用软件实现方法。一般来说,软件实现只适用于算法的仿真研究以及对处理速度要求不高的教学实验等场合。例如,处理一盘混有噪声的录像(音)带,可以将图像(声音)信号转换成数字信号存入计算机,用较长的时间一帧帧地处理这些数据。处理完毕后,再实时地将处理结果还原成一盘清晰的录像(音)带。通用计算机即可完成上述任务,所以不必花费较大的代价去设计一台专用数字计算机。

(2) 硬件实现:硬件实现是针对特定的应用目标,采用由加法器、乘法器和延迟器构成的数字电路实现某种专用的处理功能。例如快速傅里叶变换芯片、数字滤波器芯片和调制解调器等。硬件实现的优点是处理速度快、容易做到实时处理,缺点是功能固定不灵活、开发周期长、设备只能专用。

(3) 软硬件结合实现:采用通用单片机、通用可编程 DSPs 或 FPGA 等可编程逻辑器件,加以软件编程来实现。

7. 本书内容

本书作为数字信号处理的基础教材,不涉及数字信号在各领域的具体应用,在实现方法上只给出 MATLAB 仿真,理论部分涉及线性移不变系统的一维信号处理,对信号和系统的讨论,主要关注时间离散而幅值连续的情况,幅值离散化(有效字长效应)的概念放在附录中介绍。全书共分九章,可以归纳成三部分:离散时间信号和系统(包括傅里叶变换、Z 变换、系统的变换域分析和连续时间信号的采样)、离散傅里叶变换及其快速算法(包括 DFT 和 FFT)、数字滤波器的设计与实现(包括 IIR 数字滤波器和 FIR 数字滤波器的设计与实现)。

第1章 离散时间信号与系统

绪论中已经讲到,信号可以分为连续时间信号和离散时间信号。输入输出信号都是离散时间信号的系统称为离散时间系统。本章是本书的基础,重点描述离散时间信号的常用形式、序列的各种运算和离散时间系统的一般特性,尤其是线性移不变系统的特性。本章介绍一个极其重要的公式(卷积公式)。有了卷积公式,就可以计算线性移不变系统对于任意输入信号的输出响应。本章最后介绍差分方程,它是描述线性移不变系统输入输出关系的方法。

学习要求:掌握离散时间信号与系统的定义;掌握常用的序列;会判定系统的因果性和稳定性;会计算线性移不变系统的输出响应;掌握线性移不变系统的冲激响应及差分方程的描述方法。

1.1 引言

为了让读者对数字信号处理有一个大概的了解,现通过以下例子的讲解说明信号处理的大致过程。

假设有一个载有信息、以时间 t 为变量的信号 $s(t)$,由于在传输过程中受到了某种加性噪声或干扰 $n(t)$ 的污染,致使观察到的信号变成了 $x(t)$,记作:

$$x(t) = s(t) + n(t) \tag{1.1.1}$$

现在的问题是对观测信号做怎样的处理,才能使处理结果最接近原来的信号。数字处理过程如图1.1.1所示。相应各点波形如图1.1.2所示。

图1.1.1 信号处理的典型过程

首先,观测信号 $x(t)$ 需要经过前置模拟低通滤波器 $H_a(s)$ 去掉一些带外成分,得到模拟信号 $x_a(t)$。然后以采样周期 T 对连续时间信号 $x_a(t)$ 进行采样,得到离散时间信号 $x_a(nT)$。由于离散时间信号 $x_a(nT)$ 的信号幅值是连续变化的,不能进行数字处理,所以 $x_a(nT)$ 要经过 A/D 转换器对幅值进行量化,得到时间和幅值都是离散的信号,即数字信号 $x(n)$,其中 n 为整数变量。

图 1.1.1 中的"采样"要满足"奈奎斯特采样定理"。"数字处理"模块完成数字信号处理的功能,它既可以由一台可编程的数字计算机实现,也可以由一个可以实现特定操作的微处理器完成。通常可编程器件可以通过修改软件,改变信号处理的操作,使数字信号处理更加灵活,当然相应的成本也比较高;另一方面,当所需的数字信号处理过程是确定的,通常对硬件处理过程进行优化,生成可以实现固定操作的数字信号处理器件,这样的器件成本相对较低,并且运算速度比前者快。

处理后的数字信号 $y(n)$ 有时需要经过 D/A 转换恢复成模拟信号 $y_a(t)$。由于 D/A 转换后的信号 $y_a(t)$ 含有较多的高频分量,因此需要用一个模拟低通滤波器 $H_r(s)$ 滤掉这些高频分量,从而得到处理后的平滑连续时间信号 $y(t)$。

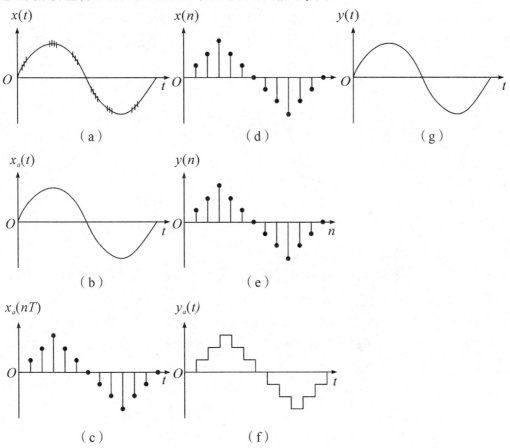

图 1.1.2 有关图 1.1.1 的各点波形

由于信号处理框图的输入和输出都是模拟信号,因此图 1.1.1 中 6 个处理模块所构成的系统可以看作是一个模拟信号处理器。换句话说,数字信号处理实际上提供了处理模拟信号的另一种解决方案。

1.2 离散时间信号——序列

1.2.1 表示和分类

1. 信号的表示

离散时间信号在数学上按一定次序排列成一组数字,称之为序列。序列通常表示为:

$$\{x(n)\} \quad -\infty \leq n \leq \infty \tag{1.2.1}$$

其中 $x(n)$ 表示序列中第 n 个数,$\{\ \}$ 表示集合。用图形表示序列,如图 1.2.1 所示。$x(n)$ 仅仅在 n 取整数时才有定义,当 n 不为整数时,$x(n)$ 未必一定是零,只是不做定义。

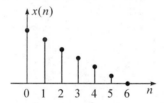

图 1.2.1 序列的图形表示

为方便起见,常用 $x(n)$ 表示序列 $\{x(n)\}$,其中 n 为整数。

注意 在数字信号处理中,信号处理很多时候都是非实时的,即将数据先记录下来,然后再用计算机或专用硬件进行处理。信号数据在存储器中可以根据需要调用,而且不一定按照时间顺序来调用。因此 $x(n)$ 中的 n 只是表示离散时间信号数据的前后顺序,并不一定表示具体的时刻。如果离散时间信号的产生不是通过采样连续时间信号而来,n 就与时间没有任何关系,所以 n 仅仅表示序列 $x(n)$ 中对应位置的序号。

序列常用的表示方法除了图示法外,还有公式法和集合符号表示法。图 1.2.1 所示的信号用公式法可以表示为:

$$x(n) = \begin{cases} 6-n & 0 \leq n \leq 5 \\ 0 & n < 0 \text{ 或 } n > 5 \end{cases} \tag{1.2.2}$$

用集合符号表示法表示为:

$$x(n) = \{6,5,4,3,2,1\} \atop \uparrow \tag{1.2.3}$$

其中箭头指向的位置是时间零点 $n = 0$ 的位置。

2. 信号的分类

序列可以分成以下几类:

(1)有限长序列。序列 $x(n)$ 的值只在有限区间 $N_1 \leq n \leq N_2$ 之内不全为零,在其他区间全为零,其中 N_1 和 N_2 为整数。

(2) 右边序列。序列 $x(n)$ 的值在区间 $n \geq N_1$ 之内不全为零,在其他区间全为零。

(3) 左边序列。序列 $x(n)$ 的值在区间 $n \leq N_2$ 之内不全为零,在其他区间全为零。

(4) 双边序列。序列 $x(n)$ 的值在整个 $-\infty \leq n \leq \infty$ 区间不全为零,可以看成由一个右边序列和一个左边序列相加而成。

以上四类序列如图 1.2.2 所示。

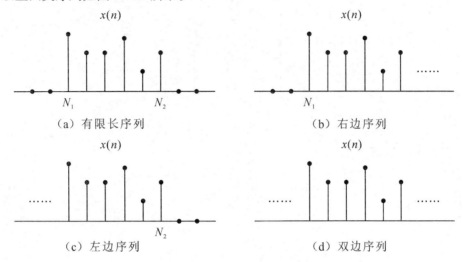

图 1.2.2 四种类型序列图示

1.2.2 序列的基本形式

在数字信号处理中,有一些基本序列起着很重要的作用,如单位取样序列、单位阶跃序列、矩形序列、实指数序列、正弦序列和复指数序列。下面介绍这些序列的解析表达式和图形表示。

1. 单位取样序列(图 1.2.3)

$$\delta(n) = \begin{cases} 0 & n \neq 0 \\ 1 & n = 0 \end{cases} \quad (1.2.4)$$

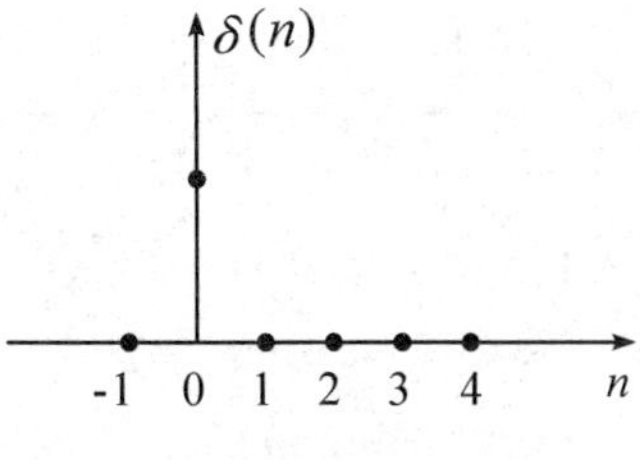

图 1.2.3 单位取样序列的图形表示

注意 $\delta(n-1) = \begin{cases} 0 & n \neq 1 \\ 1 & n = 1 \end{cases}$,不能写成 $\delta(1)$。

单位取样序列是最常用的基本序列,作用类似于连续时间信号中的冲激函数 $\delta(t)$。

不同之处是单位取样序列是可以实现的,冲激函数 $\delta(t)$ 却是物理无法实现的(时间无限窄,幅度无限高)。

2. 单位阶跃序列(图 1.2.4)

$$u(n) = \begin{cases} 1 & n \geq 0 \\ 0 & n < 0 \end{cases} \quad (1.2.5)$$

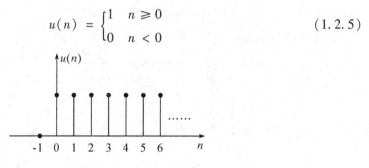

图 1.2.4 单位阶跃序列的图形表示

3. 矩形序列(图 1.2.5)

$$R_N(n) = \begin{cases} 1 & 0 \leq n \leq N-1 \\ 0 & \text{其他} \end{cases} \quad (1.2.6)$$

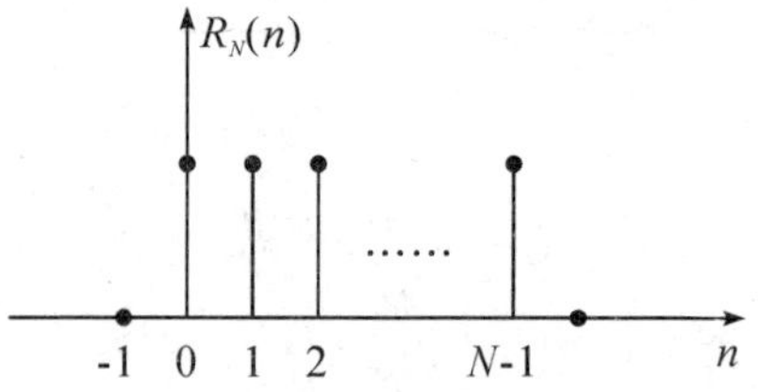

图 1.2.5 矩形序列的图形表示

4. 指数序列(图 1.2.6)

$$x(n) = a^n \quad -\infty < n < +\infty \quad (1.2.7)$$

式中 a 为常数。如果 a 为实数,$0 < a < 1$,序列为实指数序列,如图 1.2.6 所示。如果 a 为复数,序列为复指数序列。

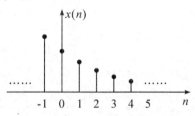

图 1.2.6 指数序列的图形表示

注意 当 $a > 1$、$-1 < a < 0$ 和 $a < -1$ 时,序列的形状不同。当 $a = re^{j\theta}$,即 a 为复数时,$x(n) = r^n e^{jn\theta} = r^n[\cos(\theta n) + j\sin(\theta n)]$ 为复数序列,用图示法表示要分别画出实部和虚部(n 的函数):$x_R(n) = r^n \cdot \cos(\theta n)$ 和 $x_I(n) = r^n \cdot \sin(\theta n)$。

5. 余弦序列(正弦序列)(图 1.2.7)

$$x(n) = A \cdot \cos(\omega n + \varphi) \quad -\infty < n < +\infty \quad (1.2.8)$$

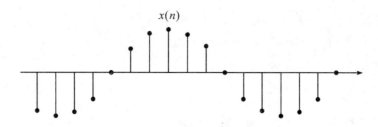

图 1.2.7 正弦序列的图形表示

式(1.2.8)中，ω 是数字角频率，单位是弧度。本书中模拟角频率表示为 Ω，单位是弧度/秒。数字角频率和模拟角频率的关系为 $\omega = \Omega T_s = \Omega/f_s$，$T_s$ 为采样周期，f_s 为采样频率。ω 的物理含义反映了余弦(正弦)信号周期性振荡的快慢，它与连续时间余弦信号的频率有很大区别。当 ω 从 0 增加到 π 时，信号振荡越来越快；当 ω 从 π 增加到 2π 时，振荡反而越来越慢；当 $\omega = 2\pi$ 与 $\omega = 0$ 时，都表示直流信号。下面从数学角度解释：

$$x(n) = A \cdot \cos(\omega n + \varphi) = A \cdot \cos[2\pi n - (\omega n + \varphi)] = A \cdot \cos[(2\pi - \omega)n - \varphi] \quad (1.2.9)$$

所以数字角频率为 ω 和 $2\pi - \omega$ 的余弦序列的振荡快慢是一样的。又因为：

$$x(n) = A \cdot \cos(\omega n + \varphi) = A \cdot \cos[(2\pi k + \omega)n + \varphi] \quad (1.2.10)$$

其中 k 为整数。所以频率 ω 和 $2\pi k + \omega$ 也是无法区分的。可见余弦序列在振荡频率上呈现出周期性，周期是 2π，$\omega = 2\pi k$ 附近的频率属于低频(振荡较慢)，$\omega = 2\pi k + \pi$ 附近的频率属于高频(振荡较快)。

注意 正弦序列不一定是周期序列。若 $\dfrac{2\pi}{\omega} = p/q$，其中 p、q 为任意整数，当 p/q 为最简有理数时，$\sin(\omega n)$ 为周期序列，最小整数周期为 p。

【例 1.2.1】判断下列正弦序列是否为周期序列，若是周期序列，求出最小周期。

(1) $x(n) = \sin(\dfrac{\pi}{2}n)$ (2) $x(n) = \sin(\dfrac{3\pi}{8}n)$

(3) $x(n) = \sin(\dfrac{1}{2}n)$ (4) $x(n) = \sin(\dfrac{3\pi}{4}n) \cdot u(n)$

【解】(1) 序列频率 $\omega = \dfrac{\pi}{2}$，$\dfrac{2\pi}{\omega} = 4$，序列为周期序列，最小周期 $N = 4$。

(2) 序列频率 $\omega = \dfrac{3\pi}{8}$，$\dfrac{2\pi}{\omega} = \dfrac{16}{3}$，序列为周期序列，最小周期 $N = 16$。

(3) 序列频率 $\omega = \dfrac{1}{2}$，$\dfrac{2\pi}{\omega} = 4\pi$(无理数)，序列为非周期序列。

(4) 序列为右边序列，序列为非周期序列。

1.2.3 序列的基本运算

1. 序列的基本运算形式

数字信号处理时，经常要对序列进行运算。常用的运算形式主要有：

(1) 序列相加：$\{x(n)\} + \{y(n)\} = \{x(n) + y(n)\}$；

(2) 序列相乘：$\{x(n)\} \cdot \{y(n)\} = \{x(n) \cdot y(n)\}$；

(3) 序列数乘：$a \cdot \{x(n)\} = \{a \cdot x(n)\}$；

(4) 序列移位：$\{x(n - n_0)\}$；

(5) 序列反转：$\{x(-n)\}$；

(6) 序列的能量 ε：定义为 $\varepsilon = \sum\limits_{n=-\infty}^{+\infty} |x(n)|^2$； (1.2.11)

(7) 卷积：$\{x(n)\} * \{y(n)\} = \sum\limits_{k=-\infty}^{\infty} x(k) \cdot y(n-k)$。 (1.2.12)

2. 卷积的求解

求卷积的方法很多，如图解法、解析法、z 变换法、傅里叶变换法等。本章只介绍图解法。

现有两个序列 $x(n)$ 和 $h(n)$，利用图解法求线性卷积，公式为：

$$x(n) * h(n) = \sum\limits_{k=-\infty}^{\infty} x(k) \cdot h(n-k)$$

具体计算步骤如下：

(1) 反转：$h(k) \to h(-k)$；

(2) 移位：$h(-k) \to h(n-k)$，$n > 0$ 时右移，$n < 0$ 时左移；

(3) 相乘：$x(k)h(n-k)$；

(4) 求和：$y(n) = \sum\limits_{k=-\infty}^{\infty} x(k)h(n-k)$。

对于 $-\infty \leqslant n \leqslant +\infty$，重复以上步骤 (2)~(4)，即可得到两个序列线性卷积的全部样本值。

【例 1.2.2】求以下两个序列 $x(n)$ 与 $h(n)$ 的卷积 $y(n)$。

$$x(n) = \frac{1}{2} R_3(n) = \frac{1}{2}[u(n) - u(n-3)]$$

$$h(n) = (3-n) R_3(n) = (3-n)[u(n) - u(n-3)]$$

【解】采用图解法，分段考虑。

(1) 先画出序列 $x(n)$ 和 $h(n)$；

(2) 根据 $h(n)$ 序列得到它的反转序列 $h(-k)$；

(3) 将 $h(n-k)$ 与 $x(k)$ 对应的序列值相乘得到 $x(k)h(n-k)$；

(4) 将所有乘积值相加得到 $y(n) = \sum\limits_{k=-\infty}^{\infty} x(k)h(n-k)$；

(5) 对于 $-\infty \leqslant n \leqslant +\infty$，重复以上步骤 (3)(4)，即可得到两个序列卷积的全部样本值：

$n = 0$ \quad $y(0) = \sum\limits_{k=-\infty}^{\infty} x(k)h(-k) = \dfrac{3}{2}$

$n = 1$ \quad $y(1) = \sum\limits_{k=-\infty}^{\infty} x(k)h(1-k) = 1 + \dfrac{3}{2} = \dfrac{5}{2}$

$n = 2$ $y(2) = \sum_{k=-\infty}^{\infty} x(k)h(2-k) = \frac{1}{2} + 1 + \frac{3}{2} = 3$

$n = 3$ $y(3) = \sum_{k=-∞}^{\infty} x(k)h(3-k) = \frac{1}{2} + 1 = \frac{3}{2}$

$n = 4$ $y(4) = \sum_{k=-\infty}^{\infty} x(k)h(4-k) = \frac{1}{2}$

$n \geqslant 5$ $x(k)h(n-k) = 0$ $y(n) = 0$

$n < 0$ $x(k)h(n-k) = 0$ $y(n) = 0$

所以

$$y(n) = \begin{cases} \frac{3}{2} & n=0 \\ \frac{5}{2} & n=1 \\ 3 & n=2 \\ \frac{3}{2} & n=3 \\ \frac{1}{2} & n=4 \\ 0 & n<0 \text{ 和 } n \geqslant 5 \end{cases}$$

本例中，$x(n)$ 的非零区间为 $[0,2]$，$h(n)$ 的非零区间为 $[0,2]$，序列卷积值的非零区间为 $[0,4]$，在 $n<0$ 和 $n \geqslant 5$ 时，卷积的所有值都为零。图 1.2.8 给出了详细的图解说明。

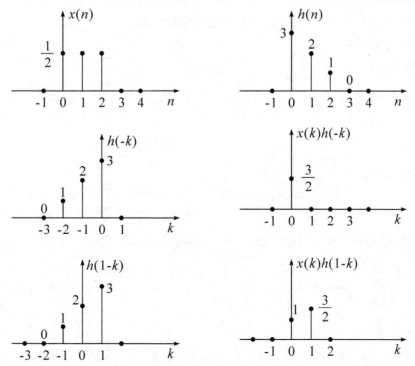

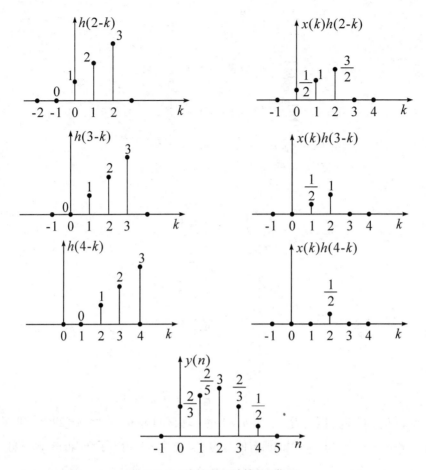

图 1.2.8 线性卷积计算的图解法

3. 线性卷积性质

(1) 交换律：

$$x(n) * h(n) = h(n) * x(n) = \sum_{k=-\infty}^{\infty} x(k) \cdot h(n-k)$$

$$= \sum_{k=-\infty}^{\infty} h(k) \cdot x(n-k) \quad (1.2.13)$$

(2) 结合律：

$$x(n) * [h_1(n) * h_2(n)] = [x(n) * h_1(n)] * h_2(n)$$

$$= [x(n) * h_2(n)] * h_1(n) \quad (1.2.14)$$

物理意义：相当于两个线性系统串联的等效，如图 1.2.9 所示。

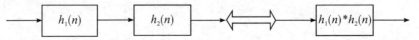

图 1.2.9 系统串联

(3) 分配律：

$$x(n) * [h_1(n) + h_2(n)] = [x(n) * h_1(n)] + [x(n) * h_2(n)] \quad (1.2.15)$$

物理意义:相当于两个线性系统并联的等效,如图 1.2.10 所示。

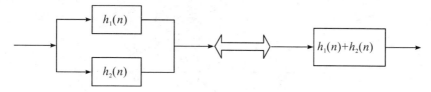

图 1.2.10　系统并联

注意　根据式(1.2.12),可以很容易证明如下关系式成立:

$$x(n) * \delta(n) = x(n) \tag{1.2.16}$$

$$x(n) * \delta(n - n_0) = x(n - n_0) \tag{1.2.17}$$

【例 1.2.3】已知序列 $x(n) = u(n)$,$h(n) = a^n u(n)$,其中 $0 < a < 1$。求两个序列的线性卷积 $y(n) = x(n) * h(n)$。

【解】根据线性卷积的公式(1.2.12),可以得到:

$$y(n) = \sum_{k=-\infty}^{\infty} h(k)x(n-k) = \sum_{k=-\infty}^{\infty} a^k u(k) u(n-k) = \sum_{k=0}^{n} a^k = \frac{1-a^{n+1}}{1-a}$$

在介绍了序列的基本运算后,考虑以上基本序列的运算结果:

(1)基于序列的基本运算和单位取样的筛选性,可以将一个任意序列 $x(n)$ 表示为单位取样序列的移位加权和形式:

$$x(n) = \sum_{k=-\infty}^{\infty} x(k) \cdot \delta(n-k) \tag{1.2.18}$$

例如:图 1.2.8 中的 $y(n)$ 可以表示为:
$$y(n) = x(0)\delta(n) + x(1)\delta(n-1) + x(2)\delta(n-2) + x(3)\delta(n-3) + x(4)\delta(n-4)$$

(2)用矩形序列 $R_N(n)$ 和乘法运算 $x_N(n) = x(n)R_N(n)$,可以截取任意序列 $x(n)$ 从 $n=0$ 到 $n=N-1$ 中的 N 个值,如图 1.2.11 所示。这一结果可以形象地视为通过一个矩形窗口观测序列 $x(n)$,因此 $R_N(n)$ 又称为矩形窗函数。

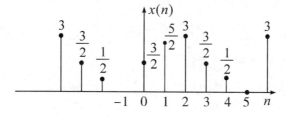

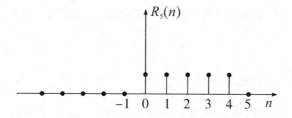

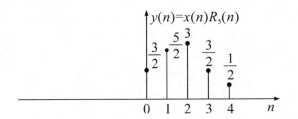

图1.2.11 矩形序列的窗口作用

1.3 离散时间系统

对离散时间信号的处理是通过离散时间系统来实现的。从数学角度看,这种处理就是把输入序列根据要求变换成输出序列。因此,一个离散时间系统可以认为是一种变换或算法。

1.3.1 离散时间系统的定义

把一个输入序列 $x(n)$ 映射为另一个输出序列 $y(n)$ 的唯一性变换或算法,称为离散时间系统,表示为 $y(n) = T[x(n)]$,其中 $T[\cdot]$ 表示某种变换或算法。输入信号称为激励,输出信号称为响应,如图1.3.1所示。

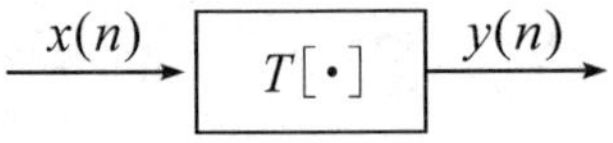

图1.3.1 离散时间系统的图形表示

下面介绍几种常见的系统:

$y(n) = x(n)$,输出和输入信号完全一样,为恒等系统。

$y(n) = x(n-1)$,系统输出对输入延迟了一个样本,为单位延迟系统。

$y(n) = x(n+1)$,系统输出对输入超前了一个样本,为单位超前系统。

$y(n) = \dfrac{1}{M_1 + M_2 + 1} \sum\limits_{k=-M_1}^{M_2} x(n-k)$,系统输出是当前输入样本值及其前后共 $M_1 + M_2 + 1$ 样本值的平均,为滑动平均滤波器。

$y(n) = median\{x(n+1), x(n), x(n-1)\}$,系统输出是三个输入样本值的中值,系统为中值滤波器。

$y(n) = \sum\limits_{k=-\infty}^{n} x(k)$,系统输出是当前时刻及以前的所有输入值的连续和,系统为累加器。

1.3.2 离散时间系统的分类

对 $T[\cdot]$ 加上不同的约束条件,可以将系统分为线性系统与非线性系统、移变系统与移不变系统、因果系统与非因果系统、稳定系统与非稳定系统。

1. 线性系统与非线性系统

定义 若系统 $y_1(n) = T[x_1(n)]$，$y_2(n) = T[x_2(n)]$，对于任意常数 a，b，满足关系式：

$$T[a \cdot x_1(n) + b \cdot x_2(n)] = a \cdot T[x_1(n)] + b \cdot T[x_2(n)] \quad (1.3.1)$$

则 $T[\cdot]$ 表示的系统为线性系统。可见线性系统满足叠加性，即系统对信号加权和的响应等于系统对每个独立输入信号对应响应的加权和。

判定一个系统为线性系统，需要证明对任意输入序列和任意常数，式(1.3.1)均成立，判定一个系统为非线性，只需要找到一个不满足线性条件的特例就可以。

2. 移变系统与移不变系统

定义 若系统 $y(n) = T[x(n)]$，对于任意整数 k，满足关系式：

$$y(n-k) = T[x(n-k)] \quad (1.3.2)$$

则 $T[\cdot]$ 表示的系统为移不变系统。即输入序列的任意移位对应引起输出序列相同方式的移位。时变、时不变主要针对连续时间系统而言，表征信号的函数中，变量是时间。在离散时间系统中称为移变与移不变。同样，判定一个系统为移不变系统，需要做一般性的证明，判定一个系统为移变系统，只需要找到一个特例即可。

【例1.3.1】 已知系统的输入输出关系为 $y(n) = nx(n)$，判断该系统是否为线性移不变系统。

【解】 线性判别：令 $y_1(n) = nx_1(n)$，$y_2(n) = nx_2(n)$，$x(n) = ax_1(n) + bx_2(n)$，则

$$\begin{aligned} y(n) &= T[x(n)] \\ &= T[ax_1(n) + bx_2(n)] \\ &= n[ax_1(n) + bx_2(n)] \\ &= anx_1(n) + bnx_2(n) \\ &= ay_1(n) + by_2(n) \end{aligned}$$

可见系统满足线性条件(1.3.1)，所以系统为线性系统。

移不变性判别：

$$\begin{aligned} T[x(n-n_0)] &= nx(n-n_0) \\ &\neq (n-n_0)x(n-n_0) = y(n-n_0) \end{aligned}$$

可见系统不满足移不变条件(1.3.2)，所以系统为移变系统。

【例1.3.2】 已知系统的输入输出关系为 $y(n) = ax(n) + b$，判断该系统是否为线性移不变系统。

【解】 线性判别：令 $y_1(n) = ax_1(n) + b$，$y_2(n) = ax_2(n) + b$，$x(n) = x_1(n) + x_2(n)$，则

$$\begin{aligned} T[x_1(n) + x_2(n)] &= a[x_1(n) + x_2(n)] + b \\ &= ax_1(n) + ax_2(n) + b \\ &\neq ax_1(n) + b + ax_2(n) + b \end{aligned}$$

$$= y_1(n) + y_2(n)$$

当 $b \neq 0$ 时，系统不满足线性条件(1.3.1)，所以系统为非线性系统。

移不变性判别：

$$T[x(n-n_0)] = ax(n-n_0) + b = y(n-n_0)$$

可见系统满足移不变条件(1.3.2)，所以系统为移不变系统。

3. 因果系统与非因果系统

定义 若一个系统的输出 $y(n)$ 只取决于输入信号 $x(n)$ 的过去值和现在值，与将来值无关，此系统为因果系统。也就是说，因果系统的输出 $y(n)$ 仅取决于 $x(n), x(n-1), x(n-2), \cdots$，而与 $x(n+1), x(n+2), \cdots$ 无关，只有这样的系统才是物理可实现的。

如果一个系统不满足因果定义，则是非因果系统。非因果系统的输出不但依赖于当前和过去的输入，而且依赖于将来的输入。

很明显，在实时信号处理应用中，由于无法观察到信号的将来值，所以非因果系统是物理上不可实现的；但是，如果数字信号在应用之前已经全部被记录以便可以脱机处理，那么所有信号值在处理过程中都是可用的，就可以实现非因果系统，这在地球物理信号和图像处理中，是常有的情况。

【例1.3.3】判断下列输入输出方程描述的系统是否为因果系统。

(1) $y(n) = x(n) - x(n-1)$ (2) $y(n) = x(-n)$

【解】根据因果系统的定义，可得：

(1) 输出只依赖于当前和过去的输入，该系统为因果系统；

(2) 当 $n = -1$ 时，系统的输出 $y(-1) = x(1)$。即在 $n = -1$ 时刻的输出依赖于 $n = 1$ 时刻的输入，在时间上这是将来两个单位后的值。这种输出值依赖于将来输入值的系统，为非因果系统。

4. 稳定系统与非稳定系统

定义 若一个系统，输入有界时，输出也一定有界，则该系统为稳定系统。

$$|x(n)| < M < \infty \Rightarrow |y(n)| = |T[x(n)]| < \infty \quad (1.3.3)$$

如果对某些有界输入序列 $x(n)$，输出是无界的，那么该系统为非稳定系统。

【例1.3.4】已知一个系统的输入输出关系为 $y(n) = y(n-1)^2 + x(n)$，判断该系统是否为稳定系统。

【解】选择有界信号 $x(n) = C\delta(n)$ 作为输入序列，其中 C 为常数。同时假设 $y(-1) = 0$，于是输出序列为：

$$y(0) = C, y(1) = C^2, y(2) = C^4, \cdots, y(n) = C^{2n}$$

很明显，当 $1 < |c| < \infty$ 时，输出是无界的，所以系统为非稳定系统。

【例1.3.5】已知一个系统的输入输出关系为 $y(n) = ax(n) + b$，判断该系统是否为稳定因果系统。

【解】稳定性：

设 $|x(n)| \leq M < \infty$，可以得到：

$$|y(n)| = |ax(n) + b| \leq |a||x(n)| + |b| \leq |a|M + |b| < \infty$$

可见系统满足稳定条件(1.3.3)，所以系统稳定。

因果性：因为 $y(n)$ 仅与 $x(n)$ 有关，所以系统为因果系统。

【例1.3.6】系统的输入输出关系为 $y(n) = nx(n)$，判断该系统是否为稳定因果系统。

【解】稳定性：

设 $M_1 \leq |x(n)| \leq M_2 < \infty$，可以得到：

$$|y(n)| = |nx(n)| \geq nM_1 \to \infty$$

可见系统不满足稳定条件(1.3.3)，所以系统不稳定。

因果性：因为 $y(n)$ 仅与 $x(n)$ 有关，所以系统为因果系统。

注意 如何用实验信号测定系统是否稳定是一个重要问题。显然在实际测试中，不可能对所有有界输入都检查是否得到有界输出。可以证明，只要用单位阶跃序列作为输入信号，如果输出趋于常数（包括零），则系统一定稳定，否则系统不稳定。

1.4 线性移不变系统

在1.3节中，对系统进行了分类，即线性和非线性、移变和移不变、因果和非因果、稳定和非稳定。因果性和稳定性是系统可实现可工作的必要条件。同时满足线性和移不变性的系统称为线性移不变系统。线性移不变系统的时域特征是通过它们对单位取样序列的响应来描述的。任意一个序列都可以分解为单位取样序列的加权和形式。因此，任意输入信号经过线性移不变系统，输出响应都可以表示为单位取样响应的加权和形式。

1.4.1 单位取样响应

如果离散时间系统的输入信号是单位取样序列，即 $x(n) = \delta(n)$，则相应的输出信号称为单位取样响应，又称为单位冲激响应，用 $h(n)$ 来表示，记作：

$$h(n) = T[\delta(n)] \tag{1.4.1}$$

线性移不变系统可以用单位取样响应 $h(n)$ 表示，即输出 $y(n)$ 可表示成输入 $x(n)$ 与单位取样响应 $h(n)$ 的卷积和：

$$y(n) = x(n) * h(n) = \sum_{k=-\infty}^{\infty} x(k) \cdot h(n-k) = \sum_{k=-\infty}^{\infty} h(k) \cdot x(n-k) \tag{1.4.2}$$

【证明】根据式(1.2.18)、式(1.3.1)和式(1.3.2)，可以得到：

$$y(n) = T[x(n)]$$

$$= T\left[\sum_{k=-\infty}^{\infty} x(k) \cdot \delta(n-k)\right]$$

$$= \sum_{k=-\infty}^{\infty} x(k) T[\delta(n-k)]$$

$$= \sum_{k=-\infty}^{\infty} x(k) h(n-k)$$

【例1.4.1】计算单位取样响应 $h(n) = a^n u(n)$ 的线性移不变系统的单位阶跃响应。

【解】根据式(1.4.2),可以得到输入信号 $x(n) = u(n)$ 时的输出为:

$$y(n) = x(n) * h(n) = \sum_{k=-\infty}^{\infty} h(k) \cdot x(n-k) = \sum_{k=0}^{\infty} a^k \cdot u(n-k) = \sum_{k=0}^{n} a^k = \frac{1-a^{n+1}}{1-a}$$

并且当 $n < 0$ 时, $y(n) = 0$。上述响应结果也可以记作:

$$y(n) = \frac{1-a^{n+1}}{1-a} u(n)$$

注意 这个例子是从代数上计算卷积,而不是借助于前面介绍的图解法求解卷积的详细步骤。

1.4.2 线性移不变系统的因果性

在1.3节讨论过,对于一个因果系统,它在某时刻的输出仅依赖于当前和过去的输入,而不依赖于将来的输入。若系统为线性移不变系统,它的因果性完全可以由系统的单位取样响应来决定。

定理 线性移不变系统为因果系统的充分必要条件:当 $n < 0$ 时,其单位取样响应 $h(n)$ 恒为零。记作:

$$h(n) = 0 \quad n < 0 \tag{1.4.3}$$

【证明】根据式(1.2.12),可以得到:

(1)充分性:因为 $n < 0$ 时,$h(n) = 0$,所以当 $k > n_0$ 时,$h(n_0 - k) = 0$。在 n_0 时刻的输出 $y(n_0)$ 为:

$$y(n_0) = \sum_{k=-\infty}^{\infty} x(k) h(n_0 - k)$$

$$= \sum_{k=-\infty}^{n_0} x(k) h(n_0 - k) + \sum_{k=n_0+1}^{\infty} x(k) h(n_0 - k)$$

$$= \sum_{k=-\infty}^{n_0} x(k) h(n_0 - k)$$

上式说明 n_0 时刻的输出 $y(n_0)$ 只与 $k \leq n_0$ 的 $x(k)$ 有关,而与 $k > n_0$ 的 $x(k)$ 无关。因此 $h(n) = 0, n < 0$ 是因果系统的充分条件。

(2)必要性:假设 $n < 0$ 时,$h(n) \neq 0$,则输出 $y(n_0)$ 为:

$$y(n_0) = \sum_{k=-\infty}^{\infty} x(k) h(n_0 - k)$$

$$= \sum_{k=-\infty}^{n_0} x(k)h(n_0-k) + \sum_{k=n_0+1}^{\infty} x(k)h(n_0-k)$$

上式说明 n_0 时刻的输出 $y(n_0)$ 不但与 $k \leq n_0$ 的 $x(k)$ 有关,而且与 $k > n_0$ 的 $x(k)$ 也有关,这与系统的因果性发生了矛盾,因此假设不成立。

综合(1)(2),上述定理得到证明。

1.4.3 线性移不变系统的稳定性

正如上一节指出的,稳定性是一个非常重要的性质,在任何实际的系统实现中必须考虑。若系统为线性移不变系统,它的稳定性完全可以由系统的单位取样响应来决定。

定理 线性移不变系统为稳定系统的充分必要条件:单位取样响应 $h(n)$ 绝对可和。记作:

$$\sum_{n=-\infty}^{\infty} |h(n)| < \infty \tag{1.4.4}$$

【证明】根据式(1.2.12)和式(1.3.3),可以得到:

(1)充分性:设 $|x(n)|$ 的最大值为 M,则 $|x(n)| \leq M$

$$|y(n)| = \left| \sum_{r=-\infty}^{\infty} h(r)x(n-r) \right| < \sum_{r=-\infty}^{\infty} |h(r)||x(n-r)| < M \sum_{r=-\infty}^{\infty} |h(r)| < \infty$$

由于输出序列 $y(n)$ 有界,所以系统稳定。

(2)必要性:用反证法。如果 $\sum_{k=-\infty}^{\infty} |h(k)| = S = \infty$

若有界输入表示为:

$$x(n) = \begin{cases} h^*(-n)/|h(n)| & h(-n) \neq 0 \\ 0 & h(-n) = 0 \end{cases}$$

式中 $h^*(-n)$ 是 $h(-n)$ 的复共轭,输出序列 $y(n)$ 在 $n = 0$ 点的值为:

$$|y(0)| = \sum_{k=-\infty}^{\infty} x(0-k)h(k) = \sum_{k=-\infty}^{\infty} \frac{h^*(k)}{|h(k)|} h(k) = \sum_{k=-\infty}^{\infty} |h(k)| = S = \infty$$

即在 $n = 0$ 点得到了无穷大的输出,与假设矛盾。

综合(1)(2),上述定理得到证明。

【例1.4.2】设线性移不变系统的单位取样响应分别如下,判别系统的稳定性和因果性。

(1) $h(n) = \left(\frac{1}{2}\right)^n u(n)$ (2) $h(n) = 2^n u(-n)$

(3) $h(n) = \delta(n+5)$ (4) $h(n) = \left(\frac{1}{2}\right)^n u(-n)$

【解】根据式(1.4.3)和式(1.4.4),可以得到:

(1)因为 $\sum_{n=-\infty}^{\infty} |h(n)| = \sum_{n=0}^{\infty} \left(\frac{1}{2}\right)^n = 2$,所以系统稳定;

因为当 $n < 0$ 时, $h(n) = 0$, 所以系统因果。

(2) 因为 $\sum_{n=-\infty}^{\infty} |h(n)| = \sum_{n=-\infty}^{0} 2^n = 2$, 所以系统稳定;

因为当 $n < 0$ 时, $h(n) \neq 0$, 所以系统非因果。

(3) 因为 $\sum_{n=-\infty}^{\infty} |h(n)| = 1$, 所以系统稳定;

因为当 $n = -5$ 时, $h(n) \neq 0$, 所以系统非因果。

(4) 因为 $\sum_{n=-\infty}^{\infty} |h(n)| = \sum_{n=-\infty}^{0} \left(\frac{1}{2}\right)^n = \sum_{n=0}^{\infty} 2^n \to \infty$, 所以系统非稳定;

因为当 $n < 0$ 时, $h(n) \neq 0$, 所以系统非因果。

【例 1.4.3】 一个线性移不变系统的单位取样响应为 $h(n) = a^n u(n)$, 求解参数 a 的值域, 使该系统稳定。

【解】 首先该系统是因果的, 所以式(1.4.4)中求和的下标从 $k = 0$ 开始。即

$$\sum_{k=0}^{\infty} |a^k| = \sum_{k=0}^{\infty} |a|^k = 1 + |a| + |a|^2 + \cdots$$

很明显, 如果 $|a| < 1$, 那么这个几何级数收敛于:

$$\sum_{k=0}^{\infty} |a^k| = \frac{1}{1 - |a|}$$

否则, 它发散。因此, 当 $|a| < 1$ 时, 该系统是稳定的。实际上, 为了使系统稳定, 当 n 趋于无穷时, $h(n)$ 必须按指数衰减到零。

【例 1.4.4】 一个线性移不变系统的单位取样响应如下式所示, 求解 a 和 b 的值域, 使该系统稳定。

$$h(n) = \begin{cases} a^n & n \geq 0 \\ b^n & n < 0 \end{cases}$$

【解】 这个系统是非因果的。根据式(1.4.4)给出的稳定条件, 可以得到:

$$\sum_{n=-\infty}^{\infty} |h(n)| = \sum_{n=0}^{\infty} |a|^n + \sum_{n=-\infty}^{-1} |b|^n$$

在例 1.4.3 中, 已经计算出 $|a| < 1$ 时的第一个求和的极限。第二个求和可以做如下处理:

$$\sum_{n=-\infty}^{-1} |b|^n = \sum_{n=1}^{\infty} \frac{1}{|b|^n} = \frac{1}{|b|}\left(1 + \frac{1}{|b|} + \frac{1}{|b|^2} + \cdots\right)$$

很明显, 当 $1/|b| < 1$ 时, 上式几何级数收敛于:

$$\sum_{n=-\infty}^{-1} |b|^n = \sum_{n=1}^{\infty} \frac{1}{|b|^n} = \frac{1/|b|}{1 - 1/|b|}$$

否则, 它发散。因此, 当 $1/|b| < 1$ 时, 该系统是稳定的。

所以, 当 $|a| < 1$ 且 $|b| > 1$ 时, 该系统是稳定的。

1.4.4 有限长和无限长冲激响应系统

用单位冲激响应 $h(n)$ 来描述线性移不变系统,可以很方便地将线性移不变系统分为两种类型:具有有限长冲激响应的系统(FIR)和具有无限长冲激响应的系统(IIR)。一个 FIR 系统的冲激响应在某些有限时间区间外的值为零,本书只研究因果 FIR 系统,即单位冲激响应如下式所示:

$$h(n) = \begin{cases} h(n) & 0 \leqslant n < M \\ 0 & n < 0 \text{ or } n \geqslant M \end{cases} \qquad (1.4.5)$$

系统的输出公式简化为:

$$y(n) = \sum_{k=0}^{M-1} h(k)x(n-k) \qquad (1.4.6)$$

可以看出,系统在任意时刻的输出仅仅是输入信号样本 $x(n), x(n-1), \cdots, x(n-M+1)$ 的线性组合,即系统仅仅通过冲激响应 $h(k)$ 对最近的 M 个信号样本进行了加权,$k = 0, 1, \cdots, M-1$,并将 M 个乘积相加。因此,FIR 系统具有长为 M 个样本的有限存储空间。

相反,IIR 线性移不变系统具有无限长单位冲激响应。假设系统是因果的,基于卷积公式,其输出为:

$$y(n) = \sum_{k=0}^{\infty} h(k)x(n-k) \qquad (1.4.7)$$

可以看出,系统的输出是输入信号样本 $x(n), x(n-1), \cdots\cdots$ 通过冲激响应 $h(k)$ 的加权线性组合。因为这个加权和包括当前和所有过去的输入样本,所以 IIR 系统具有无限存储。

1.5 由差分方程描述离散时间系统

对于线性移不变系统,由卷积和公式知道,仅仅以输入信号的形式就清楚地表达了系统的输出。但是,在很多情况下,许多系统的输出不但需要用到当前和过去的输入值,而且还需要用到可用的过去输出值。例如,计算信号 $x(n)$ 在 $0 \leqslant k \leqslant n$ 内的累计平均,定义为:

$$y(n) = \frac{1}{n+1} \sum_{k=0}^{n} x(k) \qquad (1.5.1)$$

计算 $y(n)$ 需要存储所有输入样本 $x(k), 0 \leqslant k \leqslant n$。随着 n 的递增,所需要的存储器也随着时间线性增加。

但是,利用先前的输出值 $y(n-1)$ 可以更有效地计算 $y(n)$。对式(1.5.1)整理得:

$$(n+1)y(n) = \sum_{k=0}^{n-1} x(k) + x(n) = ny(n-1) + x(n) \qquad (1.5.2)$$

$$y(n) = \frac{n}{n+1}y(n-1) + \frac{1}{n+1}x(n) \qquad (1.5.3)$$

这种在 n 时刻的输出 $y(n)$ 依赖于一定数量的过去输出值 $y(n-1),y(n-2),\cdots$ 的系统称为递归系统,这种描述离散时间系统输入输出关系的方法称为差分方程。

1.5.1 由常系数差分方程描述线性移不变系统

前面介绍了单位冲激响应描述线性移不变系统的特性。在这一节,介绍用常系数差分方程来描述线性移不变系统。先从一个简单的、一阶差分方程描述的递归系统开始。

假设一个递归系统的输入输出方程为:

$$y(n) = ay(n-1) + x(n) \tag{1.5.4}$$

其中,a 是常数。图 1.5.1 画出了实现这个系统的结构图。

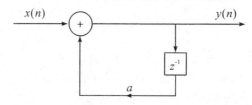

图 1.5.1　简单递归系统的实现结构图

由一阶差分方程(1.5.4)所描述的系统,是一般类型的递归系统中最简单的递归系统。递归系统由线性常系数差分方程描述,其一般形式为:

$$y(n) = -\sum_{k=1}^{N} a_k y(n-k) + \sum_{k=0}^{M} b_k x(n-k) \tag{1.5.5}$$

等价于如下关系式:

$$\sum_{k=0}^{N} a_k y(n-k) = \sum_{k=0}^{M} b_k x(n-k) \quad a_0 = 1 \tag{1.5.6}$$

整数 N 称为差分方程的阶或者系统的阶。

从式(1.5.5)看出,系统在 n 时刻的输出表示为过去输出样本 $y(n-1),y(n-2),\cdots$ 以及过去和当前输入信号样本 $x(n),x(n-1),\cdots$ 的加权和。为了求解 $n\geq0$ 时的 $y(n)$,需要所有 $n\geq0$ 时的输入 $x(n)$ 和初始条件 $y(-1),y(-2),\cdots,y(-N)$。换言之,初始条件给出了所有需要知道的系统响应的过去历史记录,以便计算当前和将来的输出。

1.5.2 线性常系数差分方程的解

对于给定一个线性常系数差分方程的线性移不变系统,求解输出 $y(n)$ 的确切表达式的方法有两种:一种是直接方法,另一种是基于 z 变换的方法。本节首先研究直接方法,因为利用 Z 变换求解差分方程,解的结果到最后才会变得明确,所以 z 变换方法称为间接方法,在第 3 章进行讲解。

给定了输入信号 $x(n)$($n\geq0$)和一组初始条件,求解系统的输出 $y(n)$($n\geq0$)的直接方法中,完全解是两部分之和:

$$y(n) = y_h(n) + y_p(n)$$

其中，$y_h(n)$ 为齐次差分方程的通解，$y_p(n)$ 为特解。

1. 差分方程的通解

直接求解线性常系数差分方程的步骤和求解线性常系数微分方程的步骤十分类似。对于式(1.5.6)给出的线性常系数差分方程的求解问题，首先求解齐次差分方程：

$$\sum_{k=0}^{N} a_k y(n-k) = 0 \tag{1.5.7}$$

假设解是指数形式，记作：

$$y_h(n) = \lambda^n \tag{1.5.8}$$

将这个假设代入式(1.5.7)，可以得到：

$$\sum_{k=0}^{N} a_k \lambda^{n-k} = 0 \tag{1.5.9}$$

或者

$$\lambda^{n-N}(\lambda^N + a_1 \lambda^{N-1} + a_2 \lambda^{N-2} + \cdots + a_{N-1} \lambda + a_N) = 0 \tag{1.5.10}$$

圆括号内的多项式称为系统的特征多项式。通常，它有 N 个根，表示为 $\lambda_1, \lambda_2, \lambda_3, \cdots, \lambda_N$，这些根可以是实数或者复数值。在实际中，系数 $a_1, a_2, a_3, \cdots, a_N$ 通常是实数。复值根是以共轭的形式出现。N 个根中某些可能相等，这种情况下就有多重根。

若这些根是不同的，那么齐次差分方程(1.5.7)的通解为：

$$y_h(n) = C_1 \lambda_1^n + C_2 \lambda_2^n + \cdots + C_N \lambda_N^n \tag{1.5.11}$$

其中，$C_1, C_2, C_3, \cdots, C_N$ 是权系数。

若特征方程有 k 重根，如特征多项式中有因子 $(\lambda - \lambda_1)^k$，则 λ_1 对应的通解为：

$$(c_1 n^{k-1} + c_2 n^{k-2} + \cdots + c_{k-1} n + c_k) \lambda_1^n \tag{1.5.12}$$

N 阶差分方程的通解为线性无关解的线性组合，记作：

$$y_h(n) = \sum_{i=1}^{k} c_i n^{k-i} \lambda_1^n + \sum_{i=k+1}^{N} c_i \lambda_i^n \tag{1.5.13}$$

2. 差分方程的特解

对于指定的输入信号 $x(n)$（$n \geq 0$），特解 $y_p(n)$ 要满足差分方程(1.5.6)。换言之，$y_p(n)$ 是满足式(1.5.14)的任意解：

$$\sum_{k=0}^{N} a_k y_p(n-k) = \sum_{k=0}^{M} b_k x(n-k) \quad a_0 = 1 \tag{1.5.14}$$

为了求解式(1.5.14)，假设 $y_p(n)$ 的形式取决于输入信号 $x(n)$ 的形式。若输入信号 $x(n) = u(n)$，则特殊解的形式设为 $y_p(n) = ku(n)$。

3. 差分方程的完全解

根据线性常系数差分方程的线性特性，可以将齐次解和特殊解相加以获得完全解：

$$y(n) = y_h(n) + y_p(n) \tag{1.5.15}$$

完全解 $y(n)$ 中包含了通解分量 $y_h(n)$ 中的常参数 $\{c_i\}$，这些常数可以由初始条件决定。

【例1.5.1】 求解一阶差分方程 $y(n) + 2y(n-1) = x(n)$ 所描述的系统的响应 $y(n)$。已知输入序列 $x(n) = n - 2$,初始条件 $y(0) = 1$。

【解】(1)首先,计算齐次差分方程的通解。假设解是指数 $y_h(n) = \lambda^n$,将这个解代入原式,得出特征方程为:

$$\lambda^{n-1}(\lambda + 2) = 0$$

求得特征根为 $\lambda = -2$,齐次差分方程解的形式为:

$$y_h(n) = c_1(-2)^n$$

(2)假设特解的形式为:

$$y_p(n) = an + b$$

将特解代入原差分方程,可以得到:

$$an + b + 2(a(n-1) + b) = n - 2$$

求解上式,可以得出:$a = 1/3, b = -4/9$,因此特解为:

$$y_p(n) = \frac{1}{3}n - \frac{4}{9}$$

(3)将齐次差分方程的通解和特解相加,得到完全解为:

$$y(n) = c_1(-2)^n + \frac{1}{3}n - \frac{4}{9}$$

将已知条件 $y(0) = 1$ 代入完全解,得到系数 $c_1 = 13/9$。

因此,原差分方程描述的系统的输出响应为:

$$y(n) = \frac{13}{9}(-2)^n + \frac{1}{3}n - \frac{4}{9}$$

1.6 MATLAB 仿真实例

1. 信号平滑

数字信号处理应用的一个常见例子是从被噪声污染的信号中移除噪声。假定信号 $s(n)$ 被噪声污染,得到一个含有噪声 $d(n)$ 的信号:

$$x(n) = s(n) + d(n)$$

移除噪声的目的是对 $x(n)$ 进行运算,产生一个合理逼近 $s(n)$ 的信号,通常采用的方法是对信号进行平滑,即对样本在 n 时刻附近的抽样值求平均,从而产生输出信号。

【例1.6.1】 采用三点滑动求平均的算法 $y(n) = [x(n-1) + x(n) + x(n+1)]/3$ 实现上述信号平滑的目的。

MATLAB 仿真程序如下:

```
% 通过滑动平均的信号平滑
R = 51;
d = 0.8 * (rand(R,1) - 5);
```

```
m = 0:R - 1;s = 2 * m. * (0.9.^m);
x = s + d';
subplot(2,1,1);
plot(m,d','r - ',m,s,'g - - ',m,x,'b - .');
xlabel('时间序列 n');
ylabel('振幅');
legend('d(n)','s(n)','x(n)');
x1 = [0 0 x];
x2 = [0 x 0];
x3 = [x 0 0];
y = (x1 + x2 + x3)/3;
subplot(2,1,2);
plot(m,y(2:R + 1),'r - ',m,s,'g - - ');
legend('y(n)','s(n)');
xlabel('时间序列 n');ylabel('振幅');
```

程序的运行结果如图 1.6.1 所示。

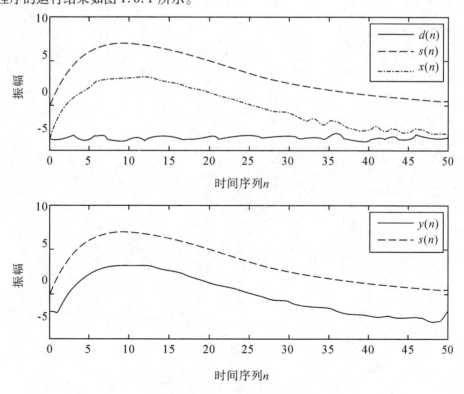

图 1.6.1 通过滑动平均的信号平滑

2. 卷积求解

MATLAB 提供了用于计算有限长序列之间卷积的函数,它们是 conv,conv2 和 convn,

其中 conv2 用来计算二维卷积。

调用格式：

Y = conv(u,v)

C = conv2(A,B)   % A,B 为矩阵

C = conv2(A,B,'shape')   % A,B 为矩阵,shape 为可选参数。具体含义可查看 help。

【例 1.6.2】 求下列两个序列的卷积。

$$x(n) = (3,11,7,0,-1,4,2) \quad 0 \leq n \leq 6$$
$$h(n) = (2,3,0,-5,2,1) \quad 0 \leq n \leq 5$$

MATLAB 仿真程序如下：

% 求卷积

x = [3,11,7,0,-1,4,2];

h = [2,3,0,-5,2,1];

y = conv(x,h);

N = length(y) - 1;

n = 0:N;

stem(n,y);

xlabel('n');

ylabel('y(n)');

title('求卷积')

程序的运行结果如图 1.6.2 所示。

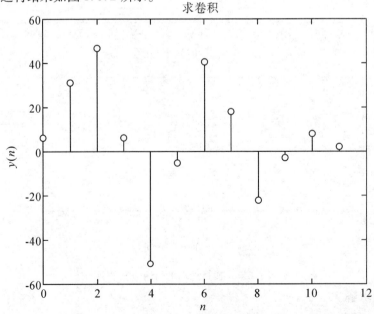

图 1.6.2　卷积结果图

1.7 本章小结

本章的主要内容描述的是离散时间信号和线性移不变系统的时域特性。本章首先介绍离散时间信号的表示、分类、基本运算、基本序列及正弦序列的周期性;其次介绍了离散时间系统的表示和分类;通过单位冲激响应描述线性移不变系统的特性,对于任意给定的输入信号,系统的输出响应都可以表示为输入信号与系统单位取样响应的卷积和。

对于线性移不变系统,另一种描述方法是采用常系数差分方程。本章给出了常系数差分方程的求解,它包括两部分:齐次差分方程的通解和特解。其中通解表示输入为零时的系统自由响应,特解表示系统对输入信号的响应。

根据单位冲激响应是有限长还是无限长,线性移不变系统可以分为 FIR(有限冲激响应)系统和 IIR(无限冲激响应)系统。

习　题

1.1　一个离散时间信号 $x(n)$ 定义为:

$$x(n) = \begin{cases} 1 + n/3 & -3 \leq n \leq -1 \\ 1 & 0 \leq n \leq 3 \\ 0 & 其他 \end{cases}$$

(1) 计算信号 $x(n)$ 的值并画出它的图形;

(2) 先将 $x(n)$ 反转再延迟 4 个样本单位,画出其图形;

(3) 先将 $x(n)$ 延迟 4 个样本单位再反转,画出其图形;

(4) 画出信号 $x(-n+4)$ 的图形;

(5) 比较(2)(3)(4)的结果并推导由 $x(n)$ 得到 $x(-n+k)$ 的规律;

(6) 用信号 $\delta(n)$ 和 $u(n)$ 来表示信号 $x(n)$。

1.2　信号 $x(n)$ 如图所示,求以下序列。

(1) $x(n+2)$;

(2) $x(-n+1)$;

(3) $x(2n)$。

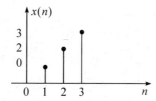

1.3　给定序列 $x(n)$:

$$x(n) = \begin{cases} n+2 & -3 \leq n \leq -1 \\ 2-n & 0 \leq n \leq 3 \\ 0 & 其他 \end{cases}$$

(1) 画出 $x(n)$ 的图形；

(2) 令 $x_1(n) = 2x(n-1)$，画出 $x_1(n)$ 的图形；

(3) 令 $x_2(n) = 2x(1-n)$，画出 $x_2(n)$ 的图形。

1.4 试求下列正弦序列的周期。

(1) $x_1(n) = -\sin(0.055\pi n)$；

(2) $x_2(n) = 2\sin(0.05\pi n) + 3\sin(0.15\pi n)$；

(3) $x_3(n) = 5\cos(0.6\pi n)$。

1.5 设 $x(n)$ 和 $y(n)$ 分别表示一个系统的输入和输出，试确定下列系统是否为①线性系统，②移不变系统，③稳定系统，④因果系统。

(1) $y(n) = ax^2(n)$；

(2) $y(n) = ax(n) + b$；

(3) $y(n) = e^{-x(n)}$；

(4) $y(n) = x(n-n_0)$；

(5) $y(n) = ax(n+1) + bx(n-1)$；

(6) $y(n) = ax(n) \cdot x(n-1)$；

(7) $y(n) = \sum_{k=n-3}^{n} e^{x(k)}$；

(8) $y(n) = ax(n) + bx^2(n-1)$；

(9) $y(n) = \{x(n), x(n-1), x(n-2)\}$ 的最大值；

(10) $y(n) = \{x(n+1), x(n), x(n-1)\}$ 的均值；

(11) $y(n) = \{x(n), x(n-1), x(n-2)\}$ 中值。

1.6 线性移不变系统的差分方程为 $y(n) + 2y(n-1) + y(n-2) = x(n)$，当 $n < 0$ 时，$y(n) = 0$。

(1) 计算 $x(n) = \delta(n)$ 时，$y(n)$ 在 $n = 1,2,3,4,5$ 点的值；

(2) 计算 $x(n) = u(n)$ 时的输出 $y(n)$；

(3) 求系统的单位取样响应 $h(n)$；

(4) 这一系统稳定吗？为什么？

1.7 计算下列序列对的卷积和。

(1) $x_1(n) = (0.25)^n u(n)$，$x_2(n) = (0.5)^n u(n)$；

(2) $x_1(n) = (0.25)^n u(n)$，$x_2(n) = u(n) - u(n-10)$；

(3) $x_1(n) = u(-n-1)$，$x_2(n) = (0.5)^n u(n)$；

(4) $x_1(n) = u(n) - u(n-N)$，$x_2(n) = nu(n)$。

1.8 某离散时间线性移不变系统的单位取样响应 $h(n)$ 满足：

$$h(n) = \begin{cases} 3 & n = -2 \\ 1 & n = -1, 3 \\ 2 & n = 1 \\ -1 & n = 2 \\ 0 & n = \text{其他} \end{cases}$$

设输入信号 $x(n)$ 如下，求系统的输出 $y(n)$。

(1) $x(n) = 3\delta(n) - 2\delta(n-1)$；

(2) $x(n) = u(n+1) - u(n-3)$；

(3) $x(n) = \begin{cases} -1 & n = -2 \\ 2 & n = 3 \\ 0 & n = \text{其他} \end{cases}$。

1.9 设因果系统的差分方程为 $y(n) = \dfrac{1}{2}y(n-1) + x(n) + \dfrac{1}{2}x(n-1)$，利用递推法求系统的单位取样响应。

1.10 已知一个线性移不变系统的单位取样响应 $h(n)$ 除区间 $N_0 \leq n \leq N_1$ 之外皆为零；又已知输入 $x(n)$ 除区间 $N_2 \leq n \leq N_3$ 之外皆为零，输出结果除了某一区间 $N_4 \leq n \leq N_5$ 之外皆为零。试以 N_0、N_1、N_2、N_3 表示 N_4 和 N_5。

第 2 章 傅里叶变换

在信号和系统课程中,对于连续时间信号 $x(t)$,只要 $x(t)$ 满足条件 $\int_{-\infty}^{\infty}|x(t)|\mathrm{d}t<\infty$ (绝对可积),就存在傅里叶变换对:

$$X(\mathrm{j}\Omega)=F[x(t)]=\int_{-\infty}^{\infty}x(t)\mathrm{e}^{-\mathrm{j}\Omega t}\mathrm{d}t$$

$$x(t)=F^{-1}[X(\mathrm{j}\Omega)]=\frac{1}{2\pi}\int_{-\infty}^{\infty}X(\mathrm{j}\Omega)\mathrm{e}^{\mathrm{j}\Omega t}\mathrm{d}\Omega$$

其中, $X(\mathrm{j}\Omega)$ 是信号 $x(t)$ 的频域函数(频谱),它给出了信号 $x(t)$ 能量的频率分布。

对于离散时间信号 $x(n)$ 而言,只要满足一定的条件,也同样存在傅里叶变换和反变换。傅里叶变换是离散时间信号分析和处理的重要工具之一,它给出了在频域分析离散时间信号和系统的方法。

学习要求:掌握傅里叶变换和反变换的定义;掌握傅里叶变换的性质;利用傅里叶变换的对称性质分析和解决问题;掌握描述线性移不变系统的方法——系统的频率响应。

2.1 傅里叶变换

若序列 $x(n)$ 满足绝对可和的条件:

$$\sum_{n=-\infty}^{\infty}|x(n)|<\infty \tag{2.1.1}$$

即信号能量有限,则存在序列的傅里叶变换和反变换:

$$X(\mathrm{e}^{\mathrm{j}\omega})=\sum_{n=-\infty}^{\infty}x(n)\mathrm{e}^{-\mathrm{j}\omega n} \tag{2.1.2}$$

$$x(n)=\frac{1}{2\pi}\int_{-\pi}^{\pi}X(\mathrm{e}^{\mathrm{j}\omega})\mathrm{e}^{\mathrm{j}\omega n}\mathrm{d}\omega \tag{2.1.3}$$

式(2.1.2)和式(2.1.3)一起构成序列的傅里叶变换对。$X(\mathrm{e}^{\mathrm{j}\omega})$ 称为序列 $x(n)$ 的频域函数,ω 为数字角频率。傅里叶变换和反变换可以分别记作:

$$X(\mathrm{e}^{\mathrm{j}\omega})=F[x(n)] \tag{2.1.4}$$

$$x(n)=F^{-1}[X(\mathrm{e}^{\mathrm{j}\omega})] \tag{2.1.5}$$

本书将 $X(\mathrm{e}^{\mathrm{j}\omega})$ 简单地称为信号 $x(n)$ 的频谱。一般来说,$X(\mathrm{e}^{\mathrm{j}\omega})$ 是 ω 的复值函数,

可以表示成如下形式：
$$X(e^{j\omega}) = \text{Re}[X(e^{j\omega})] + j\text{Im}[X(e^{j\omega})] = |X(e^{j\omega})|\exp\{j\arg[X(e^{j\omega})]\} \quad (2.1.6)$$

其中 $|X(e^{j\omega})|$ 称为信号的幅频响应（振幅响应），$\arg[X(e^{j\omega})]$ 称为信号的相频响应（相位响应），$|X(e^{j\omega})|$ 和 $\arg[X(e^{j\omega})]$ 都是数字角频率 ω 的连续周期函数，周期为 2π。即满足如下关系式：

$$X(e^{j\omega}) = X(e^{j\omega \pm j2\pi k}) \quad k\text{ 为任意整数} \quad (2.1.7)$$

【证明】根据式(2.1.2)，可得：

$$\begin{aligned}
X(e^{j\omega \pm j2\pi k}) &= \sum_{n=-\infty}^{\infty} x(n) e^{-j(\omega \pm 2\pi k)n} \\
&= \sum_{n=-\infty}^{\infty} x(n) e^{-j\omega n} e^{\pm j2\pi kn} \\
&= \sum_{n=-\infty}^{\infty} x(n) e^{-j\omega n} \\
&= X(e^{j\omega})
\end{aligned}$$

注意 能量有限离散时间信号的傅里叶变换与能量有限连续时间信号的傅里叶变换之间有两个根本的区别：

(1)对于连续时间信号，傅里叶变换和信号的频谱的频率范围是 $(-\infty,\infty)$。对于离散时间信号，频谱的频率范围只在频率区间 $(-\pi,\pi)$ 或者等价的 $(0,2\pi)$ 上。从式(2.1.7)可以看出，$X(e^{j\omega})$ 是周期为 2π 的周期信号。任意离散时间信号的频率范围都被限制在 $(-\pi,\pi)$ 或 $(0,2\pi)$，在这个区间之外的任何频率与这个区间内的频率是相等的。

(2)因为离散时间信号在时间上离散，所以信号的傅里叶变换涉及的是项的求和，而不是如连续时间信号情况下的积分。

【例2.1.1】已知序列 $x(n)$ 如图2.1.1所示，求序列的傅里叶变换。

$$x(n) = \begin{cases} A & 0 \leq n \leq N-1 \\ 0 & \text{其他} \end{cases}$$

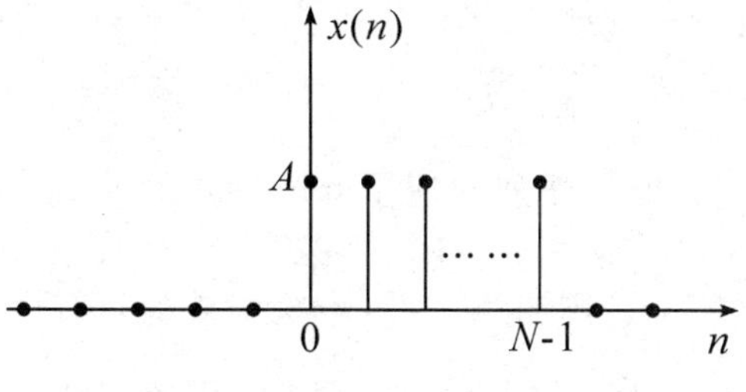

图 2.1.1 离散时间矩形脉冲

【解】在计算傅里叶变换之前，观察下式：

$$\sum_{n=-\infty}^{\infty} |x(n)| = \sum_{n=0}^{N-1} |a| = N|a| < \infty$$

因为序列 $x(n)$ 是绝对可和的,所以它的傅里叶变换存在。根据式(2.1.2),可以得到:

$$X(e^{j\omega}) = \sum_{n=-\infty}^{\infty} x(n)e^{-j\omega n} = \sum_{n=0}^{N-1} Ae^{-j\omega n} = A\frac{1-e^{-j\omega N}}{1-e^{-j\omega}}$$

$$= A\frac{e^{-j\frac{\omega N}{2}}(e^{j\frac{\omega N}{2}}-e^{-j\frac{\omega N}{2}})}{e^{-j\frac{\omega}{2}}(e^{j\frac{\omega}{2}}-e^{-j\frac{\omega}{2}})} = A\frac{\sin\left(\frac{\omega N}{2}\right)}{\sin\left(\frac{\omega}{2}\right)}e^{-j\frac{\omega(N-1)}{2}} \tag{2.1.8}$$

因此序列 $x(n)$ 的幅度谱和相位谱分别为:

$$|X(e^{j\omega})| = \left|A\frac{\sin(\omega N/2)}{\sin(\omega/2)}\right| \tag{2.1.9}$$

$$\arg[X(e^{j\omega})] = \arg[A] + \arg\left[\frac{\sin(\omega N/2)}{\sin(\omega/2)}\right] - \frac{\omega(N-1)}{2} \tag{2.1.10}$$

当 $\omega=0$ 时,$X(e^{j0}) = |a|N$。图2.1.2 给出了 $A=1$、$N=5$ 时序列 $x(n)$ 的幅度谱和相位谱。

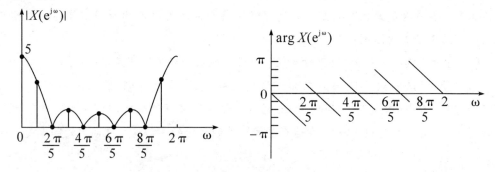

图2.1.2 离散时间矩形脉冲的幅度和相位

从图 2.1.2 可以看出,矩形窗 $R_N(n)$ 相当于一个低通滤波器,其中 ω 在区间 $0\sim 2\pi/N$ 内为通带,在区间 $2\pi/N\sim\pi$ 内为阻带。幅频响应在 $\omega=0$ 处出现极大值,称为零频响应,即直流分量。幅频响应零点出现在 $2\pi k/N$($1\leq k\leq N-1$)处,其中第一个零点出现在 $2\pi/N$ 处,在 $2\pi/N$ 和 $2\pi\cdot 2/N$ 之间的幅频为第一副瓣。随着矩形窗长度的增加,第一零点逐渐靠近 $\omega=0$ 处,并形成尖峰值,由于频率响应以 2π 为周期,所以在 $\omega=2\pi$ 的整数倍处形成一系列尖峰。当 $N\to\infty$ 时的采样序列,称之为梳状序列,表示为 $com(n) = \sum_{n=-\infty}^{\infty}\delta(t-nT)$。梳状序列的傅里叶变换的幅值,在频域中变为 $com(k) = \sum_{n=-\infty}^{\infty}\sigma(\omega-2\pi k)$,它是以 2π 为周期的序列。将频率响应具有规律分布的峰组成的滤波器称为梳状滤波器,梳状滤波器只让某些特定频率范围的信号通过。

【例2.1.2】若 $x(n)$ 为因果序列,记 $F[x(n)] = X(e^{j\omega})$,求 $F[x(2n)]$。

【解】根据式(2.1.2),可以得到:

$$F[x(2n)] = \sum_{n=0}^{\infty} x(2n)e^{-j\omega n}$$

$$= x(0) + x(2)\mathrm{e}^{-\mathrm{j}\omega} + x(4)\mathrm{e}^{-\mathrm{j}2\omega} + x(6)\mathrm{e}^{-\mathrm{j}3\omega} + \cdots$$

$$= \sum_{n=0}^{\infty} \frac{1}{2}[x(n) + (-1)^n x(n)]\mathrm{e}^{-\mathrm{j}\frac{\omega}{2}n}$$

$$= \frac{1}{2}\sum_{n=0}^{\infty} x(n)\mathrm{e}^{-\mathrm{j}\frac{\omega}{2}n} + \frac{1}{2}\sum_{n=0}^{\infty} x(n)(-1)^n \mathrm{e}^{-\mathrm{j}\frac{\omega}{2}n}$$

$$= \frac{1}{2}X(\mathrm{e}^{\mathrm{j}\frac{\omega}{2}}) + \frac{1}{2}\sum_{n=0}^{\infty} x(n)\mathrm{e}^{-\mathrm{j}(\frac{\omega}{2}+\pi)n}$$

$$= \frac{1}{2}X(\mathrm{e}^{\mathrm{j}\frac{\omega}{2}}) + \frac{1}{2}X(\mathrm{e}^{\mathrm{j}(\frac{\omega}{2}+\pi)})$$

$x(2n)$ 信号是原信号 $x(n)$ 的降采样。通过上式的求解,信号降采样后的频谱可以由原信号的频谱经过伸缩和相移求得。

2.2 线性移不变系统的频率响应

在线性移不变系统中,余弦或正弦序列的稳态响应很重要,因此必须先讨论单位取样响应 $h(n)$ 的傅里叶变换。一个序列可以分解成不同频率的正弦分量,由于正弦分量可以表示成复指数序列 $\mathrm{e}^{\mathrm{j}\omega n}$ 的加权和形式,因此研究线性移不变系统对复指数序列 $\mathrm{e}^{\mathrm{j}\omega n}$ 的响应就非常重要。

1. 线性移不变系统对复指数序列 $\mathrm{e}^{\mathrm{j}\omega_0 n}$ 的响应

对于线性移不变系统,若输入序列为 $x(n) = \mathrm{e}^{\mathrm{j}\omega_0 n}$(复指数序列),则输出为:

$$y(n) = \mathrm{e}^{\mathrm{j}\omega_0 n} H(\mathrm{e}^{\mathrm{j}\omega_0}) \tag{2.2.1}$$

【证明】根据式(1.4.2),可以得到系统的输出 $y(n)$ 是单位取样响应 $h(n)$ 和输入序列 $x(n)$ 的卷积和:

$$y(n) = h(n) * x(n) = \sum_{k=-\infty}^{\infty} h(k)x(n-k)$$

$$= \sum_{k=-\infty}^{\infty} h(k)\mathrm{e}^{\mathrm{j}\omega_0(n-k)} = \mathrm{e}^{\mathrm{j}\omega_0 n}\sum_{k=-\infty}^{\infty} h(k)\mathrm{e}^{\mathrm{j}\omega_0 k} = \mathrm{e}^{\mathrm{j}\omega_0 n}H(\mathrm{e}^{\mathrm{j}\omega_0})$$

2. 线性移不变系统的频率响应

在式(2.2.1)中,引入一个新的概念——频率响应,记作 $H(\mathrm{e}^{\mathrm{j}\omega})$。对于线性移不变系统,可以用系统单位取样响应 $h(n)$ 表示,也可以用系统的频率响应 $H(\mathrm{e}^{\mathrm{j}\omega})$ 来表示, $H(\mathrm{e}^{\mathrm{j}\omega})$ 正是单位取样响应 $h(n)$ 的傅里叶变换:

$$H(\mathrm{e}^{\mathrm{j}\omega}) = F[h(n)] = \sum_{n=-\infty}^{\infty} h(n)\mathrm{e}^{-\mathrm{j}\omega n} \tag{2.2.2}$$

按照式(2.1.6)将 $H(\mathrm{e}^{\mathrm{j}\omega})$ 展开,可以得到:

$$H(\mathrm{e}^{\mathrm{j}\omega}) = \mathrm{Re}[H(\mathrm{e}^{\mathrm{j}\omega})] + j\mathrm{Im}[H(\mathrm{e}^{\mathrm{j}\omega})] = |H(\mathrm{e}^{\mathrm{j}\omega})|\exp\{j\arg[H(\mathrm{e}^{\mathrm{j}\omega})]\} \tag{2.2.3}$$

其中:$H(\mathrm{e}^{\mathrm{j}\omega})$ 为系统的频率响应,$\mathrm{Re}[H(\mathrm{e}^{\mathrm{j}\omega})]$ 为系统频率响应的实部,

$\text{Im}[H(e^{j\omega})]$ 为系统频率响应的虚部，$|H(e^{j\omega})|$ 为系统的幅频响应（振幅响应），$\arg[H(e^{j\omega})]$ 为系统的相频响应（相位响应）。$|H(e^{j\omega})|$ 和 $\arg[H(e^{j\omega})]$ 都为数字角频率 ω 的连续周期函数，周期为 2π。这种定义与对连续时间线性时不变系统的定义是一致的。

【例2.2.1】已知理想低通滤波器的频率响应如图2.2.1所示，求滤波器的单位冲激响应 $h(n)$。

$$H(e^{j\omega}) = \begin{cases} 1 & |\omega| \leq \omega_c \\ 0 & \omega_c < |\omega| \leq \pi \end{cases}$$

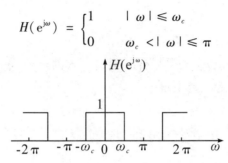

图2.2.1 理想低通滤波器的频率响应

【解】根据式(2.1.3)，可以得到：

$$h(n) = \frac{1}{2\pi}\int_{-\pi}^{\pi} H(e^{j\omega})e^{j\omega n}d\omega = \frac{1}{2\pi}\int_{-\omega_c}^{\omega_c} e^{j\omega n}d\omega = \frac{\sin\omega_c n}{\pi n}$$

当 $\omega_c = 0.5\pi$ 时，系统的单位冲激响应如图2.2.2所示。

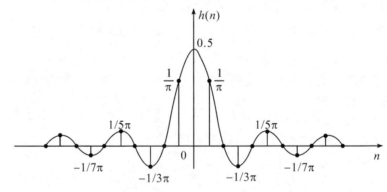

图2.2.2 $\omega_c = 0.5\pi$ 理想低通滤波器的单位冲激响应

理想低通滤波器尽管频带有限，但因为在 $n < 0$ 时，$h(n)$ 不为零，并且 $\sum_{n=-\infty}^{\infty}|h(n)|$ 无界，所以它是物理不可实现的非因果非稳定系统。

【例2.2.2】一个线性移不变系统的单位取样响应 $h(n) = \frac{1}{2}\delta(n) + \delta(n-1) + \frac{1}{2}\delta(n-2)$。

(1) 求系统的频率响应 $H(e^{j\omega})$；

(2) 当输入信号 $x(n) = 5\cos\dfrac{n\pi}{4}$ 时，求系统对应的输出响应 $y(n)$。

【解】(1) 根据系统频率响应的公式(2.2.2),可以得到:

$$H(e^{j\omega}) = \sum_{n=-\infty}^{\infty} h(n)e^{-j\omega n} = \sum_{n=-\infty}^{\infty} \left[\frac{1}{2}\delta(n) + \delta(n-1) + \frac{1}{2}\delta(n-2)\right]e^{-j\omega n}$$

$$= \frac{1}{2} + e^{-j\omega} + \frac{1}{2}e^{-j2\omega} = e^{-j\omega}\left(1 + \frac{1}{2}e^{j\omega} + \frac{1}{2}e^{-j\omega}\right)$$

$$= e^{-j\omega}(1 + \cos\omega) = 2e^{-j\omega}\left(\cos\frac{\omega}{2}\right)^2$$

(2) 将输入信号 $x(n)$ 展成复指数序列的加权和形式:

$$x(n) = 5\cos\frac{n\pi}{4} = \frac{5}{2}(e^{j\frac{n\pi}{4}} + e^{-j\frac{n\pi}{4}})$$

根据复指数序列 $e^{j\omega_0 n}$ 通过线性移不变系统的性质 $y(n) = e^{j\omega_0 n}H(e^{j\omega_0})$,可以得到:

$$y(n) = \frac{5}{2}[e^{j\frac{n\pi}{4}}H(e^{j\frac{\pi}{4}}) + e^{-j\frac{n\pi}{4}}H(e^{-j\frac{\pi}{4}})]$$

$$= \frac{5}{2}\left[e^{j\frac{n\pi}{4}}e^{-j\frac{\pi}{4}}\left(1 + \cos\frac{\pi}{4}\right) + e^{-j\frac{n\pi}{4}}e^{-j(-\frac{\pi}{4})}\left(1 + \cos\left(-\frac{\pi}{4}\right)\right)\right]$$

$$= 5\cos\frac{(n-1)\pi}{4}\left(1 + \cos\frac{\pi}{4}\right)$$

或者由卷积和计算公式(1.4.2),可以得到:

$$y(n) = x(n) * h(n)$$

$$= 5\cos\frac{n\pi}{4} * \left[\frac{1}{2}\delta(n) + \delta(n-1) + \frac{1}{2}\delta(n-2)\right]$$

$$= \frac{5}{2}\cos\frac{n\pi}{4} + 5\cos\frac{(n-1)\pi}{4} + \frac{5}{2}\cos\frac{(n-2)\pi}{4}$$

$$= 5\cos\frac{(n-1)\pi}{4}\cos\frac{\pi}{4} + 5\cos\frac{(n-1)\pi}{4}$$

$$= 5\cos\frac{(n-1)\pi}{4}\left(1 + \cos\frac{\pi}{4}\right)$$

2.3 傅里叶变换的性质

2.3.1 傅里叶变换的定理和性质

1. 线性

如果

$$X(e^{j\omega}) = F[x(n)]$$
$$Y(e^{j\omega}) = F[y(n)]$$

那么

$$F[ax(n) + by(n)] = aX(e^{j\omega}) + bY(e^{j\omega}) \tag{2.3.1}$$

式(2.3.1)表明:傅里叶变换是一种线性变换。多个信号线性组合的傅里叶变换等于各个信号的傅里叶变换的线性组合。证明略。

【例2.3.1】求信号 $x(n) = a^{|n|}$ ($-1 < a < 1$)的傅里叶变换。

【解】首先把信号 $x(n)$ 表示成如下形式:

$$x(n) = x_1(n) + x_2(n)$$

其中

$$x_1(n) = a^n u(n),\ x_2(n) = a^{-n} u(-n-1)$$

根据傅里叶变换的定义式(2.1.2),可以得到 $x_1(n)$ 的傅里叶变换为:

$$X_1(e^{j\omega}) = \sum_{n=-\infty}^{\infty} x_1(n) e^{-j\omega n} = \sum_{n=0}^{\infty} a^n e^{-j\omega n} = \sum_{n=0}^{\infty} (ae^{-j\omega})^n$$

因为

$$|ae^{-j\omega}| = |a||e^{-j\omega}| = |a| < 1$$

所以

$$X_1(e^{j\omega}) = \sum_{n=0}^{\infty} (ae^{-j\omega})^n = \frac{1}{1 - ae^{-j\omega}}$$

类似地,可以得到 $x_2(n)$ 的傅里叶变换为:

$$X_2(e^{j\omega}) = \sum_{n=0}^{\infty} (ae^{j\omega})^n = \frac{ae^{j\omega}}{1 - ae^{j\omega}}$$

根据式(2.3.1),可以得到 $x(n)$ 的傅里叶变换为:

$$X(e^{j\omega}) = X_1(e^{j\omega}) + X_2(e^{j\omega})$$
$$= \frac{1}{1 - ae^{-j\omega}} + \frac{ae^{j\omega}}{1 - ae^{j\omega}}$$
$$= \frac{1 - a^2}{1 - 2a\cos\omega + a^2}$$

2. 反转

如果

$$X(e^{j\omega}) = F[x(n)]$$

那么

$$F[x(-n)] = X(e^{-j\omega}) \qquad (2.3.2)$$

【证明】根据式(2.1.2),可以得到:

$$F[x(-n)] = \sum_{n=-\infty}^{\infty} x(-n) e^{-j\omega n}$$
$$= \sum_{n=-\infty}^{\infty} x(n) e^{j\omega n}$$
$$= X(e^{-j\omega})$$

如果 $x(n)$ 是实序列,根据式(2.3.2),可以得到:

$$F[x(-n)] = X(e^{-j\omega}) = |X(e^{-j\omega})|e^{j\arg[X(e^{-j\omega})]} = |X(e^{j\omega})|e^{-j\arg[X(e^{j\omega})]}$$

式(2.3.2)表明：如果信号在时间上反转，则它的幅度谱保持不变，相位谱的符号发生变换(相位倒置)。

3. 时移

如果

$$X(e^{j\omega}) = F[x(n)]$$

那么

$$F[x(n-k)] = e^{-j\omega k}X(e^{j\omega}) \tag{2.3.3}$$

【证明】根据式(2.1.2)，可以得到：

$$\begin{aligned}F[x(n-k)] &= \sum_{n=-\infty}^{\infty} x(n-k)e^{-j\omega n} \\ &= \sum_{n=-\infty}^{\infty} x(n)e^{-j\omega n}e^{-j\omega k} \\ &= e^{-j\omega k}X(e^{j\omega})\end{aligned}$$

式(2.3.3)表明：如果一个信号在时域上移动 k 个样本，那么它的幅度谱保持不变，相位谱改变了 $-k\omega$。从数学角度看，在时域上移动 k 等于在频域上频谱乘以 $e^{-j\omega k}$。

4. 频移

如果

$$X(e^{j\omega}) = F[x(n)]$$

那么

$$F[e^{j\omega_0 n}x(n)] = X(e^{j(\omega-\omega_0)}) \tag{2.3.4}$$

【证明】根据式(2.1.2)，可以得到：

$$\begin{aligned}F[e^{j\omega_0 n}x(n)] &= \sum_{n=-\infty}^{\infty} e^{j\omega_0 n}x(n)e^{-j\omega n} \\ &= \sum_{n=-\infty}^{\infty} x(n)e^{-j(\omega-\omega_0)n} \\ &= X(e^{j(\omega-\omega_0)})\end{aligned}$$

式(2.3.4)表明：序列 $x(n)$ 乘上 $e^{j\omega_0 n}$ 等同于频谱 $X(e^{j\omega})$ 平移频率 ω_0。由于频谱 $X(e^{j\omega})$ 是周期性的，所以 ω_0 的平移将应用于信号每个周期的频谱。

5. 频域微分

如果

$$X(e^{j\omega}) = F[x(n)]$$

那么

$$F[nx(n)] = j\frac{dX(e^{j\omega})}{d\omega} \tag{2.3.5}$$

【证明】根据傅里叶变换定义式(2.1.2)，可以得到：

$$j\frac{dX(e^{j\omega})}{d\omega} = j\frac{d}{d\omega}\Big[\sum_{n=-\infty}^{\infty}x(n)e^{-j\omega n}\Big]$$

$$= j\sum_{n=-\infty}^{\infty}x(n)\frac{d}{d\omega}e^{-j\omega n}$$

$$= \sum_{n=-\infty}^{\infty}nx(n)e^{-j\omega n}$$

$$= F[nx(n)]$$

6. 调制定理

如果
$$X(e^{j\omega}) = F[x(n)]$$

那么
$$F[x(n)\cos(\omega_0 n)] = \frac{1}{2}[X(e^{j(\omega+\omega_0)}) + X(e^{j(\omega-\omega_0)})] \quad (2.3.6)$$

【证明】首先将余弦信号表示成:

$$\cos(\omega_0 n) = \frac{1}{2}(e^{j\omega_0 n} + e^{-j\omega_0 n})$$

根据傅里叶变换定义式(2.1.2),可以得到:

$$F[x(n)\cos(\omega_0 n)] = \frac{1}{2}\Big[\sum_{n=-\infty}^{\infty}x(n)e^{j\omega_0 n}e^{-j\omega n} + \sum_{n=-\infty}^{\infty}x(n)e^{-j\omega_0 n}e^{-j\omega n}\Big]$$

$$= \frac{1}{2}\Big[\sum_{n=-\infty}^{\infty}x(n)e^{-j(\omega-\omega_0)n} + \sum_{n=-\infty}^{\infty}x(n)e^{-j(\omega+\omega_0)n}\Big]$$

$$= \frac{1}{2}[X(e^{j(\omega-\omega_0)}) + X(e^{j(\omega+\omega_0)})]$$

7. 时域卷积定理

如果
$$X(e^{j\omega}) = F[x(n)]$$
$$H(e^{j\omega}) = F[h(n)]$$
$$y(n) = x(n) * h(n)$$

那么
$$Y(e^{j\omega}) = X(e^{j\omega})H(e^{j\omega}) \quad (2.3.7)$$

【证明】根据卷积公式(1.4.2)和傅里叶变换公式(2.1.2),可以得到:

$$Y(e^{j\omega}) = \sum_{n=-\infty}^{\infty}y(n)e^{-j\omega n}$$

$$= \sum_{n=-\infty}^{\infty}[x(n)*h(n)]e^{-j\omega n}$$

$$= \sum_{n=-\infty}^{\infty}\sum_{k=-\infty}^{\infty}x(k)h(n-k)e^{-j\omega n}$$

$$= \sum_{k=-\infty}^{\infty} x(k) \sum_{n=-\infty}^{\infty} h(n-k) e^{-j\omega n}$$

$$= \sum_{k=-\infty}^{\infty} x(k) \sum_{m=-\infty}^{\infty} h(m) e^{-j\omega m} e^{-j\omega k}$$

$$= \sum_{k=-\infty}^{\infty} x(k) e^{-j\omega k} \sum_{m=-\infty}^{\infty} h(m) e^{-j\omega m}$$

$$= X(e^{j\omega}) H(e^{j\omega})$$

时域卷积定理的物理意义：对于线性移不变系统来说，输出信号的频谱是输入信号频谱和系统频率响应的乘积，其中幅度响应和相位响应分别表示系统对输入信号幅度和相位的影响。如果这种影响是不想要的，往往称这种影响为幅度失真和相位失真。

8. 频域卷积定理(窗口定理)

如果

$$X(e^{j\omega}) = F[x(n)]$$
$$H(e^{j\omega}) = F[h(n)]$$
$$y(n) = x(n) \cdot h(n)$$

那么

$$Y(e^{j\omega}) = \frac{1}{2\pi} \int_{-\pi}^{\pi} X(e^{j\omega'}) H(e^{j(\omega-\omega')}) d\omega' \tag{2.3.8}$$

【证明】根据式(2.1.2)，可以得到：

$$Y(e^{j\omega}) = \sum_{n=-\infty}^{\infty} y(n) e^{-j\omega n}$$

$$= \sum_{n=-\infty}^{\infty} x(n) h(n) e^{-j\omega n}$$

$$= \sum_{n=-\infty}^{\infty} \left[\frac{1}{2\pi} \int_{-\pi}^{\pi} X(e^{j\omega'}) e^{j\omega' n} d\omega' \right] h(n) e^{-j\omega n}$$

$$= \frac{1}{2\pi} \int_{-\pi}^{\pi} X(e^{j\omega'}) \left[\sum_{n=-\infty}^{\infty} h(n) e^{-j(\omega-\omega')n} \right] d\omega'$$

$$= \frac{1}{2\pi} \int_{-\pi}^{\pi} X(e^{j\omega'}) H(e^{j(\omega-\omega')}) d\omega'$$

9. 帕斯瓦尔定理

如果

$$X(e^{j\omega}) = F[x(n)]$$
$$Y(e^{j\omega}) = F[y(n)]$$

那么

$$\sum_{n=-\infty}^{\infty} x(n) y^*(n) = \frac{1}{2\pi} \int_{-\pi}^{\pi} X(e^{j\omega}) Y^*(e^{j\omega}) d\omega \tag{2.3.9}$$

【证明】根据傅里叶变换定义式(2.1.2)和频域卷积定理(2.3.8)，可以得到：

$$F[x(n)y^*(n)] = \sum_{n=-\infty}^{\infty} x(n)y^*(n)e^{-j\omega n}$$

$$= \frac{1}{2\pi}\int_{-\pi}^{\pi} X(e^{j\theta})Y^*(e^{-j(\omega-\theta)})d\theta$$

$$= \frac{1}{2\pi}\int_{-\pi}^{\pi} X(e^{j\theta})Y^*(e^{j(\theta-\omega)})d\theta$$

当 $\omega = 0$ 时,有:

$$\sum_{n=-\infty}^{\infty} x(n)y^*(n) = \frac{1}{2\pi}\int_{-\pi}^{\pi} X(e^{j\omega})Y^*(e^{j\omega})d\omega$$

在特殊情况下,当 $x(n) = y(n)$ 时,式(2.3.9)简化为:

$$\sum_{n=-\infty}^{\infty} |x(n)|^2 = \frac{1}{2\pi}\int_{-\pi}^{\pi} |X(e^{j\omega})|^2 d\omega \tag{2.3.10}$$

物理意义:离散时间信号的能量,通过时域或者频域的方法计算,结果是一致的。

为了方便查阅,本节中推导出来的傅里叶变换性质和定理归纳总结在表 2.3.1 中。

表 2.3.1 傅里叶变换的性质

性质	时域	频域
记号	$x(n)$	$X(e^{j\omega})$
	$h(n)$	$H(e^{j\omega})$
	$y(n)$	$Y(e^{j\omega})$
线性	$ax(n) + by(n)$	$aX(e^{j\omega}) + bY(e^{j\omega})$
反转	$x(-n)$	$X(e^{-j\omega})$
时移	$x(n-k)$	$e^{-j\omega k}X(e^{j\omega})$
频移	$e^{j\omega_0 n}x(n)$	$X(e^{j(\omega-\omega_0)})$
频域微分	$nx(n)$	$j\dfrac{dX(e^{j\omega})}{d\omega}$
调制定理	$x(n)\cos(\omega_0 n)$	$\dfrac{1}{2}[X(e^{j(\omega+\omega_0)}) + X(e^{j(\omega-\omega_0)})]$
时域卷积定理	$x(n)*h(n)$	$X(e^{j\omega})H(e^{j\omega})$
频域卷积定理	$x(n)\cdot h(n)$	$\dfrac{1}{2\pi}\int_{-\pi}^{\pi} X(e^{j\omega'})H(e^{j(\omega-\omega')})d\omega'$
帕斯瓦尔定理	$\sum_{n=-\infty}^{\infty} x(n)y^*(n) = \dfrac{1}{2\pi}\int_{-\pi}^{\pi} X(e^{j\omega})Y^*(e^{j\omega})d\omega$	

2.3.2 傅里叶变换的对称性质

傅里叶变换有一些对称性质,在今后求解问题时很有用,现在逐一讨论。

1. 共轭对称序列 $x_e(n)$ 与共轭反对称序列 $x_o(n)$

若序列满足 $x(n) = x^*(-n)$,则称 $x(n)$ 为共轭对称序列,记作 $x_e(n)$。若 $x_e(n)$ 为

实序列,则称为偶序列。

若序列满足 $x(n) = -x^*(-n)$,则称 $x(n)$ 为共轭反对称序列,记作 $x_o(n)$。若 $x_o(n)$ 为实序列,则称为奇序列。

任意序列 $x(n)$ 总可以表示为共轭对称序列 $x_e(n)$ 和共轭反对称序列 $x_o(n)$ 和的形式:

$$x(n) = x_e(n) + x_o(n) \tag{2.3.11}$$

其中:

$$x_e(n) = \frac{1}{2}[x(n) + x^*(-n)] \tag{2.3.12}$$

$$x_o(n) = \frac{1}{2}[x(n) - x^*(-n)] \tag{2.3.13}$$

例如:矩形窗序列 $x(n) = R_N(n)$,可以分解成共轭对称序列 $x_e(n)$ 和共轭反对称序列 $x_o(n)$ 之和的形式,如图 2.3.1 所示。其中:

$$x_e(n) = \frac{1}{2}[x(n) + x^*(-n)] = \frac{1}{2}[R_N(n) + R_N(-n)]$$

$$x_o(n) = \frac{1}{2}[x(n) - x^*(-n)] = \frac{1}{2}[R_N(n) - R_N(-n)]$$

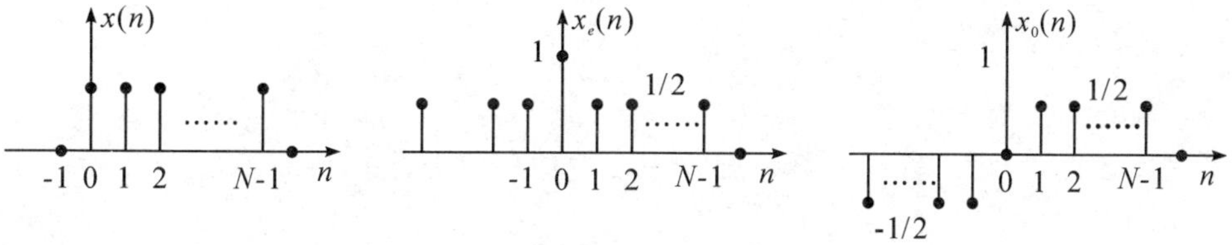

图 2.3.1 矩形序列及其共轭对称与共轭反对称分量

2. 共轭对称函数 $X_e(e^{j\omega})$ 和共轭反对称函数 $X_o(e^{j\omega})$

若函数 $X(e^{j\omega}) = X^*(e^{-j\omega})$,则称 $X(e^{j\omega})$ 为共轭对称函数,记作 $X_e(e^{j\omega})$。若 $X_e(e^{j\omega})$ 为实函数,则称为偶函数。

若函数 $X(e^{j\omega}) = -X^*(e^{-j\omega})$,则称 $X(e^{j\omega})$ 为共轭反对称函数,记作 $X_o(e^{j\omega})$。若 $X_o(e^{j\omega})$ 为实函数,则称为奇函数。

任意序列 $x(n)$ 的傅里叶变换 $X(e^{j\omega})$,总可以表示为共轭对称函数 $X_e(e^{j\omega})$ 和共轭反对称函数 $X_o(e^{j\omega})$ 和的形式:

$$X(e^{j\omega}) = X_e(e^{j\omega}) + X_o(e^{j\omega}) \tag{2.3.14}$$

其中:

$$X_e(e^{j\omega}) = \frac{1}{2}[X(e^{j\omega}) + X^*(e^{-j\omega})] \tag{2.3.15}$$

$$X_o(e^{j\omega}) = \frac{1}{2}[X(e^{j\omega}) - X^*(e^{-j\omega})] \tag{2.3.16}$$

3. 傅里叶变换的对称性质

假设 $x(n)$ 和它的傅里叶变换 $X(e^{j\omega})$ 都是复值函数,可以表示成如下形式:

$$x(n) = \text{Re}[x(n)] + j\text{Im}[x(n)] \qquad (2.3.17)$$
$$X(e^{j\omega}) = \text{Re}[X(e^{j\omega})] + j\text{Im}[X(e^{j\omega})] \qquad (2.3.18)$$

则有如下关系式成立:
$$F[x_e(n)] = \text{Re}[X(e^{j\omega})] \qquad (2.3.19)$$
$$F[x_o(n)] = j\text{Im}[X(e^{j\omega})] \qquad (2.3.20)$$
$$F\{\text{Re}[x(n)]\} = X_e(e^{j\omega}) \qquad (2.3.21)$$
$$F\{j\text{Im}[x(n)]\} = X_o(e^{j\omega}) \qquad (2.3.22)$$

【证明】先证 $F[x^*(n)] = X^*(e^{-j\omega})$。根据式(2.1.2),可以得到:

$$\begin{aligned}
F[x^*(n)] &= \sum_{n=-\infty}^{\infty} x^*(n) e^{-j\omega n} \\
&= \left[\sum_{n=-\infty}^{\infty} x(n) e^{j\omega n}\right]^* \\
&= \left[\sum_{n=-\infty}^{\infty} x(n) e^{-(-j\omega)n}\right]^* \\
&= X^*(e^{-j\omega})
\end{aligned}$$

再证 $F[x^*(-n)] = X^*(e^{j\omega})$:

$$\begin{aligned}
F[x^*(-n)] &= \sum_{n=-\infty}^{\infty} x^*(-n) e^{-j\omega n} \\
&= \left[\sum_{n=-\infty}^{\infty} x(-n) e^{j\omega n}\right]^* \\
&= \left[\sum_{n=-\infty}^{\infty} x(n) e^{-j\omega n}\right]^* \\
&= X^*(e^{j\omega})
\end{aligned}$$

所以

$$\begin{aligned}
F[x_e(n)] &= F\left\{\frac{1}{2}[x(n) + x^*(-n)]\right\} \\
&= \frac{1}{2}\{F[x(n)] + F[x^*(-n)]\} \\
&= \frac{1}{2}[X(e^{j\omega}) + X^*(e^{j\omega})] \\
&= \text{Re}[X(e^{j\omega})] \\
F\{\text{Re}[x(n)]\} &= F\left\{\frac{1}{2}[x(n) + x^*(n)]\right\} \\
&= \frac{1}{2}\{F[x(n)] + F[x^*(n)]\} \\
&= \frac{1}{2}[X(e^{j\omega}) + X^*(e^{-j\omega})] \\
&= X_e(e^{j\omega})
\end{aligned}$$

其他两个等式同理可证。

除此之外,傅里叶变换还有一些其他的对称性质,这里不再一一证明。读者可以参阅表2.3.2,结合傅里叶变换公式自行证明。

表2.3.2 傅里叶变换的对称性质

时域	频域
$x(n)$	$X(e^{j\omega})$
$x^*(n)$	$X^*(e^{-j\omega})$
$x^*(-n)$	$X^*(e^{j\omega})$
$\text{Re}[x(n)]$	$X_e(e^{j\omega}) = \frac{1}{2}[X(e^{j\omega}) + X^*(e^{-j\omega})]$
$j\text{Im}[x(n)]$	$X_o(e^{j\omega}) = \frac{1}{2}[X(e^{j\omega}) - X^*(e^{-j\omega})]$
$x_e(n) = \frac{1}{2}[x(n) + x^*(-n)]$	$\text{Re}[X(e^{j\omega})]$
$x_o(n) = \frac{1}{2}[x(n) - x^*(-n)]$	$j\text{Im}[X(e^{j\omega})]$
任意实信号 $x(n)$	$X(e^{j\omega}) = X^*(e^{-j\omega})$ $\text{Re}[X(e^{j\omega})] = \text{Re}[X(e^{-j\omega})]$ $\text{Im}[X(e^{j\omega})] = -\text{Im}[X(e^{-j\omega})]$ $\|X(e^{j\omega})\| = \|X(e^{-j\omega})\|$ $\arg[X(e^{j\omega})] = -\arg[X(e^{-j\omega})]$
$x_e(n) = \frac{1}{2}[x(n) + x(-n)]$	$\text{Re}[X(e^{j\omega})]$
$x_o(n) = \frac{1}{2}[x(n) - x(-n)]$	$j\text{Im}[X(e^{j\omega})]$

2.4 MATLAB 仿真实例

1. 线性性质

如果一个信号由两个信号线性加权合成,那么此信号的傅里叶变换为两个原信号的傅里叶变换线性加权而成。

【例2.4.1】设有两个振动信号,求两个振动信号及其合成振动信号的傅里叶变换,采样间隔为1S,数据长度为100。

MATLAB 仿真程序如下:

```
% 傅里叶变换函数
function [Xk] = dfs(xn,N)
n = [0:1:N-1];k = [0:1:N-1];
WN = exp(-j*2*pi/N);
nk = n'*k;WNnk = WN.^nk;
Xk = xn*WNnk;
% 线性
```

N = 100;dt = 1;n = 0:N − 1;t = n ∗ dt;
xn1 = cos(2 ∗ pi ∗ 0.24 ∗ t);xn2 = cos(2 ∗ pi ∗ 0.26 ∗ t);
Xk1 = dfs(xn1,N);Xk2 = dfs(xn2,N);
magXk1 = abs(Xk1);phaXk1 = angle(Xk1);
k = 0:length(magXk1) − 1;
subplot(311);plot(k/(N ∗ dt),magXk1 ∗ 2/N);
ylabel('振幅');title('第一个振动的傅里叶变换');
magXk2 = abs(Xk2);
phaXk2 = angle(Xk2);
k = 0:length(magXk2) − 1;
subplot(312);plot(k/(N ∗ dt),magXk2 ∗ 2/N);
ylabel('振幅');title('第二个振动的傅里叶变换');
Xk = dfs(xn1 + xn2,N);
magXk = abs(Xk);phaXk = angle(Xk);
k = 0:length(magXk2) − 1;
subplot(313);plot(k/(N ∗ dt),magXk ∗ 2/N);
ylabel('振幅');title('合成振动的傅里叶变换');

程序的运行结果如图2.4.1所示。可以看出,两个振动信号的傅里叶变换的叠加在频域轴上与合成振动信号的傅里叶变换是一致的,清楚地表明了傅里叶变换的线性性质。

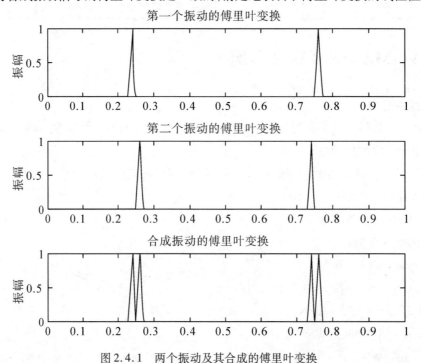

图 2.4.1　两个振动及其合成的傅里叶变换

2. 频率分析

上例中,两个振幅相同、频率相差不大的振动信号可以合成为一种振幅周期变化的振动信号。接下来研究如何从合成振动信号的数据中通过傅里叶变换分析出其中的频率成分。

【例2.4.2】已知序列 $x(n) = \cos(2\pi*0.24n) + \cos(2\pi*0.26n)$, $0 \le n \le 99$,分析信号 $x(n)$ 及其傅里叶变换的幅值图。

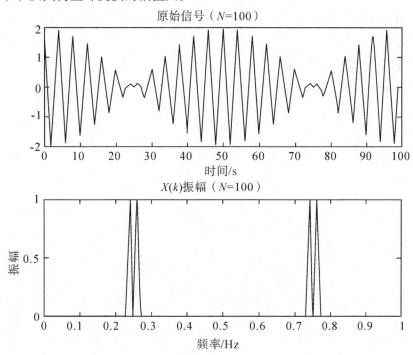

图 2.4.2 合成信号频率分析

MATLAB 仿真程序如下:

```
% 频率分析
N = 100;dt = 1;
n = 0:N-1;t = n*dt;
xn = cos(2*pi*0.24*t) + cos(2*pi*0.26*t);
Xk = dfs(xn,N);
magXk = abs(Xk);
phaXk = angle(Xk);
subplot(211);plot(t,xn);
xlabel('时间/S');
title('原始信号(N=100)');
k = 0:length(magXk) - 1;
```

subplot(212); plot(t/(N*dt), magXk*2/N);
xlabel('频率/Hz'); ylabel('振幅');
title('X(k)振幅(N=100)');

程序的运行结果如图 2.4.2 所示。可以看出,傅里叶变换后确实分析出频率为 0.24Hz 和 0.26Hz 的振动,而其他频率成分的幅值为零,表明信号中不存在其他频率成分。

【例2.4.3】对于上例中 $x(n)$ 通过补零增长到 120 个数,分析信号 $x(n)$ 及其傅里叶变换的幅度谱。

MATLAB 仿真程序如下:

% 频率分析
N = 120;
dt = 1;
n = 0:N-1;
t = n*dt;

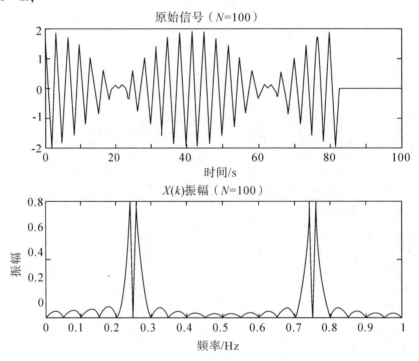

图 2.4.3 补零后信号频率分析

xn = cos(2*pi*0.24*[0:99]) + cos(2*pi*0.26*[0:99]);
xn = [xn, zeros(1, N-100)];
Xk = dfs(xn, N);
magXk = abs(Xk);
phaXk = angle(Xk);

```
subplot(211);plot(t,xn);
xlabel('时间/S');
title('原始信号(N=100)');
k=0:length(magXk)-1;
subplot(212);plot(t/(N*dt),magXk*2/N);
xlabel('频率/Hz');ylabel('振幅');
title('X(k)振幅(N=100)');
```

程序的运行结果如图 2.4.3 所示。可以看出,上例中的信号加上 20 个 0 后,其傅里叶变换分解的频率成分除了含有 0.24Hz 和 0.26Hz 的频率信号外,还含有很多频率的小振幅振动。也就是说,多种频率的小振幅振动叠加才能使后面的时域信号值为零。

2.5 本章小结

傅里叶变换是分析信号频域特征的数学工具。傅里叶变换是具有有限能量非周期信号的频谱特征的近似表示。本章讨论了傅里叶变换和反变换的定义;研究和推导了傅里叶变换的对称性质;分析了线性移不变系统对复指数序列的响应:当输入信号为复指数序列时,输出信号仍然是复指数序列,但幅值和相位却发生了变化,从而引出了系统频率响应的定义、系统单位取样响应与系统频率响应之间的傅里叶变换关系。本章中推导的傅里叶变换的性质和定理,尤其是傅里叶变换的对称性质对于频谱的分析非常重要。

习 题

2.1 一个线性移不变系统的单位取样响应 $h(n)$ 和输入信号 $x(n)$ 分别为:
$$h(n) = 2\delta(n) - \delta(n-1)$$
$$x(n) = \delta(n) + 2\delta(n-1)$$
(1) 求 $x(n)$ 和 $h(n)$ 的傅里叶变换 $X(e^{j\omega})$ 和 $H(e^{j\omega})$;
(2) 通过计算傅里叶反变换求系统的输出 $y(n)$;
(3) 直接求卷积验证(2)。

2.2 设 $x(n)$ 和 $X(e^{j\omega})$ 为一傅里叶变换对,试根据 $X(e^{j\omega})$ 确定下列序列的傅里叶变换。
(1) $cx(n)$ (c 为任意常数)　　(2) $x(n-n_0)$ (n_0 为任意实正数)
(3) $x(-n)$　　　　　　　　　　(4) $x(n) - x(n-1)$
(5) $x^*(n)$　　　　　　　　　　(6) $x^*(-n)$
(7) $x^2(n)$　　　　　　　　　　(8) $x(2n)$
(9) $nx(n)$　　　　　　　　　　(10) $x(n)s(n)$,其中 $s(n) = \{\cdots,0,1,0,1,0,1,0,1,\cdots\}$

2.3 设 $x(n)$ 和 $X(e^{j\omega})$ 为一傅里叶变换对，根据 $x(n)$ 确定与下列傅里叶变换对应的序列。

(1) $x(e^{j(\omega-\omega_0)})$

(2) $X^*(e^{j\omega})$，其中 * 表示复共轭

(3) $\text{Re}[X(e^{j\omega})]$，其中 Re 代表取复数的实数

2.4 对于信号 $x(n) = \{-1,2,-3,2,-1\}$，试计算以下量。

(1) $X(e^{j0})$

(2) $\arg X(e^{j\omega})$

(3) $\int_{-\pi}^{\pi} X(e^{j\omega}) d\omega$

(4) $X(e^{j\pi})$

(5) $\int_{-\pi}^{\pi} |X(e^{j\omega})|^2 d\omega$

2.5 求解以下信号的傅里叶变换 $X_1(e^{j\omega})$、$X_2(e^{j\omega})$ 和 $X_3(e^{j\omega})$，并画出对应的幅度谱。

(1) $x_1(n) = \{1,1,1,1,1\}$

(2) $x_2(n) = \{1,0,1,0,1,0,1,0,1\}$

(3) $x_3(n) = \{1,0,0,1,0,0,1,0,0,1,0,0,1\}$

(4) 在 $X_1(e^{j\omega})$、$X_2(e^{j\omega})$ 和 $X_3(e^{j\omega})$ 之间存在任何关系吗？其物理意义是什么？

(5) 证明：如果

$$x_k(n) = \begin{cases} x(n/k) & n/k \text{ 为整数} \\ 0 & \text{其他} \end{cases}$$

那么 $X_k(e^{j\omega}) = X(e^{jk\omega})$。

2.6 设信号 $x(n)$ 具有如图所示的傅里叶变换。求解并画出以下信号的傅里叶变换。

(1) $x_1(n) = x(n)\cos(\pi n/4)$ (2) $x_2(n) = x(n)\sin(\pi n/2)$

(3) $x_3(n) = x(n)\cos(\pi n/2)$ (4) $x_4(n) = x(n)\cos(\pi n)$

注意这些信号是通过载波 $\cos(\omega_c n)$ 或 $\sin(\omega_c n)$ 对序列 $x(n)$ 进行幅度调制获得的。

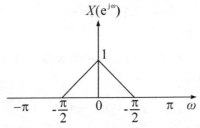

2.7 设离散时间信号 $x(n)$ 具有如图所示的傅里叶变换，求解并画出以下信号的傅里叶变换。

(1) $y_1(n) = x(2n)$

(2) $y_2(n) = x(n)s(n)$,其中 $s(n) = \{\cdots,0,1,0,1,0,1,0,1,\cdots\}$

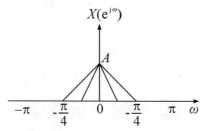

2.8 一时域离散系统的单位取样响应 $h(n)$ 为:

$$h(n) = \frac{1}{2}\delta(n) + \delta(n-1) + \frac{1}{2}\delta(n-2)$$

(1)求解该系统的频率响应并画出幅频特性和相频特性;

(2)当激励 $x(n) = 5\cos(\frac{n\pi}{4})$ 时,求对应的稳态响应;

(3)当输入 $x(n) = u(n)$ 时,求系统的总响应。假设当 $n < 0$ 时,$y(n) = 0$。

2.9 一个数字滤波器的频率响应如图所示:

(1)求单位取样响应 $h(n)$;

(2)$h(n)$ 是否表示 FIR 滤波器? 说明你的理由。

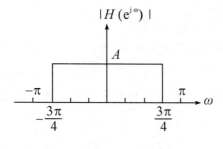
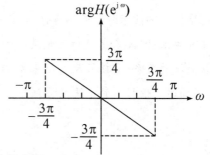

2.10 系统频率响应如图所示,求下列序列的稳态响应。

(1) $x(n) = 5\cos\frac{n\pi}{4}$ (2) $x(n) = 5\cos\frac{9n\pi}{4}$

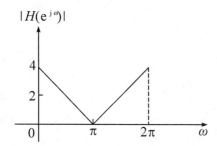
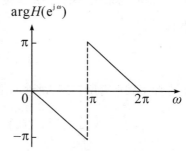

第3章　Z变换

在连续信号和系统理论中,拉普拉斯变换是一种重要的数学工具,可以把问题从时域转换到复频域(S域)进行分析和处理,为求解常系数微分方程提供了一个有效的方法。在离散时间信号和系统中,采用与拉氏变换作用类似的Z变换运算方法,也可以将问题从时域转换到复频域(Z域)进行分析和处理。

在第2章已经知道,离散时间信号的傅里叶变存在是有条件的,即信号必须满足均匀收敛条件,也就是满足以下关系式:

$$|X(e^{j\omega})| = \left|\sum_{n=-\infty}^{\infty} x(n)e^{-j\omega n}\right| \leq \sum_{n=-\infty}^{\infty} |x(n)||e^{-j\omega n}| = \sum_{n=-\infty}^{\infty} |x(n)| < \infty$$

如果信号的傅里叶变换不存在,可以采用Z变换进行分析。

学习要求:掌握Z变换和反变换的定义;掌握收敛域的定义;掌握常见的四种序列特性和收敛域的关系;掌握Z反变换求解的方法;掌握并利用Z变换的性质分析和解决问题;掌握描述线性移不变系统的方法——系统函数;掌握并利用单边Z变换求解差分方程。

3.1　Z变换

定义　"信号与系统"课程中定义的Z变换称为单边Z变换,主要考虑的是对因果序列的Z变换,记作:

$$X(z) = \sum_{n=0}^{\infty} x(n)z^{-n} \tag{3.1.1}$$

本书在此基础上有所扩展,讨论的是双边Z变换,定义为:

$$X(z) = \sum_{n=-\infty}^{\infty} x(n)z^{-n} \tag{3.1.2}$$

式中,Z是一个连续复变量,可以表示为 $z = re^{j\omega}$ 或 $z = \text{Re}[z] + j\text{Im}[z]$,它所在的复平面称为Z平面。当 $r = 1$ 时,Z变换就是傅里叶变换,可见Z变换是广义的傅里叶变换,而傅里叶变换只是Z变换在单位圆上取值的特例。

出于方便,信号 $x(n)$ 的Z变换记为:

$$X(z) = Z[x(n)] \quad (3.1.3)$$

收敛域 对于序列 $x(n)$，能保证其 Z 变换收敛的所有 Z 值的集合，称为序列 $x(n)$ 的 Z 变换 $X(z)$ 的收敛域。

由于级数 $X(z) = \sum_{n=-\infty}^{\infty} x(n)z^{-n}$ 收敛的充分必要条件为：

$$\left|\sum_{n=-\infty}^{\infty} x(n)z^{-n}\right| \le \sum_{n=-\infty}^{\infty} |x(n)||z|^{-n} < \infty \quad (3.1.4)$$

因此，为了确保级数 $X(z)$ 收敛，需要限制 $|z|$ 的取值范围，收敛域通常为一环状区域，如图 3.1.1 所示。收敛域可以表示为：

$$R_{x-} < |z| < R_{x+} \quad (3.1.5)$$

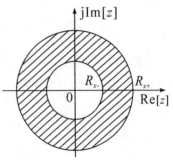

图 3.1.1 Z 变换的收敛域

其中，R_{x-}、R_{x+} 称为收敛半径，内半径 R_{x-} 可以缩小到零，外半径 R_{x+} 可以扩大到无限大。存在 $z = z_i$，使得 $x(n)$ 的 Z 变换 $X(z_i) = 0$，则 z_i 为 $X(z)$ 的零点。存在 $z = z_i$，使得 $x(n)$ 的 Z 变换 $X(z_i) \to \infty$，则 z_i 为 $X(z)$ 的极点。

【例 3.1.1】求序列 $x(n) = a^n u(n)$ 的 Z 变换。

【解】依据 Z 变换定义式(3.1.2)，可以得到：

$$X(z) = \sum_{n=-\infty}^{\infty} x(n)z^{-n} = \sum_{n=0}^{\infty} a^n z^{-n} = \sum_{n=0}^{\infty} (az^{-1})^n$$

若保证上述幂级数收敛，需要满足 $|az^{-1}| < 1$，等价于 $|z| > |a|$，则幂级数收敛于 $\dfrac{1}{1-az^{-1}}$。Z 变换为：

$$Z[a^n u(n)] = \frac{1}{1-az^{-1}}, \text{ 收敛域}: |z| > |a| \quad (3.1.6)$$

收敛域是半径为 $|a|$ 的圆的外部，零点为 $z = 0$，极点为 $z = a$，收敛域如图 3.1.2 所示。注意：a 不一定是实数。

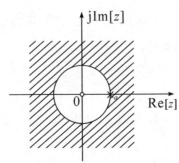

图 3.1.2 序列 $a^n u(n)$ 的 Z 变换的收敛域

【例3.1.2】求序列 $x(n) = -a^n u(-n-1)$ 的Z变换。

【解】依据Z变换定义式(3.1.2),可以得到:

$$X(z) = \sum_{n=-\infty}^{\infty} x(n) z^{-n} = \sum_{n=-\infty}^{-1} -a^n z^{-n} = -\sum_{n=1}^{\infty} (a^{-1}z)^n$$

若保证上述幂级数收敛,需要满足 $|a^{-1}z| < 1$,等价于 $|z| < |a|$,则幂级数收敛于 $\frac{1}{1-az^{-1}}$。Z变换为:

$$Z[-a^n u(-n-1)] = \frac{1}{1-az^{-1}}, \quad 收敛域:|z| < |a| \tag{3.1.7}$$

收敛域是半径为 $|a|$ 的圆的内部,零点为 $H(z)$,极点为 $h(n)$,收敛域如图3.1.3所示。注意,a 不一定是实数。

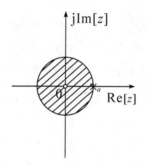

图3.1.3 序列 $-a^n u(-n-1)$ 的Z变换的收敛域

注意 (1)Z变换的唯一性。不同的序列可能有相同的Z变换表达式和相同的零极点分布,但是收敛域不同。因此,为了单值的确定Z变换所对应的原序列,必须同时给出Z变换的表达式和收敛域。

(2)Z变换的收敛域通常以极点为边界,收敛域内一定不存在极点。零点可以在收敛域内,也可以在收敛域外。

3.2 Z变换的收敛域性质

对于一个序列,如果式(3.1.4)的级数和不收敛,那么序列的Z变换就不存在,例如周期序列。当序列的Z变换存在时,其在Z平面上的收敛域的位置、收敛半径 R_{x-} 和 R_{x+} 的大小和序列 $x(n)$ 的性质存在密切的关系。

1. 有限长序列

有限长序列 $x(n)$ 在 $N_1 \leq n \leq N_2$ 范围内具有非零值,在 $N_1 < 0$ 和 $N_2 > 0$ 的信号值恒为零,记作:

$$x(n) = \begin{cases} x(n) & N_1 \leq n \leq N_2 \\ 0 & 其余 n \end{cases} \tag{3.2.1}$$

其 Z 变换为：

$$X(z) = \sum_{n=N_1}^{N_2} x(n)z^{-n} \quad 0 < |z| < \infty \tag{3.2.2}$$

$X(z)$ 是有限项级数求和，一般情况即 $N_1 < 0$、$N_2 > 0$ 下，除了 $z = 0$ 和 $z = \infty$ 外，$X(z)$ 在其余所有点都收敛。

特殊情况：当 $N_1 \geq 0$ 时，Z 变换的收敛域为 $0 < |z| \leq \infty$，即因果序列收敛域包括无穷远。

当 $N_2 \leq 0$ 时，Z 变换的收敛域为 $0 \leq |z| < \infty$。

当 $N_1 = N_2 = 0$ 时，Z 变换的收敛域为 $0 \leq |z| \leq \infty$，即包含整个 Z 平面。

【例 3.2.1】求序列 $x(n) = \delta(n)$ 的 Z 变换。

【解】单位取样序列 $\delta(n)$ 为 $N_1 = N_2 = 0$ 的有限长序列，其 Z 变换为：

$$X(z) = \sum_{n=-\infty}^{\infty} \delta(n)z^{-n} = 1 \quad 0 \leq |z| \leq \infty$$

【例 3.2.2】求序列 $x(n) = \delta(n-1) + \delta(n+1)$ 的 Z 变换。

【解】序列 $x(n)$ 为 $N_1 < 0$、$N_2 > 0$ 的有限长序列，其 Z 变换为：

$$\begin{aligned} X(z) &= \sum_{n=-\infty}^{\infty} [\delta(n-1) + \delta(n+1)]z^{-n} \\ &= \sum_{n=-\infty}^{\infty} [\delta(n-1)z^{-n} + \delta(n+1)z^{-n}] \\ &= z^{-1} + z \quad 0 < |z| < \infty \end{aligned}$$

【例 3.2.3】求序列 $x(n) = R_N(n)$ 的 Z 变换。

【解】序列 $x(n)$ 为 $N_1 \geq 0$、$N_2 > 0$ 的因果序列，其 Z 变换为：

$$X(z) = \sum_{n=-\infty}^{\infty} R_N(n)z^{-n} = \sum_{n=0}^{N-1} z^{-n} = \frac{1 - z^{-N}}{1 - z^{-1}} \quad 0 < |z| \leq \infty$$

该变换虽然在 $z = 1$ 处有一极点，但因为在此处同时还存在零点，零极点对消，所以其收敛域不再以 $z = 1$ 为边界，而是扩大到 $|z| > 0$ 的区域。

2. 右边序列

序列 $x(n)$ 只在 $n \geq N_1$ 范围内有非零值，记作：

$$x(n) = \begin{cases} x(n) & n \geq N_1 \\ 0 & \text{其余 } n \end{cases} \tag{3.2.3}$$

其 Z 变换为：

$$X(z) = \sum_{n=N_1}^{\infty} x(n)z^{-n} \tag{3.2.4}$$

当 $N_1 < 0$ 时，可以证明 Z 变换的收敛域是收敛半径 R_{x-} 以外的 Z 平面，即 $R_{x-} < |z| < \infty$；当 $N_1 \geq 0$ 时，其 Z 变换在 $z = \infty$ 处也收敛，即收敛域是 $R_{x-} < |z| \leq \infty$。

【例 3.2.4】求序列 $x(n) = a^n u(n+1)$ 的 Z 变换。

【解】将序列 $x(n)$ 展开,可以得到:
$$x(n) = a^n u(n+1) = a^n u(n) + a^n \delta(n+1)$$
即序列 $x(n)$ 为 $N_1 < 0$ 的右边序列,其 Z 变换为:
$$X(z) = a^{-1}z + \frac{1}{1-az^{-1}} = \frac{a^{-1}z}{1-az^{-1}} \quad |a| < |z| < \infty$$

3. 左边序列

序列 $x(n)$ 只在 $n \leq N_2$ 范围内有非零值,记作:
$$x(n) = \begin{cases} x(n) & n \leq N_2 \\ 0 & \text{其余 } n \end{cases} \tag{3.2.5}$$

其 Z 变换为:
$$X(z) = \sum_{n=-\infty}^{N_2} x(n) z^{-n} \tag{3.2.6}$$

当 $N_2 > 0$ 时,可以证明 Z 变换的收敛域是收敛半径 R_{x+} 以内的 Z 平面。即 $0 < |z| < R_{x+}$;当 $N_2 \leq 0$ 时,其 Z 变换在 $z = 0$ 处也收敛,即收敛域是 $0 \leq |z| < R_{x+}$。

【例 3.2.5】求序列 $x(n) = -5^n u(-n-1)$ 的 Z 变换。

【解】原序列为左边序列,其 Z 变换为:
$$X(z) = \sum_{n=-\infty}^{\infty} x(n) z^{-n} = \sum_{n=-\infty}^{-1} -5^n z^{-n} = \frac{1}{(1-5z^{-1})} \quad |z| < 5$$

4. 双边序列

双边序列 $x(n)$ 的非零区间为 $-\infty \leq n \leq +\infty$,包含完全左边序列和因果的右边序列,其 Z 变换的收敛域应为两个序列收敛域 $R_{x-} < |z| \leq \infty$ 和 $0 \leq |z| < R_{x+}$ 的交集,下面分情况讨论:

(1) 如果 $R_{x-} < R_{x+}$,收敛域为一圆环,$R_{x-} < |z| < R_{x+}$;

(2) 如果 $R_{x-} \geq R_{x+}$,没有交集,Z 变换不收敛。

四种序列的收敛域如图 3.2.1 所示。

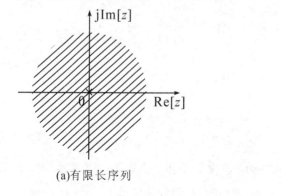

(a) 有限长序列

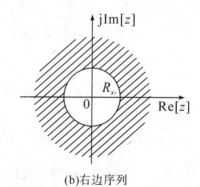

(b) 右边序列

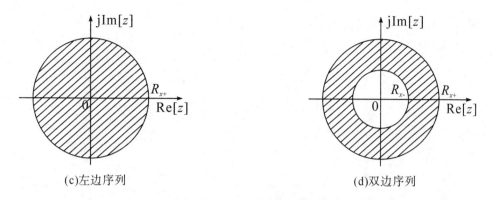

(c)左边序列　　　　　　　　　　(d)双边序列

图 3.2.1　不同类型序列的收敛域

【例 3.2.6】求序列 $x(n) = a^n u(n) - b^n u(-n-1)$ 的 Z 变换。

【解】该序列为因果序列和左边序列合成的双边序列。因果序列的 Z 变换收敛半径为 $|a|$，左边序列的 Z 变换收敛半径为 $|b|$。若 $|a| \geq |b|$，收敛域为空集，若 $|a| < |b|$ 时，原序列 Z 变换为（图 3.2.2）：

$$\begin{aligned} X(z) &= \sum_{n=-\infty}^{\infty} x(n) z^{-n} \\ &= \frac{1}{1-az^{-1}} + \frac{1}{1-bz^{-1}} \\ &= \frac{2-(a+b)z^{-1}}{(1-az^{-1})(1-bz^{-1})} \quad |a| < |z| < |b| \end{aligned}$$

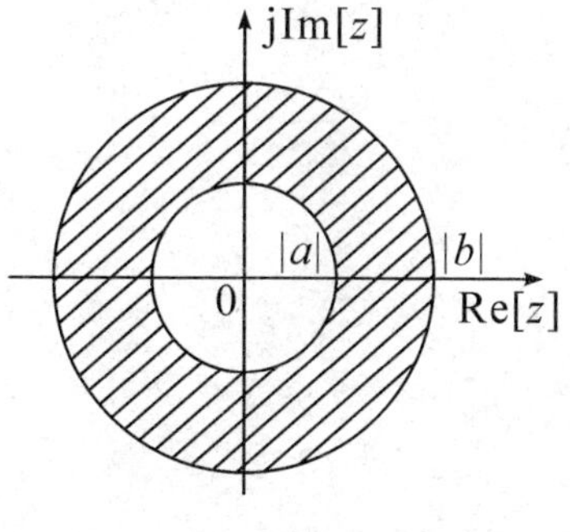

图 3.2.2　例 3.2.6 序列的 Z 变换的收敛域

3.3　Z 反变换

Z 变换的定义式确定了从序列 $x(n)$ 求函数 $X(z)$ 的方法，反过来，从函数 $X(z)$ 求序列 $x(n)$ 的过程称为 Z 反变换，表示为：

$$x(n) = Z^{-1}[X(Z)] \tag{3.3.1}$$

由于 Z 变换的定义实际上就是复变函数中的洛朗技术，它在收敛域内是解析函数。因此收敛域内的 $X(z)$ 也为解析函数，可以利用复变函数的定理和方法进行 Z 变换和 Z 反变换的分析。

基于复变理论中的柯西积分定理,Z 反变换有严格的求解公式,记作:

$$x(n) = Z^{-1}[X(z)] = \frac{1}{2\pi j}\oint_c X(z)z^{n-1}dz \quad (3.3.2)$$

其中,围线 C 为 $X(z)$ 收敛域内,沿逆时针方向环绕原点的封闭曲线。证明过程详见参考文献[1]。为了简化,C 可取 Z 平面上收敛域内的圆。

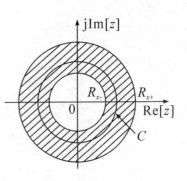

图 3.3.1 积分围线路径

直接求式(3.3.2)的围线积分是比较麻烦的,实际中求 Z 反变换的常用方法有留数定理法、部分分式法和幂级数(长除法)三种方法。

3.3.1 留数定理法

若 $X(z)z^{n-1}$ 在积分围线 C 内的极点集合为 $\{z_k\}$,根据留数定理,可以得到:

$$x(n) = Z^{-1}[X(z)] = \frac{1}{2\pi j}\oint_c X(z)z^{n-1}dz = \sum_k \text{Res}[X(z)z^{n-1}, z_k] \quad (3.3.3)$$

其中,z_k 表示 $X(z)z^{n-1}$ 的极点,Res 表示极点的留数。

若 $z = z_k$ 为 $X(z)z^{n-1}$ 的 1 阶极点,则有:

$$\text{Res}[X(z)z^{n-1}, z_k] = [(z-z_k)X(z)z^{n-1}]\big|_{z=z_k} \quad (3.3.4)$$

若 $z = z_k$ 为 $X(z)z^{n-1}$ 的 $s\,(s>1)$ 阶极点,则有:

$$\text{Res}[X(z)z^{n-1}, z_k] = \frac{1}{(s-1)!}\frac{d^{s-1}}{dz^{s-1}}[(z-z_k)^s X(z)z^{n-1}]\Big|_{z=z_k} \quad (3.3.5)$$

注意 应用留数法求 Z 反变换时:

(1)只计算收敛域内积分围线 C 所包含的所有极点上的留数。

(2)由于是双边 Z 变换,所以不仅要考虑 $n \geq 0$ 时的极点分布,还要考虑 $n < 0$ 时的极点分布。

【例 3.3.1】已知 $X(z) = \dfrac{1}{1-az^{-1}}$,收敛域是 $|z| < |a|$(a 为正实数),求 Z 反变换 $x(n)$。

【解】应用留数法求解,根据式(3.3.3),可以得到:

$$x(n) = Z^{-1}[X(z)] = \frac{1}{2\pi j}\oint_c X(z)z^{n-1}dz = \sum_k \text{Res}[X(z)z^{n-1}, z_k]$$

其中:

$$X(z)z^{n-1} = \frac{z^n}{z-a}$$

可见,当 $n \geq 0$ 时,$X(z)z^{n-1}$ 有一个 1 阶极点 $z = a$。当 $n < 0$ 时,$X(z)z^{n-1}$ 有两个极点,分别为 $z = 0$($-n$ 阶)和 $z = a$(1 阶)。图 3.3.2 给出了积分围线和两极点在 Z 平面

中的相对位置。

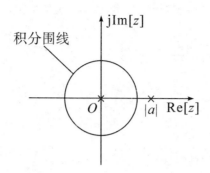

图 3.3.2 极点和积分围线位置图

(1) 当 $n \geq 0$ 时,$\dfrac{z^n}{z-a}$ 在积分围线 C 内无极点,所以 $x(n)=0$。

(2) 当 $n < 0$ 时,$\dfrac{z^n}{z-a}$ 在积分围线 C 内有一个 $(-n)$ 阶极点 $z=0$,反变换为:

$$x(n) = \mathrm{Res}\left[\frac{z^n}{z-a},0\right] = \frac{1}{(-n-1)!}\frac{\mathrm{d}^{-n-1}}{\mathrm{d}z^{-n-1}}\left[\frac{z^n}{z-a}\cdot z^{-n}\right]\bigg|_{z=0}$$

$$= (-1)^{-n-1}(z-a)^n\big|_{z=0} = -a^n$$

合并(1)(2),可以得到反变换为:$x(n) = -a^n u(-n-1)$。

【例 3.3.2】 已知 $X(z)=\dfrac{1}{1-az^{-1}}$,收敛域是 $|z|>|a|$,求 Z 反变换 $x(n)$。

【解】 应用留数法求解,根据式(3.3.3),可以得到:

$$x(n) = Z^{-1}[X(z)] = \frac{1}{2\pi\mathrm{j}}\oint_c X(z)z^{n-1}\mathrm{d}z = \sum_k \mathrm{Res}[X(z)z^{n-1},z_k]$$

其中:

$$X(z)z^{n-1} = \frac{z^n}{z-a}$$

可见,当 $n \geq 0$ 时,$X(z)z^{n-1}$ 有一个 1 阶极点 $z=a$。当 $n<0$ 时,$X(z)z^{n-1}$ 有两个极点,分别为 $z=0$($-n$ 阶)和 $z=a$(1 阶)。图 3.3.3 给出了积分围线和两极点在 Z 平面中的相对位置。

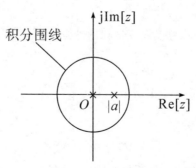

图 3.3.3 极点和积分围线位置图

(1)当 $n \geq 0$ 时，$\dfrac{z^n}{z-a}$ 在积分围线 C 内有一个 1 阶极点 $z = a$，可以得到：

$$x(n) = \text{Res}\left[\dfrac{z^n}{z-a}, a\right] = (z-a)\dfrac{z^n}{z-a}\bigg|_{z=a} = a^n$$

(2)当 $n < 0$ 时，$\dfrac{z^n}{z-a}$ 在积分围线 C 内有一个 1 阶极点 $z = a$，有一个 $(-n)$ 阶极点 $z = 0$，可以得到：

$$\text{Res}_1\left[\dfrac{z^n}{z-a}, a\right] = (z-a)\dfrac{z^n}{z-a}\bigg|_{z=a} = a^n$$

$$\text{Res}_2\left[\dfrac{z^n}{z-a}, 0\right] = \dfrac{1}{(-n-1)!}\dfrac{\mathrm{d}^{-n-1}}{\mathrm{d}z^{-n-1}}\left[\dfrac{z^n}{z-a}\cdot z^{-n}\right]\bigg|_{z=0} = (-1)^{-n-1}(z-a)^n\big|_{z=0} = -a^n$$

根据式(3.3.3)，可以得到：

$$x(n) = \text{Res}_1 + \text{Res}_2 = a^n - a^n = 0$$

合并(1)(2)，可以得到反变换为：$x(n) = a^n u(n)$。

注意 一般而言，由于 $X(z)$ 的收敛域为 $|z| > |a|$，包含无穷远，可以判定 $x(n)$ 必为因果序列，故当 $n < 0$ 时，必有 $x(n) = 0$，从而简化计算。

3.3.2 幂级数法

幂级数法又称长除法，其思想是将 $X(z)$ 在收敛域内展开为 z^{-1} 的幂级数，其中对应 z^{-n} 项的系数就是 $x(n)$。长除法应用的条件是 $X(z)$ 为有理分式。

幂级数展开时的要点：

(1)若 $X(z)$ 的收敛域为 $R_{x-} < |z| \leq \infty$，对应的 $x(n)$ 为右边序列，则长除时应按 z^{-1} 的升幂排列(或按 z 的降幂排列)。

(2)若 $X(z)$ 的收敛域为 $0 < |z| < R_{x+}$，对应的 $x(n)$ 为左边序列，则长除时应按 z^{-1} 的降幂排列(或按 z 的升幂排列)。

【例 3.3.3】计算 $X(z) = \dfrac{1}{1 - az^{-1}}$ 的 Z 反变换 $x(n)$，收敛域分别为 $|z| > |a|$ 和 $|z| < |a|$。

【解】当 $|z| > |a|$ 时，因为收敛域是圆的外围，原信号为因果序列，因此将 $X(z)$ 展开成 Z 的负幂级数：

$$X(z) = 1 + az^{-1} + az^{-2} + \cdots = \sum_{n=0}^{\infty} a^n z^{-n}$$

可以得到 $X(z)$ 的反变换为：

$$x(n) = a^n u(n)$$

当 $|z| < |a|$ 时，因为收敛域是圆的内部，原信号为左边序列，因此将 $X(z)$ 展开成 Z 的正幂级数：

$$X(z) = -a^{-1}z - a^{-2}z^2 - a^{-3}z^3 - \cdots = -\sum_{n=1}^{\infty} a^{-n}z^n = -\sum_{n=-\infty}^{-1} a^n z^{-n}$$

可以得到 $X(z)$ 的反变换为：

$$x(n) = -a^n u(-n-1)$$

【例 3.3.4】计算 $X(z) = \dfrac{1}{1 - 1.5z^{-1} + 0.5z^{-2}}$ 的反变换 $x(n)$，收敛域为 $|z| > 1$。

【解】因为收敛域是圆的外围，所以原信号为因果序列，因此将其展开成 Z 的负幂级数。将 $X(z)$ 分子除以分母，可以得到幂级数：

$$X(z) = \frac{1}{1 - 1.5z^{-1} + 0.5z^{-2}} = 1 + 1.5z^{-1} + 1.75z^{-2} + 1.875z^{-3} + 1.9375z^{-4} + \cdots$$

将此关系式与 Z 变换公式比较，可以得到 Z 反变换为：

$$x(n) = \{1, 1.5, 1.75, 1.875, 1.9375, \cdots\}, n \geq 0$$

注意 在长除过程中的每一步，Z 的最低项被忽略不计。当 n 较大时，长除法通常得不到答案 $x(n)$，即无法得到一个闭合形式的解。除非结果的形式足够简单，可以推断出 $x(n)$ 的通常形式。因此，长除法只适用于求取信号开始的几个采样值。

3.3.3 部分分式法

部分分式法是根据 Z 变换的线性性质，将 $X(z)$ 表达式展开成若干个简单的常见部分分式之和，对这些部分分式分别求 Z 反变换，求和即为 $X(z)$ 的 Z 反变换。由于每个部分分式都可以在 Z 变换表中找到基本的 Z 变换表达式和相应的离散时间序列，因此计算简单。

若 $X(z)$ 为有理分式，记作：

$$X(z) = \frac{P(z)}{Q(z)} = \frac{\sum_{k=0}^{M} b_k z^{-k}}{\sum_{k=0}^{n} a_k z^{-k}} \tag{3.3.6}$$

等效地，可以写成如下形式：

$$X(z) = \frac{z^N \sum_{k=0}^{M} b_k z^{M-k}}{z^M \sum_{k=0}^{n} a_k z^{N-k}} \tag{3.3.7}$$

可见 $X(z)$ 在 Z 平面有 M 个零点，N 个极点，此外在 $z = 0$ 处还有一个 $(N-M)$ 阶零点（$M < N$ 时）或 $(M-N)$ 阶极点（$M > N$ 时），假设 $X(z)$ 的非零零点为 c_k（$k = 1, \cdots, M$），非零极点为 d_k（$k = 1, \cdots, N$），则

$$X(z) = \frac{b_0 \prod_{k=1}^{M}(1 - c_k z^{-1})}{a_0 \prod_{k=1}^{N}(1 - d_k z^{-1})} \tag{3.3.8}$$

对上式做部分分式展开：

(1) 如果 $M < N$ 且所有的极点都是 1 阶的,则

$$X(z) = \sum_{k=1}^{N} \frac{A_k}{1 - d_k z^{-1}} \qquad (3.3.9)$$

其中系数 A_k 可以按下式求解:

$$A_k = (1 - d_k z^{-1}) X(z) \big|_{z = d_k} \qquad (3.3.10)$$

(2) 如果 $M \geq N$ 且所有的极点都是 1 阶的,则

$$X(z) = \sum_{k=1}^{M-N} B_k z^{-k} + \sum_{k=1}^{N} \frac{A_k}{1 - d_k z^{-1}} \qquad (3.3.11)$$

其中 B_k 由多项式的长除计算,A_k 则由下式求解:

$$A_k = (1 - d_k z^{-1}) \left[X(z) - \sum_{k=1}^{M-N} B_k z^{-k} \right] \bigg|_{z = d_k} \qquad (3.3.12)$$

(3) 如果 $M \geq N$,并且除了 1 阶极点以外,在 $z = d_i$ 处还有一个 s 阶极点,则有如下关系式:

$$X(z) = \sum_{k=1}^{M-N} B_k z^{-k} + \sum_{\substack{k=1 \\ k \neq i}}^{N} \frac{A_k}{1 - d_k z^{-1}} + \sum_{r=1}^{s} \frac{C_r}{(1 - d_i z^{-1})^r} \qquad (3.3.13)$$

其中 A_k 和 B_k 的求法同上,C_r 则由下式求解:

$$C_r = \frac{1}{(s-r)!(-d_i)^{s-r}} \left\{ \frac{d^{s-r}}{d(z^{-1})^{s-r}} \left[(1 - d_i z^{-1})^s X(z) \right] \right\} \bigg|_{z = d_i} \qquad (3.3.14)$$

在情况(3)时,给出了部分分式展开的最一般形式,(1)、(2)都可以看成(3)的特殊情况。下面考虑极点为 1 阶极点的情况:

(1) 若部分分式为 $B_k z^{-k}$,则对应序列为 $B_k \delta(n - k)$;

(2) 若部分分式为 $\dfrac{A_k}{1 - d_k z^{-1}}$,按照以下原则做 Z 反变换:

① 若极点 $z = d_k$ 位于收敛域内侧,$|d_k| < R_{x-}$,原序列对应右边序列,反变换为:

$$x(n) = d_k^n u(n)$$

② 若极点 $z = d_k$ 位于收敛域外侧,$|d_k| > R_{x+}$,原序列对应左边序列,反变换为:

$$x(n) = -d_k^n u(-n - 1)$$

【例 3.3.5】求 $X(z) = \dfrac{5z^{-1}}{1 + z^{-1} - 6z^{-2}}$ 的 Z 反变换 $x(n)$,其中收敛域为 $2 < |z| < 3$。

【解】为了去掉原式中 Z 的负幂次项,分子和分母同时乘以 z^2,可以得到:

$$X(z) = \frac{5z^{-1}}{1 + z^{-1} - 6z^{-2}} = \frac{5z}{(z - 2)(z + 3)}$$

$X(z)$ 的极点有两个:$z_1 = 2$,$z_2 = -3$,两个极点都是 1 阶极点。原式可化为:

$$\frac{X(z)}{z} = \frac{5}{(z - 2)(z + 3)} = \frac{A_1}{z - 2} + \frac{A_2}{z + 3}$$

系数 A_1 和 A_2 通过以下两式求取：

$$A_1 = \left.\frac{(z-z_1)X(z)}{z}\right|_{z=z_1} = \left.\frac{5}{z+3}\right|_{z=2} = 1$$

$$A_2 = \left.\frac{(z-z_2)X(z)}{z}\right|_{z=z_2} = \left.\frac{5}{z-2}\right|_{z=-3} = -1$$

因此，原式可以展成两个部分分式和的形式：

$$X(z) = \frac{z}{z-2} - \frac{z}{z+3}$$

对于 $z_1 = 2$，位于收敛域内侧，Z 反变换为：

$$Z^{-1}\left[\frac{z}{z-2}\right] = 2^n u(n)$$

对于 $z_2 = -3$，位于收敛域外侧，Z 反变换为：

$$Z^{-1}\left[\frac{z}{z+3}\right] = -(-3)^n u(-n-1)$$

所以原式的反变换为：

$$x(n) = 2^n u(n) - [-(-3)^n u(-n-1)] = 2^n u(n) + (-3)^n u(-n-1)$$

3.4 Z 变换的性质和定理

根据 Z 变换的定义，可以推导出它的一些性质，这些性质表明了序列的时域特性和 Z 域特性之间的关系。这些性质有助于对 Z 变换、Z 反变换、线性卷积和差分方程的求解。

1. 线性

如果

$$Z[x(n)] = X(z), R_{x-} < |z| < R_{x+}$$

$$Z[y(n)] = Y(z), R_{y-} < |z| < R_{y+}$$

那么

$$Z[x(n)+y(n)] = X(z) + Y(z), \max\{R_{x-}, R_{y-}\} < |z| < \min\{R_{x+}, R_{y+}\} \tag{3.4.1}$$

一般情况下，线性叠加后，收敛域缩小。特殊情况下，线性组合后，若某些极点被引入的零点对消，收敛域可能会扩大。

【例 3.4.1】求序列 $u(n) - u(n-N)$ 的 Z 变换。

【解】序列 $u(n)$ 的 Z 变换为：

$$Z[u(n)] = \frac{1}{1-z^{-1}}, 1 < |z| \leq \infty$$

序列 $u(n-N)$ 的 Z 变换为：

$$Z[u(n-N)] = \frac{z^{-N}}{1-z^{-1}}, 1 < |z| \leq \infty$$

根据式(3.4.1),可以得到两个序列的线性组合的 Z 变换为:

$$Z[u(n) - u(n-N)] = \frac{1-z^{-N}}{1-z^{-1}}, 0 < |z| \leq \infty$$

2. 序列的移位

如果

$$Z[x(n)] = X(z), R_{x-} < |z| < R_{x+}$$

那么

$$Z[x(n+n_0)] = z^{n_0} X(z), R_{x-} < |z| < R_{x+} \tag{3.4.2}$$

【证明】根据 Z 变换定义式(3.1.2),可以得到:

$$Z[x(n+n_0)] = \sum_{n=-\infty}^{\infty} x(n+n_0) z^{-n} \quad, R_{x-} < |z| < R_{x+}$$

$$= z^{n_0} \sum_{n=-\infty}^{\infty} x(n+n_0) z^{-(n+n_0)} = z^{n_0} X(z)$$

【例 3.4.2】求序列 $u(n+1)$ 的 Z 变换。

【解】序列 $u(n)$ 的 Z 变换为:

$$Z[u(n)] = \frac{1}{1-z^{-1}}, 1 < |z| \leq \infty$$

根据式(3.4.2),可以得到序列 $u(n+1)$ 的 Z 变换为:

$$Z[u(n+1)] = \frac{z}{1-z^{-1}}, 1 < |z| \leq \infty$$

3. 序列的反转

如果

$$Z[x(n)] = X(z), R_{x-} < |z| < R_{x+}$$

那么

$$Z[x(-n)] = X(z^{-1}), \frac{1}{R_{x+}} < |z| < \frac{1}{R_{x-}} \tag{3.4.3}$$

【证明】根据 Z 变换定义式(3.1.2),可以得到:

$$Z[x(-n)] = \sum_{n=-\infty}^{\infty} x(-n) z^{-n}$$

$$= \sum_{n=-\infty}^{\infty} x(n)(z^{-1})^{-n} = X(z^{-1}), \frac{1}{R_{x+}} < |z| < \frac{1}{R_{x-}}$$

4. Z 域尺度变换

如果

$$Z[x(n)] = X(z), R_{x-} < |z| < R_{x+}$$

那么

$$Z[a^n x(n)] = X(a^{-1} z), |a| R_{x-} < |z| < |a| R_{x+} \tag{3.4.4}$$

【证明】根据 Z 变换定义式(3.1.2)，可以得到：

$$Z[a^n x(n)] = \sum_{n=-\infty}^{\infty} a^n x(n) z^{-n} = \sum_{n=-\infty}^{\infty} x(n)(a^{-1}z)^{-n} = X(a^{-1}z)$$

由于 $R_{x-} < |a^{-1}z| < R_{x+}$，所以收敛域为 $|a|R_{x-} < |z| < |a|R_{x+}$。

【例3.4.3】已知序列 $x(n) = (-\frac{1}{4})^n u(n)$，求 $x(-n)$ 的 Z 变换。

【解】序列 $x(n)$ 的 Z 变换为：

$$X(z) = \frac{1}{1+\frac{1}{4}z^{-1}}, \quad \frac{1}{4} < |z| \leqslant \infty$$

根据式(3.4.4)，可以得到序列 $x(-n)$ 的 Z 变换为：

$$Z[x(-n)] = Z\left[\left(-\frac{1}{4}\right)^{-n} u(-n)\right] = \frac{1}{1-\frac{1}{4}z}, \quad |z| < 4$$

5. Z 域微分(序列线性加权)

如果

$$Z[x(n)] = X(z), \quad R_{x-} < |z| < R_{x+}$$

那么

$$Z[nx(n)] = -z\frac{\mathrm{d}X(z)}{\mathrm{d}z}, \quad R_{x-} < |z| < R_{x+} \tag{3.4.5}$$

【证明】根据 Z 变换定义式(3.1.2)，可以得到：

$$\frac{\mathrm{d}X(z)}{\mathrm{d}z} = \frac{\mathrm{d}}{\mathrm{d}z}\left[\sum_{n=-\infty}^{\infty} x(n)z^{-n}\right]$$

$$= \sum_{n=-\infty}^{\infty} \frac{\mathrm{d}}{\mathrm{d}z}[x(n)z^{-n}]$$

$$= \sum_{n=-\infty}^{\infty} [-nx(n)z^{-n-1}]$$

$$= -z^{-1} \sum_{n=-\infty}^{\infty} nx(n)z^{-n}$$

所以

$$Z[nx(n)] = -z\frac{\mathrm{d}X(z)}{\mathrm{d}z}, \quad R_{x-} < |z| < R_{x+}$$

【例3.4.4】求序列 $nu(n)$ 的 Z 变换。

【解】序列 $u(n)$ 的 Z 变换为：

$$Z[u(n)] = \frac{1}{1-z^{-1}}, \quad 1 < |z| \leqslant \infty$$

根据式(3.4.5)，可以得到序列 $nu(n)$ 的 Z 变换为：

$$Z[nu(n)] = -z\frac{\mathrm{d}}{\mathrm{d}z}\left(\frac{1}{1-z^{-1}}\right) = \frac{z}{(z-1)^2}, \quad 1 < |z| \leqslant \infty$$

6. 复序列的共轭

如果
$$Z[x(n)] = X(z), R_{x-} < |z| < R_{x+}$$

那么
$$Z[x^*(n)] = X^*(z^*), R_{x-} < |z| < R_{x+}$$

【证明】根据 Z 变换定义式(3.1.2),可以得到:

$$Z[x^*(n)] = \sum_{n=-\infty}^{\infty} x^*(n) z^{-n}$$

$$= \left[\sum_{n=-\infty}^{\infty} x(n)(z^*)^{-n}\right]^*, R_{x-} < |z| < R_{x+}$$

$$= X^*(z^*)$$

7. 初值定理

若 $x(n)$ 为因果序列,则有下式:

$$X(z) = \sum_{n=0}^{\infty} x(n) z^{-n} = x(0) + x(1) z^{-1} + \cdots + x(n) z^{-n} + \cdots$$

当 $z \to \infty$ 时,上式的级数中除了第一项 $x(0)$ 外,其他各项都趋近于零,因此下式成立:

$$\lim_{z \to \infty} X(z) = \lim_{z \to \infty} \sum_{n=0}^{\infty} x(n) z^{-n} = x(0)$$

即

$$x(0) = \lim_{z \to \infty} X(z) \tag{3.4.6}$$

8. 时域卷积定理

如果
$$Z[x(n)] = X(z), R_{x-} < |z| < R_{x+}$$
$$Z[y(n)] = Y(z), R_{y-} < |z| < R_{y+}$$

那么
$$Z[x(n) * y(n)] = X(z) \cdot Y(z), \max\{R_{x-}, R_{y-}\} < |z| < \min\{R_{x+}, R_{y+}\} \tag{3.4.7}$$

【证明】根据 Z 变换定义式(3.1.2),可以得到:

$$Z[x(n) * y(n)] = \sum_{n=-\infty}^{\infty} [x(n) * y(n)] z^{-n}$$

$$= \sum_{n=-\infty}^{\infty} \left[\sum_{k=-\infty}^{\infty} x(k) y(n-k)\right] z^{-n}$$

$$= \sum_{k=-\infty}^{\infty} x(k) z^{-k} \sum_{n=-\infty}^{\infty} y(n-k) z^{-(n-k)}$$

$$= X(z) \cdot Y(z)$$

收敛域为 $X(z)$ 和 $Y(z)$ 的重叠部分,因此 $\max\{R_{x-}, R_{y-}\} < |z| < \min\{R_{x+}, R_{y+}\}$。

9. Z 域卷积乘积(复卷积定理)

如果

$$Z[x(n)] = X(z), R_{x-} < |z| < R_{x+}$$
$$Z[y(n)] = Y(z), R_{y-} < |z| < R_{y+}$$
$$w(n) = x(n) \cdot y(n)$$

那么

$$W(z) = \frac{1}{2\pi j} \oint_c X(v) Y(z/v) v^{-1} dv, R_{x-} R_{y-} < |z| < R_{x+} R_{y+} \tag{3.4.8}$$

其中,C 是 v 平面收敛域内逆时针方向环绕原点的封闭曲线,v 平面收敛域为:

$$\max\left\{R_{x-}, \frac{|z|}{R_{y+}}\right\} < |v| < \min\left\{R_{x+}, \frac{|z|}{R_{y-}}\right\} \tag{3.4.9}$$

有关 Z 域卷积定理的证明,可参考相关书籍。

【例 3.4.5】已知序列 $x(n) = a^n u(n), y(n) = b^n u(n)$,求 $w(n) = x(n) \cdot y(n)$ 的 Z 变换。

【解】根据 Z 变换定义式(3.1.2),可以得到:

$$X(z) = \frac{1}{1 - az^{-1}}, |z| > |a|$$

$$Y(z) = \frac{1}{1 - bz^{-1}}, |z| > |b|$$

根据式(3.4.8),可以得到 $w(n)$ 的 Z 变换为:

$$W(z) = \frac{1}{2\pi j} \oint_c \frac{1}{1 - a\frac{v}{z}} \cdot \frac{1}{1 - bv^{-1}} v^{-1} dv = \frac{1}{2\pi j} \oint_c \frac{\frac{z}{a}}{\frac{z}{a} - v} \cdot \frac{1}{v - b} dv$$

由上式可以看出,$W(z)$ 有两个极点:$v_1 = \frac{z}{a}$ 和 $v_2 = b$。因为 $X(z)$ 的收敛域为 $|z| > |a|$,所以 $X(\frac{z}{v})$ 的收敛域是 $\left|\frac{z}{v}\right| > |a|$,即在 v 平面内的收敛域为 $|v| < \left|\frac{z}{a}\right|$。所以 v 平面中的积分围线没有包围极点 $v_1 = \frac{z}{a}$,而只包围了极点 $v_2 = b$,图 3.4.1 表示了积分围线和两极点在 v 平面中的相对位置。

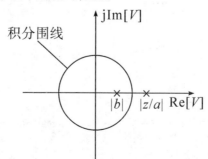

图 3.4.1 复卷积定理应用例子中的极点和积分围线

利用留数定理,可以得到:

$$W(z) = \text{Res}\left[\frac{\dfrac{z}{a}}{\dfrac{z}{a} - v} \cdot \frac{1}{v - b}(v - b)\right]\Bigg|_{v=b} = \frac{z}{z - ab}, \ |z| > |ab|$$

实际上,此题也可以直接用序列相乘来求解:

$$w(n) = x(n) \cdot y(n) = a^n u(n) \cdot b^n u(n) = (ab)^n \cdot u(n)$$

对应的 Z 变换为:

$$W(z) = \frac{z}{z - ab}, \ |z| > |ab|$$

10. 帕斯瓦尔定理

如果序列 $x(n)$ 和 $y(n)$ 都是复值序列,其 Z 变换为:

$$Z[x(n)] = X(z), \ R_{x-} < |z| < R_{x+}$$
$$Z[y(n)] = Y(z), \ R_{y-} < |z| < R_{y+}$$

且 $R_{x-}R_{y-} < 1, R_{x+}R_{y+} > 1$。

那么

$$\sum_{n=-\infty}^{\infty} x(n)y^*(n) = \frac{1}{2\pi \mathrm{j}} \oint_c X(v) Y^*(1/v^*) v^{-1} \mathrm{d}v \tag{3.4.10}$$

证明略。

为了方便查阅,现将 Z 变换主要特性总结于表 3.4.1 中。实际应用中常遇到的一些 Z 变换总结于表 3.4.2 中。

表 3.4.1 Z 变换的性质 ($X(z) = Z[x(n)], Y(z) = Z[y(n)]$)

序列	Z 变换	收敛域
$ax(n) + by(n)$	$aX(z) + bY(z)$	$\max\{R_{x-}, R_{y-}\} < |z| < \min\{R_{x+}, R_{y+}\}$
$x(n - n_0)$	$z^{-n_0}X(z)$	$R_{x-} < |z| < R_{x+}$
$a^n x(n)$	$X(a^{-1}z)$	$|a|R_{x-} < |z| < |a|R_{x+}$
$nx(n)$	$-z\dfrac{\mathrm{d}X(z)}{\mathrm{d}z}$	$R_{x-} < |z| < R_{x+}$
$x^*(n)$	$X^*(z^*)$	$R_{x-} < |z| < R_{x+}$
$x(-n)$	$X(z^{-1})$	$\dfrac{1}{R_{x+}} < |z| < \dfrac{1}{R_{x-}}$
$x(n) * y(n)$	$X(z) \cdot Y(z)$	$\max\{R_{x-}, R_{y-}\} < |z| < \min\{R_{x+}, R_{y+}\}$
$x(n) \cdot y(n)$	$\dfrac{1}{2\pi \mathrm{j}} \oint_c X(v) Y(z/v) v^{-1} \mathrm{d}v$	$R_{x-}R_{y-} < |z| < R_{x+}R_{y+}$

表 3.4.2　常用的 Z 变换对

序列	Z 变换	收敛域
$\delta(n)$	1	整个 Z 平面
$u(n)$	$\dfrac{1}{1-z^{-1}}$	$\|z\|>1$
$a^n u(n)$	$\dfrac{1}{1-az^{-1}}$	$\|z\|>\|a\|$
$na^n u(n)$	$\dfrac{az^{-1}}{(1-az^{-1})^2}$	$\|z\|>\|a\|$
$-a^n u(-n-1)$	$\dfrac{1}{1-az^{-1}}$	$\|z\|<\|a\|$
$-na^n u(-n-1)$	$\dfrac{az^{-1}}{(1-az^{-1})^2}$	$\|z\|<\|a\|$
$\cos(\omega_0 n)u(n)$	$\dfrac{1-z^{-1}\cos\omega_0}{1-2z^{-1}\cos\omega_0+z^{-2}}$	$\|z\|>1$
$\sin(\omega_0 n)u(n)$	$\dfrac{z^{-1}\sin\omega_0}{1-2z^{-1}\cos\omega_0+z^{-2}}$	$\|z\|>1$
$a^n\cos(\omega_0 n)u(n)$	$\dfrac{1-az^{-1}\cos\omega_0}{1-2az^{-1}\cos\omega_0+a^2 z^{-2}}$	$\|z\|>\|a\|$
$a^n\sin(\omega_0 n)u(n)$	$\dfrac{az^{-1}\sin\omega_0}{1-2az^{-1}\cos\omega_0+a^2 z^{-2}}$	$\|z\|>\|a\|$

【例 3.4.6】若 $x(n)=a^n u(n)$，$y(n)=\delta(n)-a\delta(n-1)$，求卷积 $z(n)=x(n)*y(n)$。

【解】根据 Z 变换定义式(3.1.2)，可以得到：

$$X(z)=\frac{1}{1-az^{-1}},\ |z|>|a|$$

$$Y(z)=1-az^{-1},\ 0<|z|\leqslant\infty$$

所以

$$Z(z)=X(z)\cdot Y(z)=1,\ 0\leqslant|z|\leqslant\infty$$

其 Z 反变换为：

$$z(n)=\delta(n)$$

显然，在 $z=a$ 处，$X(z)$ 的极点和 $Y(z)$ 的零点抵消，所以 $Z(z)$ 的收敛域扩大。

3.5　系统函数

前面两章介绍了线性移不变系统的三种表示方法：系统的单位取样响应 $h(n)$、系统的频率响应 $H(e^{j\omega})$ 和差分方程。系统的单位取样响应 $h(n)$ 和系统的频率响应 $H(e^{j\omega})$ 之间存在着傅里叶变换关系，即：

$$H(e^{j\omega}) = \sum_{n=-\infty}^{\infty} h(n)e^{-j\omega n} \tag{3.5.1}$$

输出信号的频谱是输入信号的频谱和系统频率响应的乘积,即

$$Y(e^{j\omega}) = X(e^{j\omega})H(e^{j\omega}) \tag{3.5.2}$$

下面介绍另外一种表示方法——系统函数 $H(z)$。

3.5.1 线性移不变系统的系统函数

1. 定义

线性移不变系统的系统函数定义为系统单位取样响应 $h(n)$ 的 Z 变换,记作:

$$H(z) = \sum_{n=-\infty}^{\infty} h(n)z^{-n}, R_- < |z| < R_+ \tag{3.5.3}$$

对于线性移不变系统,任意一个信号 $x(n)$ 经过系统的输出响应 $y(n)$ 是输入信号 $x(n)$ 与系统单位取样响应 $h(n)$ 的卷积:

$$y(n) = x(n) * h(n) \tag{3.5.4}$$

根据时域卷积定理,可以得到:

$$Y(z) = X(z)H(z) \tag{3.5.5}$$

因此

$$H(z) = Y(z)/X(z) \tag{3.5.6}$$

2. 系统函数 $H(z)$ 与系统频率响应 $H(e^{j\omega})$ 的关系

比较式(3.5.1)和式(3.5.3),可以得到:

$$H(e^{j\omega}) = H(z)\big|_{z=e^{j\omega}} \tag{3.5.7}$$

式(3.5.7)表明,当 $H(z)$ 的收敛域包括单位圆时,傅里叶变换 $H(e^{j\omega})$ 为系统单位取样响应 $h(n)$ 在单位圆上的 Z 变换。对线性移不变系统的三种描述方法:单位取样响应 $h(n)$、系统的频率响应 $H(e^{j\omega})$ 和系统函数 $H(z)$,如图 3.5.1 所示。

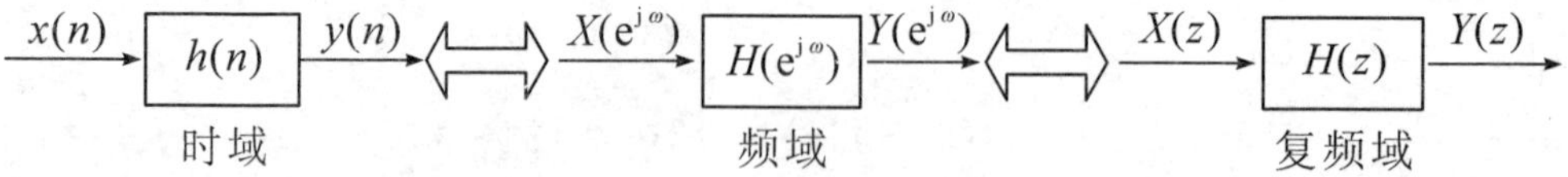

图 3.5.1 线性移不变系统的描述

3. $H(z)$ 与线性移不变系统的特性

(1) 稳定系统。

根据式(1.4.3),若线性移不变系统为稳定,系统必须满足条件 $\sum_{n=-\infty}^{\infty}|h(n)| < \infty$,因此傅里叶变换 $H(e^{j\omega})$ 存在,所以稳定系统的系统函数 $H(z)$ 的收敛域一定包含单位圆。

(2) 因果系统。

根据式(1.4.2),若线性移不变系统为因果系统,必须满足条件 $h(n) = 0 (n < 0)$,所以因果系统的系统函数 $H(z)$ 的收敛域一定包含无穷远。

(3)稳定因果系统。

根据式(1.4.2)和式(1.4.3),若线性移不变系统为因果稳定系统,其系统函数的收敛域既包含单位圆,又包含无穷远,所以系统函数 $H(z)$ 的全部极点均应位于单位圆内。

3.5.2 系统函数与差分方程

在第1章已经知道,利用线性常系数差分方程可以描述一个线性移不变系统:

$$y(n) = \sum_{k=1}^{N} a_k y(n-k) + \sum_{r=0}^{M} b_r x(n-r) \tag{3.5.8}$$

即一个线性移不变系统的输出等于系统输出延时的线性组合加上输入及其延时的线性组合。对式(3.5.8)两边作 Z 变换,可以得到:

$$Y(z) = \sum_{k=1}^{N} a_k z^{-k} Y(z) + \sum_{r=0}^{M} b_r z^{-r} X(z) \tag{3.5.9}$$

整理后有:

$$H(z) = \frac{Y(z)}{X(z)} = \frac{\sum_{r=0}^{M} b_r z^{-r}}{1 - \sum_{k=1}^{N} a_k z^{-k}} \tag{3.5.10}$$

若所有 a_k 之中,至少有一个 a_k 不为零,则对应的系统为无限长单位冲激响应系统,记作 IIR 系统,对应的 $h(n)$ 为无限长序列。若除了 $b_0 = 1$ 外,其余 $b_r = 0$,则有:

$$H(z) = \frac{1}{1 - \sum_{k=1}^{N} a_k z^{-k}} \tag{3.5.11}$$

该系统只有极点,且除了原点以外没有零点,因此称为全极点模型,或自回归(Auto – Regressive, AR)系统。

若所有 a_k 均为零,则对应的系统称为有限长单位冲激响应系统,记作 FIR 系统,对应的 $h(n)$ 为有限长序列。

$$H(z) = \sum_{r=0}^{M} b_r z^{-r} \tag{3.5.12}$$

该系统只有零点,除了原点以外没有极点,因此称为全零点模型或滑动平均(Moving – Average, MA)系统。

一般的线性移不变系统,其中 b_r 和 a_k 不为零,统称为 ARMA(Auto – Regressive Moving – Average)系统。

【例 3.5.1】已知线性移不变系统的差分方程为:

$$y(n) - \frac{5}{2}y(n-1) + y(n-2) = 2x(n) - \frac{5}{2}x(n-1)$$

(1)求系统函数 $H(z)$;

(2)根据不同的收敛域情况,确定系统特性;

(3) 根据系统特性,确定系统的单位冲激响应 $h(n)$。

【解】(1) 根据式(3.5.9),对差分方程两边做 Z 变换,可以得到:

$$Y(z) - \frac{5}{2}z^{-1}Y(z) + z^{-2}Y(z) = 2X(z) - \frac{5}{2}z^{-1}X(z)$$

对上式整理,可以得到:

$$\left(1 - \frac{1}{2}z^{-1}\right)(1 - 2z^{-1})Y(z) = \left(2 - \frac{5}{2}z^{-1}\right)X(z)$$

$$H(z) = \frac{Y(z)}{X(z)} = \frac{2 - \frac{5}{2}z^{-1}}{\left(1 - \frac{1}{2}z^{-1}\right)(1 - 2z^{-1})} = \frac{1}{1 - \frac{1}{2}z^{-1}} + \frac{1}{1 - 2z^{-1}}$$

(2) 从 $H(z)$ 的式子可以看出,系统有两个极点 $z_1 = \frac{1}{2}$,$z_2 = 2$,因此系统函数的收敛域有三种可能性:

① 当 $|z| < \frac{1}{2}$ 时,收敛域不包含单位圆,不包含无穷远,系统为非稳定非因果系统;

② 当 $\frac{1}{2} < |z| < 2$ 时,收敛域包含单位圆,不包含无穷远,系统为稳定非因果系统;

③ 当 $|z| > 2$ 时,收敛域不包含单位圆,包含无穷远,系统为因果非稳定系统。

(3) 根据不同的收敛域情况,确定系统的单位取样响应:

① 当 $|z| < \frac{1}{2}$ 时,含有 $z_1 = \frac{1}{2}$ 和 $z_2 = 2$ 两个极点的部分分式全部还原为左边序列:

$$h(n) = -\left(\frac{1}{2}\right)^n u(-n-1) - 2^n u(-n-1)$$

② 当 $\frac{1}{2} < |z| < 2$ 时,含有 $z_1 = \frac{1}{2}$ 极点的部分分式还原为右边序列,含有 $z_2 = 2$ 极点的部分分式还原为左边序列:

$$h(n) = \left(\frac{1}{2}\right)^n u(n) - 2^n u(-n-1)$$

③ 当 $|z| > 2$ 时,含有 $z_1 = \frac{1}{2}$ 和 $z_2 = 2$ 两个极点的部分分式全部还原为右边序列:

$$h(n) = \left(\frac{1}{2}\right)^n u(n) + 2^n u(n)$$

3.5.3 系统频率响应的几何确定法

用极点和零点表示系统函数,提供了一种有效的求系统频率响应的几何方法。一个 N 阶系统函数可用它的零极点表示为:

$$H(z) = A \frac{\prod_{r=1}^{M}(z - c_r)}{\prod_{k=1}^{N}(z - d_k)} \quad (3.5.13)$$

式中：c_r 为系统零点，d_k 为系统极点。可以根据系统函数零极点位置，利用几何方法大致确定系统的频率响应 $H(e^{j\omega})$。因为频率响应 $H(e^{j\omega})$ 是单位圆上的 Z 变换，将 $z = e^{j\omega}$ 代入式(3.5.13)，可以得到：

$$H(e^{j\omega}) = A \frac{\prod_{r=1}^{M}(e^{j\omega} - c_r)}{\prod_{k=1}^{N}(e^{j\omega} - d_k)} = A \frac{\prod_{r=1}^{M} C_r}{\prod_{k=1}^{N} D_k} \tag{3.5.14}$$

式中：$C_r = e^{j\omega} - c_r$ 为系统零点指向单位圆上一点的矢量，$D_k = e^{j\omega} - d_k$ 为系统极点指向单位圆上相同点的矢量。

如果用极坐标表示式(3.5.14)，可以得到：

$$H(e^{j\omega}) = |H(e^{j\omega})| \cdot e^{j\varphi(\omega)} \tag{3.5.15}$$

其中

$$|H(e^{j\omega})| = A \frac{\prod_{r=1}^{M} C_r}{\prod_{k=1}^{N} D_k} \tag{3.5.16}$$

$$\varphi(\omega) = \sum_{r=1}^{M} \alpha_r - \sum_{k=1}^{N} \beta_k \tag{3.5.17}$$

式中：C_r 为系统零点 c_r 指向单位圆上点的矢量长度，D_k 为系统极点 d_k 指向单位圆上相同点的矢量长度，α_r 为系统零点 c_r 指向单位圆上点的矢量角度，β_k 为系统极点 d_k 指向单位圆上相同点的矢量角度。

上述分析表明，系统的幅频特性 $|H(e^{j\omega})|$ 可由系统函数的零点到单位圆上有关点矢量长度的乘积除以极点到单位圆上同一点矢量长度的乘积求得，系统的相频特性 $\varphi(\omega)$ 可由系统函数零点到单位圆上有关点的矢量角度和减去极点到单位圆上同一点的矢量角度之和求得。当频率 ω 由 $0 \to 2\pi$ 时，这些向量的终端点沿单位圆逆时针方向旋转一周，由此可估算出整个系统的频率响应。

当单位圆上的 $e^{j\omega}$ 点在极点 d_k 附近时，向量最短，D_k 出现极小值，幅频响应在这附近可能出现峰值，且极点 d_k 越靠近单位圆，D_k 的极小值就越小，幅频响应出现的峰值越尖锐，当 d_k 处在单位圆上时，D_k 的极小值为零，相应的幅频响应将出现 ∞，这相当于在该频率处出现无耗（$\Omega = \infty$）谐振，当极点超出单位圆时系统就处于不稳定状态。对于现实系统，这是不希望的。

对于零点位置，幅频响应正好相反。$e^{j\omega}$ 点越接近某零点 c_r，C_r 越小，因此在零点附近，幅频响应出现谷点，零点 c_r 越接近单位圆，C_r 就越接近零，零点 c_r 处于单位圆上时，C_r 为零，即在零点 c_r 所在频率上出现传输零点，零点 c_r 可以位于单位圆以外，不受稳定性约束。

根据以上特性，可以根据系统零极点分布，大致估计系统的频率特性。

【例 3.5.2】分析一阶滤波器 $h(n) = a^n u(n)$，$0 < a < 1$ 的频率响应特性。

【解】根据 Z 变换的定义式(3.1.2)，可以得到滤波器的系统函数为：

$$H(z) = \frac{z}{z-a}, \quad |z| > |a|$$

系统的零点为 $z = 0$，极点为 $z = a$。

根据式(3.5.16)和式(3.5.17)，可以画出系统的幅频响应和相频响应曲线，如图 3.5.2 所示。

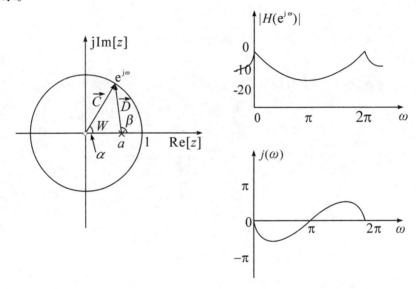

图 3.5.2 一阶滤波器的零极点图和相应的频率响应

当 $\omega = 0$ 时，$|H(e^{j\omega})|$ 最大，当 $\omega = \pi$ 时，$|H(e^{j\omega})|$ 最小，所以滤波器为低通滤波器。

若 $-1 < a < 0$，当 $\omega = 0$ 时，$|H(e^{j\omega})|$ 最小，当 $\omega = \pi$ 时，$|H(e^{j\omega})|$ 最大，此时滤波器为高通滤波器。

3.6 Z变换与傅里叶变换的关系

序列 $x(n)$ 的 Z 变换定义为：

$$X(z) = \sum_{n=-\infty}^{\infty} x(n) z^{-n}, \quad R_{x-} < |z| < R_{x+} \tag{3.6.1}$$

其中 $R_{x-} < |z| < R_{x+}$ 是 $X(z)$ 的收敛区间。把复变量 z 表示成极坐标的形式为：

$$z = re^{j\omega} \tag{3.6.2}$$

其中 $r = |z|$。在 $X(z)$ 的收敛区间内，将 $z = re^{j\omega}$ 代入式(3.6.1)，可以得到：

$$X(z) \big|_{z=re^{j\omega}} = \sum_{n=-\infty}^{\infty} x(n) r^{-n} e^{-j\omega n} \tag{3.6.3}$$

从式(3.6.3)可以看出，$X(z)$ 可以看作是序列 $x(n)r^{-n}$ 的傅里叶变换。如果 $r < 1$，加权因子 r^{-n} 随着 n 增长，如果 $r > 1$，加权因子 r^{-n} 随着 n 衰减。另外，如果 $|z| = 1$ 时，$X(z)$ 收敛，则有下式：

$$X(z)|_{z=re^{j\omega}} = \sum_{n=-\infty}^{\infty} x(n)e^{-j\omega n} = X(e^{j\omega}) \qquad (3.6.4)$$

因此，傅里叶变换可以视为序列的 Z 变换在单位圆上的取值。如果 $X(z)$ 在区域 $|z|=1$ 内不收敛（即收敛域不包含单位圆），那么傅里叶变换 $X(e^{j\omega})$ 不存在。

应该注意，Z 变换的存在要求序列 $x(n)r^{-n}$ 对于某些 r 值绝对可和，即必须满足如下关系式：

$$\sum_{n=-\infty}^{\infty} |x(n)r^{-n}| < \infty \qquad (3.6.5)$$

如果式（3.6.5）仅在 $r > r_0 > 1$ 的值上收敛，虽然 Z 变换存在，但是傅里叶变换不存在。例如：当 $|a| > 1$ 时，因果序列 $x(n) = a^n u(n)$ 就是这种情况。但是，有一些序列不满足式（3.6.5）的要求，如序列：

$$x(n) = \frac{\sin\omega_c n}{\pi n}, \ -\infty < n < \infty \qquad (3.6.6)$$

这个序列没有 Z 变换，因为它具有有限能量，所以它的傅里叶变换在均方意义上收敛于不连续函数 $X(e^{j\omega})$，定义如下：

$$X(e^{j\omega}) = \begin{cases} 1 & |\omega| < \omega_c \\ 0 & \omega_c < |\omega| \leq \pi \end{cases} \qquad (3.6.7)$$

总之，Z 变换的存在要求对于 Z 平面上的某个区域，式（3.6.5）是满足的。如果这个区域包含单位圆，那么傅里叶变换 $X(e^{j\omega})$ 存在。但是针对有限能量信号，傅里叶变换的存在不一定能保证 Z 变换的存在。

有一些非周期序列，既不绝对可和也不平方可和，因此它们的傅里叶变换不存在。单位阶跃序列 $x(n) = u(n)$ 就是这样的一个序列，它的 Z 变换表示为：

$$X(z)| = \frac{1}{1-z^{-1}}$$

因果正弦信号序列 $x(n) = \cos(\omega_0 n)u(n)$ 也是这样的一个序列，它的 Z 变换表示为：

$$X(z)| = \frac{1-z^{-1}\cos\omega_0}{1-2z^{-1}\cos\omega_0 + z^{-2}}$$

注意，这两个序列在单位圆上都有极点。

对于上述的两个序列，拓展傅里叶变换的表示有时候是有用的。对于拓展傅里叶变换，本书不做详细讲解，读者可以参阅相关书籍。

3.7　单边 Z 变换

双边 Z 变换要求信号在整个时域（$-\infty \leq n \leq \infty$）都有定义。这一要求限制了 Z 变换在实际问题中的应用。若一个系统由具有非零初始条件的差分方程描述，此时输入应用在某个有限区间，对输出响应的求解就不能采用双边 Z 变换，而应采用单边 Z 变换。

3.7.1 定义和性质

1. 定义

信号 $x(n)$ 的单边 Z 变换定义为:

$$X^+(z) = \sum_{n=0}^{\infty} x(n) z^{-n} \tag{3.7.1}$$

单边 Z 变换不同于双边 Z 变换的地方在于求和的下限总是零,因此单边 Z 变换具有如下特征:

(1) 它不包含当时间为负值时信号 $x(n)$ 的信息;

(2) 它不只对因果信号是独特的,因为当 $n<0$ 时这类信号总为零;

$x(n)$ 的单边 Z 变换和信号 $x(n)u(n)$ 的双边 Z 变换相同。因为 $x(n)u(n)$ 是因果的,所以 $x(n)u(n)$ 的 Z 变换收敛域和 $x(n)$ 的单边 Z 变换收敛域总是一个圆的外围。这样,当处理单边 Z 变换时,就不必一定要提到它们的收敛域。

【例 3.7.1】求下列信号的单边 Z 变换。

(1) $x_1(n) = \{1,2,3,-2,1\}, 0 \le n \le 4$

(2) $x_2(n) = \{1,2,3,-2,1\}, -2 \le n \le 2$

(3) $x_3(n) = \delta(n-k), k>0$

(4) $x_4(n) = \delta(n+k), k>0$

(5) $x_5(n) = \{1,0,3,-2,1\}, -2 \le n \le 2$

(6) $x_6(n) = a^n u(-n-1)$

【解】根据式(3.7.1),可以得到:

$$X_1^+(z) = \sum_{n=0}^{\infty} x(n) z^{-n} = 1 + 2z^{-1} + 3z^{-2} - 2z^{-3} + z^{-4}$$

$$X_2^+(z) = \sum_{n=0}^{\infty} x(n) z^{-n} = 3 - 2z^{-1} + z^{-2}$$

$$X_3^+(z) = \sum_{n=0}^{\infty} x(n) z^{-n} = z^{-k}$$

$$X_4^+(z) = \sum_{n=0}^{\infty} x(n) z^{-n} = 0$$

$$X_5^+(z) = \sum_{n=0}^{\infty} x(n) z^{-n} = 3 - 2z^{-1} + z^{-2}$$

$$X_6^+(z) = \sum_{n=0}^{\infty} x(n) z^{-n} = 0$$

注意 对于一个非因果信号,其单边 Z 变换不是唯一的。实际上,$X_2^+(z) = X_5^+(z)$,但是 $x_2(n) \ne x_5(n)$。

2. 时移性

如果信号 $x(n)$ 的单边 Z 变换为:

$$Z^+[x(n)] = X^+(z) = \sum_{n=0}^{\infty} x(n)z^{-n}$$

那么 $x(n-k)$ 的单边 Z 变换为:

$$Z^+[x(n-k)] = z^{-k}\left[X^+(z) + \sum_{n=1}^{k} x(-n)z^n\right], k > 0 \quad (3.7.2)$$

【证明】根据定义式(3.7.1),可以得到:

$$Z^+[x(n-k)] = z^{-k}\left[\sum_{l=-k}^{-1} x(l)z^{-l} + \sum_{l=0}^{\infty} x(l)z^{-l}\right]$$

$$= z^{-k}\left[X^+(z) + \sum_{l=-1}^{-k} x(l)z^{-l}\right]$$

$$= z^{-k}\left[X^+(z) + \sum_{n=1}^{k} x(-n)z^n\right]$$

信号 $x(n+k)$ 的单边 Z 变换为:

$$Z^+[x(n+k)] = z^k\left[X^+(z) - \sum_{n=0}^{k-1} x(n)z^{-n}\right], k > 0 \quad (3.7.3)$$

证明略。

当 $x(n)$ 是因果序列时,有

$$Z^+[x(n-k)] = z^{-k}X^+(z) \quad (3.7.4)$$

3.7.2 差分方程的求解

单边 Z 变换是求解具有非零初始条件差分方程的非常有效的工具,它是通过将两个与时域信号相关的差分方程简化为与单边 Z 变换相关的等价代数方程来实现的。

【例 3.7.2】求系统 $y(n) = by(n-1) + x(n), n \geq 0$ 的输出响应,其中输入 $x(n) = a^n u(n)$,初始条件 $y(-1) = 0$。

【解】对原差分方程两边做单边 Z 变换,可以得到:

$$Y(z) = b[z^{-1}Y(z) + y(-1)] + X(z)$$

将 $X(z) = \dfrac{z}{z-a}, y(-1) = 0$ 代入上式,可以得到:

$$\frac{Y(z)}{z} = \frac{1}{a-b}\left(\frac{a}{z-a} - \frac{b}{z-b}\right)$$

通过部分分式展开并将结果进行 Z 反变换,可以得到:

$$y(n) = \frac{1}{a-b}(a^{n+1} - b^{n+1})u(n)$$

3.8 MATLAB 仿真实例

1. 线性移不变系统的零极点分析

MTTLAB 工具栏提供了 zplane 函数,用来显示线性移不变系统的零极点图。函数

zplane(b,a)自动设定坐标刻度,以便绘出所有的零极点。

【例 3.8.1】一个滤波器的系统函数如下,画出零极点图。

$$H(z) = \frac{z^3 - 5.6z^2 + 0.65z - 0.05}{z^3 - 7.3z^2 + 15.1z - 3}$$

MATLAB 仿真程序如下:

% 绘制零极点图
b = [1 -5.6 0.65 -0.05];
a = [1 -7.3 15.1 -3];
zplane(b,a)

得到的零极点如图 3.8.1 所示。

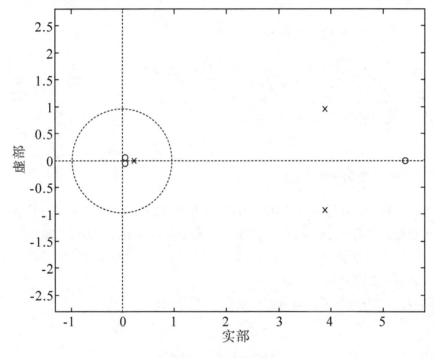

图 3.8.1 系统的零极点图

2. 差分方程的模拟

在 MATLAB 中,命令函数 filter 可以用来对差分方程进行模拟。定义向量:$a = [a0, a1, \cdots, aN]$,$b = [b0, b1, \cdots, bM]$,则命令 y = filter(b,a,x)将产生一个代表系统强迫响应的向量,其维数取决于输入的维数。若初始条件不为 0,则使用命令 y = filter(b,a,x,zs),其中 zs 代表 filter 需要的初始条件。zs 并不是真正的过去输出值,而是从过去的输出值出发,利用 y = filtic(b,a,ys)得到的,ys 是由 $[y(-1), y(-2), \cdots, y(-N)]$ 顺序排列的初始条件的向量。

【例 3.8.2】 设一个系统的差分方程描述如下:

$y(n) - 0.143y(n-1) + 0.6128y(n-2) = 0.675x(n) + 0.1259x(n-1) + 0.025x(n-2)$

求系统在初始条件 $y(-1)=1, y(-2)=2$ 下的输出响应。

MATLAB 仿真程序如下：

% 差分方程的模拟
a = [1, -0.143, 0.6128];
b = [0.675, 0.1259, 0.025];
x = zeros(1,50);
zi = filtic(b,a,[1,2]);
y = filter(b,a,x,zi);
n = 1:50;
plot(n,y);
xlabel('时间序列 n');ylabel('y(n)');

输出响应 $y(n)$ 的图像如图 3.8.2 所示。

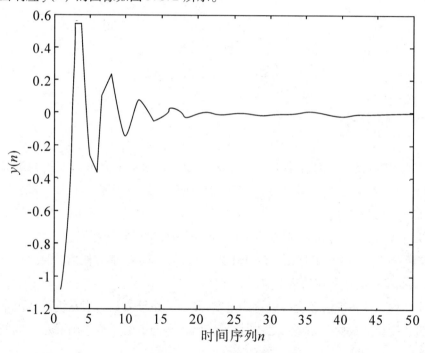

图 3.8.2　输出响应结果图

MATLAB 也可以用命令 impz 计算由差分方程描述的系统的冲激响应，使用方法为：

$$[h,t] = \mathrm{impz}(b,a,n)$$

其中，b 和 a 为差分方程的系数，n 为输出冲激响应的值的个数，如上题中所描述的系统，其冲激响应的求取可以采用 $[h,t] = \mathrm{impz}(b,a,40)$，计算 40 个值，如图 3.8.3 所示。

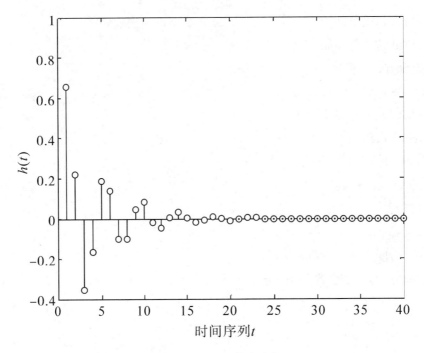

图 3.8.3 系统的冲激响应

3.9 本章小结

描述离散时间系统的重要数学工具是 Z 变换。本章除了介绍 Z 变换的定义和收敛域外,还介绍了 Z 反变换、计算 Z 变换和 Z 反变换的方法、Z 变换的性质。Z 变换的收敛域很重要,它与 Z 变换的数学表达式联合起来才能唯一确定一个序列。收敛域的性质以及 Z 变换的性质在正变换和反变换计算等场合都需要加以充分利用。

Z 变换只是一种数学工具,没有具体的物理意义,但是它能方便离散时间信号和系统的分析,后面章节会涉及它的诸多应用。

从线性移不变系统的 Z 变换表达式出发,导出了系统函数。当系统函数由常系数差分方程的 Z 变换形成两个多项式之比时,可以用 Z 平面上的零极点图确定系统的频率响应。

描述系统的方法主要有以下四种:

(1)用数学定义描述:$y(n) = T[x(n)]$;

(2)用单位取样响应 $h(n)$ 描述:不是每个系统都能写出其单位取样响应;

(3)用差分方程描述:需要附加初始条件,一些瞬态响应求解比较困难,系统的频率特性不清楚;

(4)用系统函数描述:易于定性分析,了解系统稳定性、频率特性,但不易分析其瞬态响应。

本书中主要讲述的线性移不变系统,其描述方法主要有以下四种:

(1) 系统的单位取样：$h(n) = T[\delta(n)]$；

(2) 差分方程：$y(n) = \sum_{k=1}^{N} a_k y(n-k) + \sum_{r=0}^{M} b_r x(n-r)$；

(3) 系统频率响应：$H(e^{j\omega}) = \sum_{n=-\infty}^{\infty} h(n) e^{-j\omega n}$；

(4) 系统函数：$H(z) = \sum_{n=-\infty}^{\infty} h(n) z^{-n}$。

习　题

3.1　求下列序列的 Z 变换和收敛域。

(1) $x(n) = 3^n u(n) - \left(\dfrac{1}{3}\right)^n u(n)$

(2) $x(n) = 3\left(\dfrac{1}{3}\right)^n u(n) - (4)^n u(-n-1)$

(3) $x(n) = \left(-\dfrac{1}{5}\right)^n u(n) - 5\left(\dfrac{1}{2}\right)^{-n} u(-n-1)$

(4) $x(n) = \delta(n-2) - 6\delta(n+3)$

(5) $x(n) = \delta(n) + \delta(n-2) - 4\delta(n-3)$

(6) $x(n) = a^{|n|}, 0 < |a| < 1$

(7) $x(n) = e^{-2n} \cos(\pi n/6) u(n)$

(8) $x(n) = \{1,2,3,2,1\}, 0 \leq n \leq 4$

3.2　选择合适的方法求 Z 反变换。

(1) $X(z) = \dfrac{z(z^2 - 4z + 5)}{(z-3)(z-1)(z-2)}, 2 < |z| < 3$

(2) $X(z) = \dfrac{1 - \dfrac{1}{3} z^{-1}}{1 + \dfrac{1}{3} z^{-1}}, |z| > \dfrac{1}{3}$

(3) $X(z) = \dfrac{1}{1 - az^{-2}}, |z| > |a|^{\frac{1}{2}}$（提示：$\sum_{n=0}^{\infty} c^n = \dfrac{1}{1-c}, |c| < 1$）

3.3　设 $X(z)$ 是 $x(n)$ 的 Z 变换，利用 Z 变换的性质和定理求解下列 Z 变换。

(1) $x^*(-n)$　　　　　　　(2) $n^2 x(n)$

(3) $a^n u(n-1)$　　　　　(4) $(n-1)^2 u(n-1)$

(5) $\text{Re}[x(n)]$　　　　　　(6) $\text{Im}[x(n)]$

3.4　已知某因果序列的 Z 变换如下，画出 Z 变换的零极点图，并标出收敛域。

$$X(z) = \dfrac{1 - \dfrac{1}{4} z^{-2}}{\left(1 - \dfrac{1}{2} z^{-1}\right)\left(1 - \dfrac{3}{4} z^{-1}\right)}$$

3.5 已知某序列的 Z 变换如下,试问该 Z 变换可能有多少种不同的收敛域? 分别对应什么类型的序列?

$$X(z) = \frac{1 - \frac{2}{3}z^{-2}}{(1 + \frac{1}{8}z^{-1})(1 - \frac{1}{2}z^{-1})(1 + \frac{3}{4}z^{-1})}$$

3.6 研究一个具有下列系统函数的线性移不变因果系统:

$$H(z) = \frac{1 - a^{-1}z^{-1}}{1 - az^{-1}}$$

式中: a 为实数。

(1) a 值在哪些范围内该系统稳定?

(2) 如果 $0 < a < 1$,画出系统函数零极点图,并将收敛域画上斜线。

(3) 在 Z 平面上用图解法证明该系统是一个全通系统,即频率响应幅度为一常数。

3.7 下列差分方程表示线性移不变离散时间系统:

$$y(n) + \frac{1}{4}y(n-1) = x(n) + \frac{1}{2}x(n-1)$$

(1) 求系统函数 $H(z)$;

(2) 画出 $H(z)$ 的零极点分布;

(3) 如果系统是稳定的,指明收敛域,并求单位取样响应 $h(n)$;

(4) 如果系统是稳定的,求系统的频率响应 $H(e^{j\omega})$。

3.8 有一线性移不变离散时间系统由以下差分方程描述:

$$y(n) = 2x(n) - x(n-1) + 3x(n-2) - x(n-3) + 2x(n-4)$$

(1) 求系统函数 $H(z)$;

(2) 求系统的频率响应 $H(e^{j\omega})$;

(3) 分别求出 $H(e^{j\omega})\mid_{\omega=0}$ 与 $H(e^{j\omega})\mid_{\omega=\pi}$ 的值;

(4) 分别求出 $\int_{-\pi}^{\pi} H(e^{j\omega})d\omega$ 与 $\int_{-\pi}^{\pi} \mid H(e^{j\omega}) \mid^2 d\omega$ 的值。

3.9 有一线性移不变系统由以下差分方程描述:

$$y(n) = \frac{5}{6}y(n-1) - \frac{1}{6}y(n-2) + x(n)$$

求系统对输入信号 $x(n) = \delta(n) - \frac{1}{3}\delta(n-1)$ 的响应。

3.10 使用单边 Z 变换求解以下情况的 $y(n)$, $n \geq 0$。

(1) $y(n) - 0.5y(n-1) = x(n)$; $x(n) = (\frac{1}{2})^n u(n)$, $y(-1) = \frac{1}{4}$

(2) $y(n) - 1.5y(n-1) + 0.5y(n-2) = 0$; $y(-1) = 1$, $y(-2) = 0$

第4章 连续时间信号的采样

数字信号处理技术处理的是离散时间信号。离散时间信号的产生可以有多种形式，通过对连续时间信号采样得到离散时间信号是最常见的方法。正如第1章引言所介绍的那样，数字信号处理的第一步就是对模拟信号进行采样，使之成为离散时间信号，再将采样信号通过"内插"的概念，恢复成模拟信号。本章就此问题进行讨论。

学习要求：掌握离散时间信号产生的过程；掌握奈奎斯特采样定理；掌握采样信号恢复重建原信号的方法；了解连续时间信号的离散处理过程以及离散时间信号的连续处理过程。

4.1 信号的理想采样

对模拟信号 $x_a(t)$ 以采样周期 T 进行采样，得到离散时间信号 $x(n)$，表示为：

$$x(n) = x_a(nT), \quad -\infty < n < \infty \tag{4.1.1}$$

采样周期 T 的倒数 $f_s = 1/T$ 称为采样频率，当然也可以用模拟角频率 $\Omega_s = 2\pi f_s$ 表示采样频率，其单位为 rad/s。对同一个连续时间信号采用不同的采样周期进行采样，可以得到不同的序列。

在一般情况下，采样过程是不可逆的，即由采样输出的样本序列 $x(n)$ 无法重构原先的连续时间信号 $x_a(t)$，因为可能存在多个不同的连续信号，对其采样输出的样本序列相同，也就是说信号处理中的采样存在固有的模糊性。但是如果对输入的连续时间信号 $x_a(t)$ 做一些限制，则可以消除这种模糊性，使得样本序列 $x(n)$ 和连续时间信号 $x_a(t)$ 一一对应，也就是说有可能由 $x(n)$ 唯一、确定地恢复出 $x_a(t)$。下面先来分析采样的过程，如图4.1.1所示。

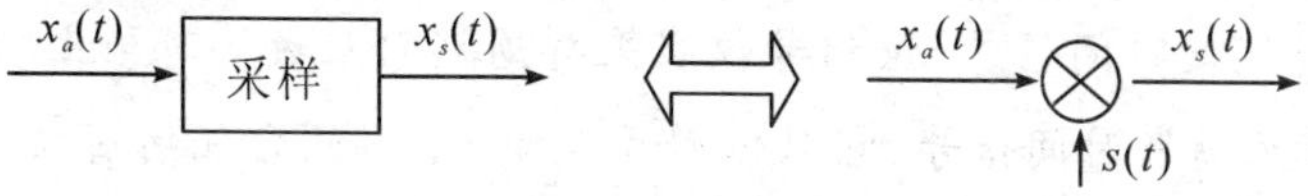

图 4.1.1 采样过程

模拟信号 $x_a(t)$ 经过开关函数 $s(t)$ 后，得到离散时间信号 $x_s(t)$，有如下关系式：

$$x_s(t) = x_a(t) \cdot s(t) \tag{4.1.2}$$

其中，开关函数 $s(t)$ 是幅度为1，脉宽为 τ，周期为 T 的矩形脉冲周期信号，τ 为开关闭合时间，T 为采样周期。开关函数可以表示成如下形式：

$$s(t) = \sum_{n=-\infty}^{\infty} [u(t-nT) - u(t-nT-\tau)] \qquad (4.1.3)$$

式(4.1.2)和式(4.1.3)所示的采样过程如图4.1.2所示。

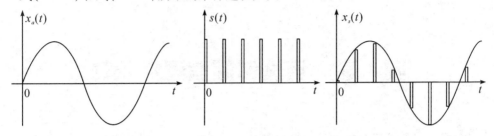

图 4.1.2　采样过程

为分析方便起见,当开关闭合时间 τ 远远小于采样周期 T 时,可以认为 $\tau \to 0$,这时的采样过程称为理想采样,如图4.1.3所示。当 $\tau \to 0$ 时,开关函数可以看成是单位取样序列:

$$s(t) \to \delta_T(t) = \sum_{n=-\infty}^{\infty} \delta(t-nT) \qquad (4.1.4)$$

从而有如下关系式:

$$x_s(t) = x_a(t) \cdot \delta_T(t) = x_a(t) \cdot \sum_{n=-\infty}^{\infty} \delta(t-nT) \qquad (4.1.5)$$

因为 $\delta(t-nT)$ 只有在 $t=nT$ 时不为零,所以式(4.1.5)可以写为:

$$x_s(t) = \sum_{n=-\infty}^{\infty} x_a(t) \cdot \delta(t-nT) = \sum_{n=-\infty}^{\infty} x_a(nT) \cdot \delta(t-nT) \qquad (4.1.6)$$

可见信号的采样是原信号 $x_a(t)$ 在 $t=0, \pm T, \pm 2T, \cdots$ 等处的离散采样值。

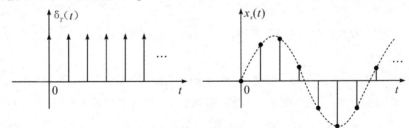

图 4.1.3　理想采样过程

注意　区分 $x_s(t)$ 和 $x(n)$,它们都是连续信号 $x_a(t)$ 采样后的离散序列表示。不同点:$x_s(t)$ 实质是连续时间信号,该信号仅在采样周期的整数倍时刻上取非零值,其余时间都为零;$x(n)$ 为离散时间信号,它只依赖于变量 n,不包含任何有关采样周期或采样频率的信息,也就是说相当于引入了时间归一化。

4.2　采样信号的频谱

通过分析采样过程,可知 $x_s(t) = x_a(t) \cdot \delta_T(t)$,且 $\delta_T(t) = \sum_{n=-\infty}^{\infty} \delta(t-nT)$ 为周期信

号,可以将 $\delta_T(t)$ 展开为傅里叶级数:

$$\delta_T(t) = \sum_{k=-\infty}^{\infty} A_k e^{jk\Omega_s t}, \Omega_s = 2\pi/T \qquad (4.2.1)$$

其中

$$\begin{aligned}
A_k &= \frac{1}{T} \int_{-T/2}^{T/2} \delta_T(t) e^{-jk\Omega_s t} dt \\
&= \frac{1}{T} \int_{-T/2}^{T/2} \sum_{n=-\infty}^{\infty} \delta(t-nT) e^{-jk\Omega_s t} dt \\
&= \frac{1}{T} \int_{-T/2}^{T/2} \delta(t) e^{-jk\Omega_s t} dt \\
&= \frac{1}{T}
\end{aligned} \qquad (4.2.2)$$

所以

$$\delta_T(t) = \frac{1}{T} \sum_{k=-\infty}^{\infty} e^{jk\Omega_s t} \qquad (4.2.3)$$

将式(4.2.3)代入式(4.1.2),可以得到:

$$x_s(t) = x_a(t) \cdot \delta_T(t) = x_a(t) \cdot \frac{1}{T} \sum_{k=-\infty}^{\infty} e^{jk\Omega_s t} \qquad (4.2.4)$$

对式(4.2.4)做傅里叶变换,可以得到:

$$\begin{aligned}
X_s(j\Omega) &= \int_{-\infty}^{\infty} x_s(t) e^{-j\Omega t} dt \\
&= \int_{-\infty}^{\infty} x_a(t) \cdot \left[\frac{1}{T} \sum_{k=-\infty}^{\infty} e^{jk\Omega_s t}\right] e^{-j\Omega t} dt \\
&= \frac{1}{T} \sum_{k=-\infty}^{\infty} \int_{-\infty}^{\infty} x_a(t) e^{-j(\Omega-k\Omega_s)t} dt \\
&= \frac{1}{T} \sum_{k=-\infty}^{\infty} X_a[j(\Omega - k\Omega_s)]
\end{aligned} \qquad (4.2.5)$$

假设 $x_a(t)$ 为带限信号,最高频率分量为 Ω_h,可以分情况讨论 $x_s(t)$ 的频谱,得到图 4.2.1(a)所示的频谱图($\Omega_s \geq 2\Omega_h$)和图 4.2.1(b)所示的频谱图($\Omega_s < 2\Omega_h$)。

由上述采样信号的频谱图可以得出两个结论:

(1)采样信号的频谱 $X_s(j\Omega)$ 是原信号频谱 $X_a(j\Omega)$ 的周期延拓,周期为 $\Omega_s = 2\pi/T$,且幅度上要乘以因子 $1/T$。

(2)若 $x_a(t)$ 为带限信号,最高频率分量为 Ω_h,即

$$X_a(j\Omega) = \begin{cases} X_a(j\Omega) & |\Omega| \leq \Omega_h \\ 0 & |\Omega| > \Omega_h \end{cases} \qquad (4.2.6)$$

当采样频率 $\Omega_s \geq 2\Omega_h$ 时,$X_s(j\Omega)$ 频谱无混叠失真,可以由 $x_s(t)$ 无失真地恢复 $x_a(t)$。反之,当 $\Omega_s < 2\Omega_h$ 时,$X_s(j\Omega)$ 频谱有混叠失真,无法由 $x_s(t)$ 无失真地恢复 $x_a(t)$。

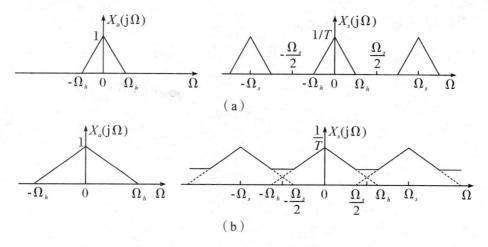

图 4.2.1 采样信号的频谱

4.3 时域采样定理

模拟信号按式(4.1.5)采样得到采样信号,该采样信号能否得到正确恢复,主要取决于采样周期 T(或采样频率 $f_s = 1/T$)。图 4.3.1 所示的不同频率的两个余弦信号 $x_1(t)$ 和 $x_2(t)$,如果以较大的采样周期 T_1 去采样,两个不同的连续信号具有相同的样本值 $x_1(nT_1)$ 和 $x_2(nT_1)$,这时的 $x_1(nT_1)$ 丢失了重要信息,并难以从 $x_1(nT_1)$ 重新恢复 $x_1(t)$,这种不当的采样叫欠采样。若缩短采样周期,以 T_2 去采样,得到样本值 $x_1(nT_2)$ 和 $x_2(nT_2)$,就不存在上述问题。

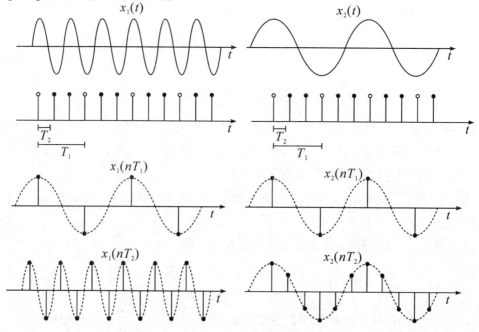

图 4.3.1 采样和欠采样信号

结论:当采样频率 Ω_s 和原有限带宽信号最高频率 Ω_h 满足关系 $\Omega_s \geq 2\Omega_h$ 时,可以由该信号经采样后所得到的采样值恢复出原信号,这就是时域采样定理,又称为奈奎斯特(Nyquist)采样定理。

一般把临界的采样频率 $2\Omega_h$ 称为信号 $x_a(t)$ 的奈奎斯特采样频率。$\Omega_s > 2\Omega_h$ 时的采样称为过采样,$\Omega_s < 2\Omega_h$ 时的采样称为欠采样,$\Omega_s = 2\Omega_h$ 时的采样称为临界采样。如图 4.3.2 所示,图 4.3.2(a)为原信号,频率为 Ω_h,以 $\Omega_s = \dfrac{2}{3}\Omega_h$ 欠采样,采样信号如图 4.3.2(b)所示,以 $\Omega_s = 2\Omega_h$ 临界采样,采样信号如图 4.3.2(c)所示,以 $\Omega_s = 4\Omega_h$ 过采样,采样信号如图 4.3.2(d)所示。

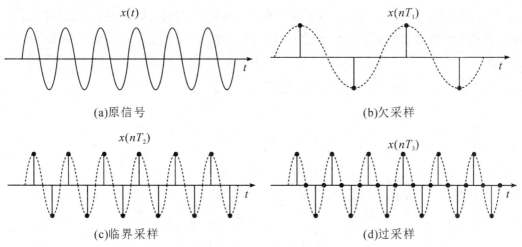

图 4.3.2 信号的三种采样图示

从理论上可以知道,对于非带限信号,不管采样频率有多高,都难以避免频谱混叠现象。因此,采样前必须先对连续信号进行一次预滤波以限制带宽,以保证连续信号为带限信号,这种滤波器称为抗混叠干扰滤波器。正如第 1 章中图 1.1.1 中第一个方框的作用。

根据前面离散时间信号 $x(n)$ 的傅里叶变换 $X(e^{j\omega})$ 与连续时间信号 $x_s(t)$ 的傅里叶变换 $X_s(j\Omega)$ 之间的关系,可以得到:

$$X_s(j\Omega) = \frac{1}{T}\sum_{k=-\infty}^{\infty} X_a[j(\Omega - k\Omega_s)] \tag{4.3.1}$$

$$X(e^{j\omega}) = X_s(j\frac{\omega}{T}) = \frac{1}{T}\sum_{k=-\infty}^{\infty} X_a[j(\frac{\omega}{T} - k\frac{2\pi}{T})] \tag{4.3.2}$$

因此,当采样频率 $\Omega_s \geq 2\Omega_h$ 时,可以得到采样后数字信号 $x(n)$ 的频谱,如图 4.3.3 所示。

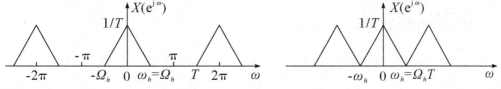

图 4.3.3 采样信号 $x(n)$ 的频谱

4.4 信号的恢复

1. 频域恢复

上一节已经知道,从带限信号采样得到的离散信号 $x_s(t)$ 恢复连续信号 $x_a(t)$ 的条件是采样时必须满足奈奎斯特采样定理:$\Omega_s \geq 2\Omega_h$。满足该条件时,采样信号的频谱就不会发生混叠,且有如下关系式:

$$X_s(j\Omega) = \frac{1}{T}\sum_{k=-\infty}^{\infty} X_a[j(\Omega - k\Omega_s)] \tag{4.4.1}$$

当采样信号通过一个频率响应如图4.4.1所示的理想低通滤波器后,可以从图4.3.3所示的频谱中提取出基带频谱,即原信号 $x_a(t)$ 的频谱,从而达到恢复信号的目的。

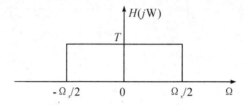

图 4.4.1 理想低通滤波器

具体做法是:先设计一低通滤波器,使其满足下式:

$$H(j\Omega) = \begin{cases} T & |\Omega| \leq \Omega_s/2 \\ 0 & |\Omega| > \Omega_s/2 \end{cases} \tag{4.4.2}$$

由于

$$Y(j\Omega) = X_s(j\Omega) \cdot H(j\Omega) = X_a(j\Omega) \tag{4.4.3}$$

所以可以在滤波器输出端无失真的恢复信号 $x_a(t)$。

2. 采样内插公式

由时域卷积定理可知,式(4.4.3)所示的采样信号频谱恢复时域信号的表达式为:

$$y(t) = x_s(t) * h(t) \tag{4.4.4}$$

根据式(4.4.2),可以得到:

$$h(t) = \frac{1}{2\pi}\int_{-\infty}^{\infty} H(j\Omega)e^{j\Omega t}d\Omega = \frac{T}{2\pi}\int_{-\Omega_s/2}^{\Omega_s/2} e^{j\Omega t}d\Omega = \frac{\sin\frac{\Omega_s t}{2}}{\frac{\Omega_s t}{2}} = \frac{\sin\frac{\pi t}{T}}{\frac{\pi t}{T}} \tag{4.4.5}$$

因此滤波器的输出可以表示为:

$$y(t) = x_a(t) = x_s(t) * h(t) = \int_{-\infty}^{\infty} x_s(\tau)h(t-\tau)d\tau$$

$$= \int_{-\infty}^{\infty} \sum_{n=-\infty}^{\infty} x_a(\tau) \cdot \delta(\tau - nT)h(t-\tau)d\tau$$

$$= \sum_{n=-\infty}^{\infty} \int_{-\infty}^{\infty} x_a(\tau) \cdot \delta(\tau - nT) h(t-\tau) \mathrm{d}t$$

$$= \sum_{n=-\infty}^{\infty} x_a(nT) \cdot h(t-nT)$$

$$= \sum_{n=-\infty}^{\infty} x_a(nT) \cdot \frac{\sin\frac{\pi(t-nT)}{T}}{\frac{\pi(t-nT)}{T}}$$

其中内插函数记作：

$$\varphi_n(t) = \frac{\sin\frac{\pi(t-nT)}{T}}{\frac{\pi(t-nT)}{T}} \tag{4.4.6}$$

因此输出可以表示为下式：

$$x_a(t) = \sum_{n=-\infty}^{\infty} x_a(nT) \cdot \varphi_n(t) \tag{4.4.7}$$

注意 内插函数 $\varphi_n(t)$ 在采样点 $t = nT$ 上的值为1，在其余采样点为零，因此 $y(nT) = x_a(nT)$，即各采样点的恢复值为信号原值，采样点之间的恢复值则由各内插函数的波形延伸叠加而成，当满足采样定理时，这种叠加的结果可以不失真的恢复出原信号。

从内插公式的推导过程中也可以看出，只要采样频率大于等于信号最高频率的两倍，连续信号就可以用它的采样信号完全代替而不损失信息。

【例 4.4.1】图 4.4.2 所示的系统中，输入信号 $x_c(t) = \cos(\Omega_0 t)$，对信号采样时采样频率满足 $\Omega_0 < \Omega_s < 2\Omega_0$，确定 $x_r(t) = \cos(\Omega_0 t)$ 的频率。

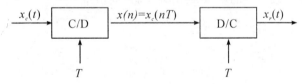

图 4.4.2 理想采样并重构系统框图

【解】本题是只有一个频率成分的余弦信号欠采样并且重构的问题。

为了便于频域分析，将图 4.4.2 中的两个模块等效转化为图 4.4.3 所示的系统，其中重构滤波器的截止频率为 $\Omega_c = \Omega_s/2$ 的理想低通模拟滤波器。

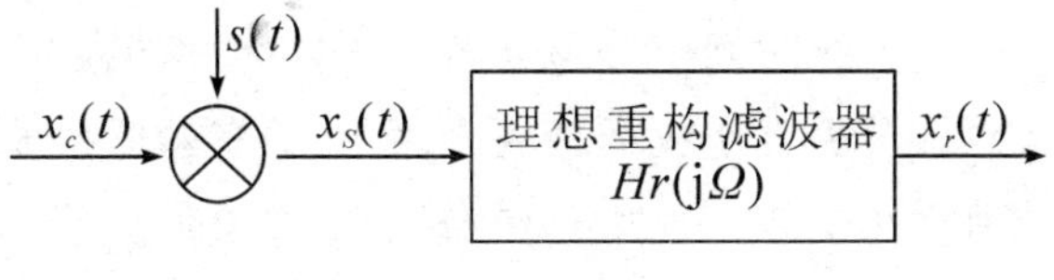

图 4.4.3 图 4.4.2 的数学等效

$x_c(t)$ 的傅里叶变换是 $X_c(\mathrm{j}\Omega) = \pi[\delta(\Omega - \Omega_0) + \delta(\Omega + \Omega_0)]$。$x_c(t)$、$x_s(t)$ 和 $x_r(t)$ 的傅里叶变换示意图如图 4.4.4 所示。由图 4.4.4(b)可见，采样后信号的频谱发生了混叠。由图 4.4.4(c)可见，重构信号的频率发生了失真，原始频率为 Ω_0 的余弦信号

重构成了更低频率的余弦信号 $x_r(t) = \cos[(\Omega_s - \Omega_0)t]$。

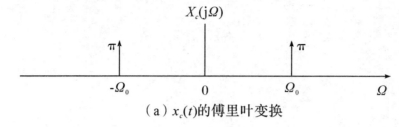

（a）$x_c(t)$的傅里叶变换

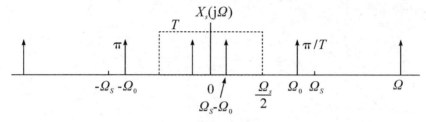

（b）$x_s(t)$的傅里叶变换

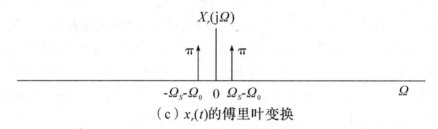

（c）$x_r(t)$的傅里叶变换

图 4.4.4　对余弦信号欠采样并重构的频域示意图

设 $\Omega_s = \dfrac{4}{3}\Omega_0$，上述信号的时域关系如图 4.4.5 所示。可见，由于采样频率不满足奈奎斯特采样定理，重构信号产生了失真。

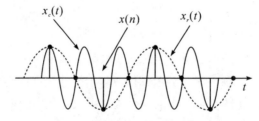

图 4.4.5　对余弦信号欠采样并重构的时域关系

通常情况下，被采样的连续时间信号包含若干不同频率的余弦信号，当不满足采样定理时，重构信号的高频成分失真变成低频成分，并与原有的低频成分（未失真的）叠加在一起，从而使整个信号产生失真。如果是声音信号，则会听到噪声。通过图 4.4.5 可知，采样定理的实质：采样周期要小到能对信号中最高频率的余弦信号在每个周期内至少采样两个点，才能理想重构该频率成分，从而使整个信号无失真。

4.5 连续时间信号的离散时间处理

离散时间系统的一个重要应用是用它来模拟或实现一个连续时间系统,其实现形式一般如图 4.5.1 所示。

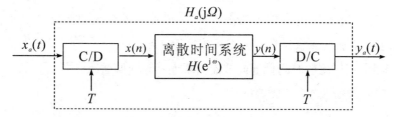

图 4.5.1 连续时间信号的离散时间处理系统框图

图 4.5.1 给出了一个线性移不变系统,由采样器、离散时间系统和恢复器级联而成。由于输入 $x_a(t)$ 和输出 $y_a(t)$ 都是连续时间信号,因此图中虚线框表示的系统是一个连续时间系统,将其频率响应记为 $H_a(j\Omega)$,离散时间系统的频率响应记作 $H(e^{j\omega})$,令

$$X(e^{j\omega}) = F[x(n)], Y(e^{j\omega}) = F[y(n)]$$
$$X_a(j\Omega) = F[x_a(t)], Y_a(j\Omega) = F[y_a(t)]$$

根据信号采样与恢复理论,可以得到连续时间信号与离散时间信号频谱的关系:

$$X(e^{j\omega}) = \frac{1}{T} \sum_{k=-\infty}^{\infty} X_a\left(j\frac{\omega - 2\pi k}{T}\right) \tag{4.5.1}$$

$$Y_a(j\Omega) = \Pi(j\Omega) Y(e^{j\Omega T}) = \begin{cases} TY(e^{j\Omega T}) & |\Omega| \leqslant \pi/T \\ 0 & \text{其他} \end{cases} \tag{4.5.2}$$

其中

$$\Pi(j\Omega) = \begin{cases} T & |\Omega| < \pi/T \\ 0 & \text{其他} \end{cases} \tag{4.5.3}$$

由离散线性移不变系统的输入输出关系 $Y(e^{j\omega}) = H(e^{j\omega})X(e^{j\omega})$,可以得到:

$$\begin{aligned} Y_a(j\Omega) &= \Pi(j\Omega) Y(e^{j\Omega T}) \\ &= \Pi(j\Omega) H(e^{j\Omega T}) X(e^{j\Omega T}) \\ &= \Pi(j\Omega) H(e^{j\Omega T}) \frac{1}{T} \sum_{k=-\infty}^{\infty} X_a[j(\Omega - 2\pi k/T)] \end{aligned} \tag{4.5.4}$$

当 $|\Omega| > \pi/T$ 时,$X_a(j\Omega) = 0$,则

$$Y_a(j\Omega) = \begin{cases} H(e^{j\Omega T}) X_a(j\Omega) & |\Omega| \leqslant \pi/T \\ 0 & |\Omega| > \pi/T \end{cases} \tag{4.5.5}$$

将式(4.5.5)改写为:

$$Y_a(j\Omega) = H_{\text{eff}}(j\Omega) X_a(j\Omega) \tag{4.5.6}$$

其中

$$H_{\text{eff}}(\mathrm{j}\Omega) = \begin{cases} H(\mathrm{e}^{\mathrm{j}\Omega T}) & |\Omega| < \pi/T \\ 0 & |\Omega| \geqslant \pi/T \end{cases} \tag{4.5.7}$$

由此得出结论:当采样频率超过信号 $x_a(t)$ 的奈奎斯特速率时,图 4.5.1 给出的等效连续时间系统具有频率响应 $H_{\text{eff}}(\mathrm{j}\Omega)$,即

$$H_a(\mathrm{j}\Omega) = H_{\text{eff}}(\mathrm{j}\Omega) \tag{4.5.8}$$

注意 得出上述结论需要满足两个条件:离散时间系统是线性移不变的;输入信号带限且无混叠或混叠发生在离散时间系统的通带以外。

【例 4.5.1】利用离散时间低通滤波器实现连续时间低通滤波器。

【解】数字低通滤波器的频率响应为:

$$H(\mathrm{e}^{\mathrm{j}\omega}) = \begin{cases} 1 & |\omega| \leqslant \omega_c \\ 0 & \omega_c < |\omega| < \pi \end{cases}$$

频率响应曲线如图 4.5.2 所示。

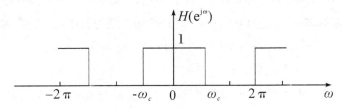

图 4.5.2 理想滤波器的频率响应

根据式(4.5.8),可以得到等效连续时间系统频率响应 $H_{\text{eff}}(\mathrm{j}\Omega)$ 为:

$$H_{\text{eff}}(\mathrm{j}\Omega) = \begin{cases} 1 & |\Omega| \leqslant \omega_c/T \\ 0 & \omega_c/T < |\Omega T| < \pi/T \end{cases}$$

等效连续时间系统频率响应曲线如图 4.5.3 所示。

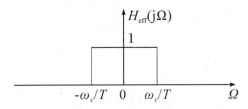

图 4.5.3 等效的连续时间系统的频率响应

【例 4.5.2】图 4.5.1 所示的系统中,已知连续时间信号的最高频率是 5kHz。

(1) 采样频率为 $f_s = 10\,\text{kHz}$,要求等效的连续时间理想低通滤波器的截止频率是 $f_c = 2.5\,\text{kHz}$,求离散时间理想低通滤波器的截止频率 ω_c。

(2) 采样频率为 $f_s = 20\,\text{kHz}$,离散时间理想低通滤波器的截止频率 $\omega_c = 0.5\pi$,求等效的连续时间理想低通滤波器的截止频率 f_c。

(3) 要求等效的连续时间理想低通滤波器的截止频率 $\Omega_c = 5000\pi$,现只有截止频率为 $\pi/5$ 的离散时间理想低通滤波器,求满足要求的采样周期 T。

【解】根据式(4.5.7),考虑频率的映射关系。

(1) $$\omega_c = \Omega_c T = 2\pi f_c/f_s = 0.5\pi$$

可以从物理概念上解释这个结果。由于是临界采样,连续时间信号的最高频率 5kHz 映射成离散时间信号的最高频率 π,所以采用截止频率为 0.5π 的离散时间低通滤波器可以滤除离散时间信号另外一半高频成分,也就滤除了连续时间信号一半的高频成分,只保留 2.5kHz 以下的频率。

(2) $$f_c = f_s \omega_c/(2\pi) = 20 \times 0.5\pi/(2\pi) = 5 \text{ kHz}$$

与(1)比较,采样频率提高一倍,离散时间信号的带宽减小一半,为 0.5π,全部在离散时间滤波器的通带以内,所以连续时间信号的频率全部通过。

$f_c = \Omega_c/(2\pi) = 2.5$ kHz。与(1)相同,但离散时间系统的截止频率不是 0.5π。

采样周期 T 为:

$$T = \omega_c/\Omega_c = (\pi/5)/(5000\pi) = 0.04 \text{ ms}$$

即采样频率是 $f_s = 1/T = 25$ kHz。可见调整采样频率,使不同的离散时间系统均可以满足连续时间系统的滤波要求。

4.6 离散时间信号的连续时间处理

离散时间信号的连续时间处理系统框图如图 4.6.1 所示,整个系统等效于一个离散时间系统。

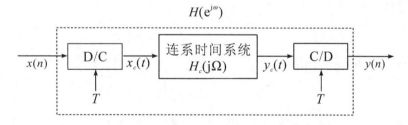

图 4.6.1 离散时间信号的连续时间处理系统框图

由于理想的 D/C 转换后,$X_c(j\Omega)$ 的最高频率是 π/T,所以整个系统中不存在混叠问题。图 4.6.1 中各信号的傅里叶变换之间的关系为:

$$X_c(j\Omega) = TX(e^{j\omega})\big|_{\omega=\Omega T}, |\Omega| < \pi/T \quad (4.6.1)$$

$$Y_c(j\Omega) = H_c(j\Omega)X_c(j\Omega), |\Omega| < \pi/T \quad (4.6.2)$$

$$Y(e^{j\omega}) = \frac{1}{T}Y_c(j\Omega)\big|_{\Omega=\omega/T}, |\omega| < \pi \quad (4.6.3)$$

由于无混叠,只需写出离散时间信号和系统主周期的情况即可。将式(4.6.1)和式(4.6.2)代入式(4.6.3)可以得到:

$$Y(e^{j\omega}) = \frac{1}{T}Y_c(j\Omega)\mid_{\Omega=\omega/T} = \frac{1}{T}[H_c(j\Omega)X_c(j\Omega)]\mid_{\Omega=\omega/T}$$

$$= \frac{1}{T}[H_c(j\Omega)TX(e^{j\Omega T})]\mid_{\Omega=\omega/T} = H_c(j\Omega)\mid_{\Omega=\omega/T}X(e^{j\omega}), \mid\omega\mid<\pi$$

(4.6.4)

所以等效的离散时间系统的频率响应与连续时间系统的频率响应间的关系式为：

$$H(e^{j\omega}) = H_c(j\Omega)\mid_{\Omega=\omega/T}, \mid\omega\mid<\pi \qquad (4.6.5)$$

【例4.6.1】对于图4.6.1所示的系统，$h_c(t)=\delta(t-T/2)$为连续时间系统的单位脉冲响应。

(1) 写出等效的离散时间系统的频率响应；

(2) 证明输出信号与输入信号间的关系为：

$$y(n) = \sum_{k=-\infty}^{\infty}x(k)\frac{\sin[\pi(n-k-1/2)]}{\pi(n-k-1/2)}$$

【解】(1) 连续时间系统的频率响应为：

$$H(j\Omega) = e^{-j\Omega T/2} \qquad (4.6.6)$$

根据式(4.6.5)，等效的离散时间系统的频率响应为：

$$H(e^{j\omega}) = e^{-j\Omega T/2}, \mid\omega\mid<\pi$$

(2) 如果$H(e^{j\omega})=e^{-j\Delta}$，其中$\Delta$是整数，则输出与输入是理想延迟关系，即

$$y(n) = x(n-\Delta)$$

但本题$\Delta=1/2$，上式无意义。下面根据图4.6.1所示过程逐一写出各信号的时域关系。首先根据式(4.6.5)，可以得到：

$$x_c(t) = \sum_{n=-\infty}^{\infty}x(n)\frac{\sin[\pi(t-nT)/T]}{\pi(t-nT)/T} \qquad (4.6.7)$$

根据式(4.6.6)，可以得到：

$$y_c(t) = x_c\left(t-\frac{T}{2}\right) \qquad (4.6.8)$$

根据式(4.6.7)和式(4.5.8)，可以得到最终输出的离散时间信号为：

$$y(n) = y_c(nT) = x_c(nT-T/2)$$

$$= \sum_{k=-\infty}^{\infty}x(k)\frac{\sin[\pi(t-kT)/T]}{\pi(t-kT)/T}\bigg|_{t=nT-T/2}$$

$$= \sum_{k=-\infty}^{\infty}x(k)\frac{\sin[\pi(n-k-1/2)]}{\pi(n-k-1/2)}$$

本例说明，当离散时间系统的频率响应中出现非整数群延迟时，可以用图4.6.1所示的系统等效地来理解离散时间系统对离散时间信号的作用情况。它相当于：首先将离线时间信号理想内插成连续时间信号，然后延迟，最后再采样成离散时间信号。

4.7 MATLAB 仿真实例

离散时间信号大多由连续时间信号采样获得,奈奎斯特采样定理要求待采样的模拟信号应为带限信号,但在实际应用中,大多数信号都不是严格意义上的带限信号,下面利用 MATLAB 来仿真分析信号的采样及恢复过程。

1. 信号采样

【例 4.7.1】已知一个连续时间信号 $f(t) = \cos(2\pi f_0 t) + \frac{1}{3}\cos(6\pi f_0 t)$,$f_0 = 1$ Hz。取最高有限带宽频率 $f_m = 5f_0$。分别显示原连续时间信号波形和 $F_s > 2f_m$,$F_s = 2f_m$,$F_s < 2f_m$ 三种情况下采样信号的波形。

MATLAB 仿真程序如下:

```
% 信号采样
dt = 0.01;f0 = 1;
T0 = 1/f0;fm = 5 * f0;
Tm = 1/fm;t = 0:dt:3 * T0;
x = cos(2 * pi * f0 * t) + 1/2 * cos(8 * pi * f0 * t);
subplot(4,1,1),plot(t,x,'linewidth',2);
axis([min(t),max(t),1.1 * min(f),1.1 * max(f)]);
title('原连续信号和抽样信号');
for i = 1:3
    fs = i * fm; Ts = 1/fs;
    n = -2:Ts:2;
    f = cos(2 * pi * f0 * n) + 1/3 * cos(6 * pi * f0 * n);
    subplot(4,1,i+1),stem(n,f,'filled');
    axis([min(n),max(n),1.1 * min(f),1.1 * max(f)]);
end
```

程序的运行结果如图 4.7.1 所示。

2. 连续信号和抽样信号的频谱

【例 4.7.2】对上例求原连续信号波形和 $F_s > 2f_m$,$F_s = 2f_m$,$F_s < 2f_m$ 三种情况下抽样信号所对应的幅度谱。

MATLAB 仿真程序如下:

```
%  连续信号和抽样信号的频谱
dt = 0.1;f0 = 1;
t0 = 1/f0;t = -2:dt:2;
```

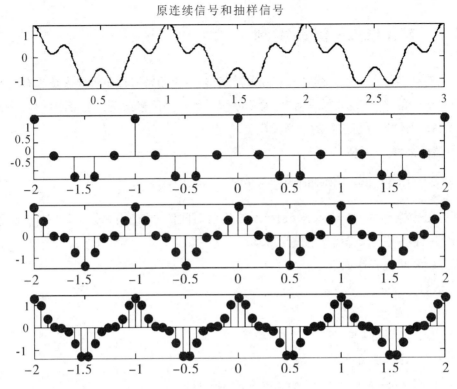

图 4.7.1 连续时间信号的采样

```
N = length(t);
f = cos(2*pi*f0*t) + 1/2*cos(8*pi*f0*t);
fm = 5*f0; Tm = 1/fm;
wm = 2*pi*fm;
k = 0:N-1;
w1 = k*wm/N;
F1 = f*exp(-j*t'*w1)*dt;
subplot(4,1,1),plot(w1/(2*pi),abs(F1),'linewidth',2);
axis([0,max(4*fm),1.1*min(abs(F1)),1.1*max(abs(F1))]);
title('连续信号及抽样信号的振幅频谱');
for i = 1:3
    if i <= 2
    c = 0;
    else
    c = 1;
    end
    fs = (i+c)*fm; Ts = 1/fs;
    n = -2:Ts:2;
```

```
f = cos(2*pi*f0*n) + 1/2*cos(8*pi*f0*n);
N = length(n);
wm = 2*pi*fs;
k = 0:N-1; w = k*wm/N;
F = f*exp(-j*n'*w)*Ts;
subplot(4,1,i+1), plot(w/(2*pi), abs(F), 'r', 'linewidth', 2);
axis([0, max(4*fm), 1.1*min(abs(F)), 1.1*max(abs(F))]);
end
```

程序的运行结果如图 4.7.2 所示。

连续信号及抽样信号的振幅频谱

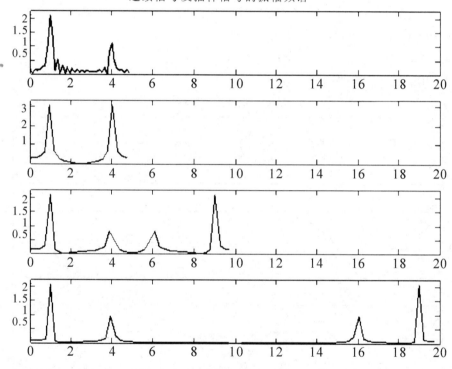

图 4.7.2 连续信号和抽样信号的频谱

3. 信号重构

【例 4.7.3】对上例采样信号的频谱,当满足 $F_s \geq 2f_m$ 时,只要经过一个理想的低通滤波器,将原信号有限带宽以外的频率部分滤除,就可以重构原信号。理想低通滤波器的单位冲激响应为:

$$h(t) = \frac{1}{2\pi} \int_{-\infty}^{\infty} H(j\Omega) e^{j\Omega t} d\Omega = \frac{\sin(\pi t)}{t}$$

采样信号 $x_s(t)$ 通过滤波器输出,其结果应为采样信号 $x_s(t)$ 与冲激响应 $h(t)$ 的卷积:

$$y(t) = x_s(t) * h(t) = \int_{-\infty}^{\infty} x_s(t) * h(t-\tau) d\tau$$

$$= \sum_{n=-\infty}^{\infty} x_s(nT) \frac{\sin(\pi(t-nT)/T)}{\pi(t-nT)/T}$$

MATLAB 提供了 sinc 函数,可以很方便地使用内插公式。

MATLAB 仿真程序如下:

```
%  利用内插公式重构信号
dt = 0.1;f0 = 1;
T0 = 1/f0;fm = 5 * f0;
Tm = 1/fm;t = 0:dt:3 * T0;
x = cos(2 * pi * f0 * t) + 1/2 * cos(8 * pi * f0 * t);
subplot(4,1,1),plot(t,x,′linewidth′,2);
axis([min(t),max(t),1.1 * min(x),1.1 * max(x)]);
title(′用时域卷积重构抽样信号′);
```

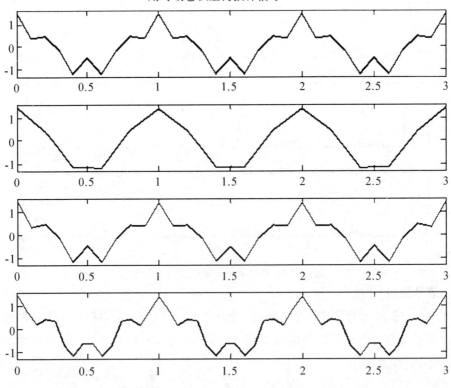

图 4.7.3 用时域卷积重构抽样信号

```
for i = 1:3
    fs = i * fm; Ts = 1/fs;
    n = 0:(3 * T0)/Ts;t1 = 0:Ts:3 * T0;
```

```
x1 = cos(2 * pi * n * f0/fs) + 1/2 * cos(8 * pi * n * f0/fs);
TN = ones(length(n),1) * t1 - n´ * Ts * ones(1,length(t1));
xa = x1 * sinc(fs * pi * TN);
subplot(4,1,i+1),plot(t1,xa,´r´,´linewidth´,2);
axis([min(t1),max(t1),1.1 * min(xa),1.1 * max(xa)]);
end
```

程序的运行结果如图 4.7.3 所示。

4.8 本章小结

本章首先对连续时间信号的理想采样加以描述,得出采样信号的频谱是原信号频谱的周期延拓,延拓周期就是采样频率,幅度与采样周期成反比。然后根据离散时间信号与原始连续时间信号的频域关系,得出当采样过程中频谱延拓无混叠的情况下,能够通过理想的低通滤波器重构连续时间信号的频谱,通过时域分析发现理想低通滤波器处理对应于时域的理想内插。从理想重构的条件得出奈奎斯特采样定理:如果采样频率大于或等于有限带宽信号最高频率的两倍时,该信号可以由采样信号重构。本章最后讨论了连续时间信号的离散时间处理和离散时间信号的连续时间处理。

习 题

4.1 确定下列信号的最低采样频率和奈奎斯特采样间隔。

(1) $\sin(50t)$

(2) $\sin^2(50t)$

(3) $\sin(50t) + \sin^2(50t)$

4.2 设 $x_0(t) = \sin\pi t$, $x(n) = x_0(nT_s) = \sin n\pi T_s$, 其中 T_s 为采样周期。

(1) 求 $x_0(t)$ 信号的模拟频率 Ω;

(2) 当 $T_s = 1$s 时,求 $x(n)$ 的数字频率 ω;

(3) Ω 和 ω 有什么关系?

(4) 当 $T_s = 0.5$s 时,求 $x(n)$ 的数字频率 ω;

(5) 试画出与(2)(4)对应的序列 $x(n)$, 有什么发现吗?

4.3 对三个正弦信号 $x_1(t) = \cos 2\pi t$, $x_2(t) = \cos 6\pi t$, $x_3(t) = \cos 10\pi t$ 进行理想采样,采样频率为 $\Omega_s = 8\pi$。试求三个采样输出序列,比较这三个结果,画出波形 $x_1(t)$, $x_2(t)$ 和 $x_3(t)$ 及采样点位置并解释频谱混淆现象。

4.4 一个理想采样系统,采样频率为 $\Omega_s = 8\pi$, 采样后经理想低通 $G(j\Omega)$ 还原:

$$G(j\Omega) = \begin{cases} \dfrac{1}{4} & |\Omega| \leq 4\pi \\ 0 & |\Omega| > 4\pi \end{cases}$$

现有两个输入信号,分别为 $x_1 = \cos(2\pi t)$, $x_2 = \cos(5\pi t)$,问输出信号 $y_1(t)$, $y_2(t)$ 有没有失真? 如果有,是什么失真?

4.5 连续信号 $x_a(t) = \cos(2\pi f_0 + \varphi)$,式中 $f_0 = 20\text{Hz}$, $\varphi = \dfrac{\pi}{2}$。

(1) 求 $x_a(t)$ 的周期;

(2) 用采样间隔 $T = 0.02\text{s}$ 对 $x_a(t)$ 进行采样,写出采样信号 $x_s(t)$ 的表达式;

(3) 画出 $x_s(t)$ 对应的序列 $x(n)$,并求出 $x(n)$ 的周期。

4.6 已知一个连续时间信号 $f(t) = \sin(3\pi f_0 t) + \dfrac{1}{4}\cos(6\pi f_0 t)$, $f_0 = 1\text{Hz}$,取最高有限带宽频率 $f_m = 4 f_0$。分别显示原连续时间信号波形和 $F_s > 2 f_m$, $F_s = 2 f_m$, $F_s < 2 f_m$ 三种情况下抽样信号的波形,并给出每种波形对应的幅度谱。

4.7 过滤限带的模拟数据时,常采用数字滤波器,如图所示,图中 T 表示采样周期(假设 T 足够小,足以防止混叠效应),把从 $x(t)$ 到 $y(t)$ 的整个系统等效为一个模拟滤波器。

(1) 如果 $h(n)$ 截止于 $\dfrac{\pi}{8}\text{rad}$, $\dfrac{1}{T} = 10\text{kHz}$,求整个系统的截止频率。

(2) 对于 $\dfrac{1}{T} = 20\text{kHz}$,重复(1)的计算。

$x(t)$ → 采样 T → $x(n)$ → $h(n)$ → $y(n)$ → D/A → 理想低通 $\omega_c = \pi/T$ → $y(t)$

4.8 若连续时间信号为 $x(t) = \sin(\Omega_0 t)$, $-\infty < t < \infty$,用采样频率 3000Hz 对之采样,得到序列 $x(n) = \sin(\dfrac{\pi}{3}n)$, $-\infty < n < \infty$,写出 Ω_0 的若干个可能的值。

第 5 章 离散傅里叶变换(DFT)

前面章节介绍了离散时间序列、线性移不变系统的表示、序列的傅里叶变换和 Z 变换。对于有限长离散时间序列,存在另一种形式的傅里叶变换——离散傅里叶变换(DFT)。DFT 的结果也是一个有限长度的离散序列,它对应于序列的傅里叶变换在频域的等间隔采样。DFT 实现了频谱的离散化。此外,DFT 存在快速算法(FFT),在实现各种数字信号处理算法时起着核心作用。本章就 DFT 变换做详细讨论。

学习要求:掌握周期序列的定义及周期序列与有限长序列的转换关系;掌握离散傅里叶级数定义及性质;掌握频域采样定理;掌握离散傅里叶变换的定义、物理意义及对称性质,会利用离散傅里叶变换分析信号频谱。

5.1 周期序列

5.1.1 周期序列定义

若无限长序列 $\tilde{x}(n)$ 满足以下关系:

$$\tilde{x}(n) = \tilde{x}(n + kN) \tag{5.1.1}$$

其中,N 为正整数,k 为任意整数,$\tilde{x}(n)$ 称为周期序列,周期为 N。

注意 N 的任意整数倍,亦是 $\tilde{x}(n)$ 的周期。

由于 n 和 N 都是整数,与连续函数的周期性相比,离散序列的周期性问题具有特殊性。例如:正弦序列 $x(n) = A \cdot \sin(\omega n)(-\infty < n < +\infty)$,不一定是周期序列。若 $\dfrac{2\pi}{\omega} = \dfrac{p}{q}$,$p$、$q$ 为整数,即 p/q 为有理数时,$\sin(\omega n)$ 为周期序列,周期为 p。

注意 周期序列不满足 Z 变换和傅里叶变换的收敛条件,因此不能对周期序列进行 Z 变换和傅里叶变换。

例如:$x(n) = 1(-\infty \leqslant n \leqslant \infty)$,即 $x(n) = u(n) + u(-n-1)$,对其做 Z 变换,可以得到:

$$X(z) = \frac{1}{1-z^{-1}} - \frac{1}{1-z^{-1}} = 0, 结果无意义$$

再如：$x(n) = \sum_{r=-\infty}^{\infty} \delta(n-rN)$，对其做 Z 变换，可以得到：

$$X(z) = \sum_{n=-\infty}^{\infty} \sum_{r=-\infty}^{\infty} \delta(n-rN) z^{-n} = \sum_{r=-\infty}^{\infty} z^{-rN}, 求和不收敛$$

在离散傅里叶变换中应用最广泛的系数 $W_N^{kn} = e^{-j\frac{2\pi}{N}kn}$ 为周期序列。其性质如下：

(1) 周期性

$$W_N^{kn} = W_N^{k(n+N)} = W_N^{(k+N)n}，为 k 和 n 的周期函数 \tag{5.1.2}$$

(2) 对称性

$$W_N^{-kn} = (W_N^{kn})^* = W_N^{(N-k)n} = W_N^{k(N-n)} \tag{5.1.3}$$

(3) 正交性

$$\sum_{n=0}^{N-1} W_N^{kn} = N \sum_{r=-\infty}^{\infty} \delta(k-rN) \tag{5.1.4}$$

或

$$\sum_{k=0}^{N-1} W_N^{kn} = N \sum_{r=-\infty}^{\infty} \delta(n-rN) \tag{5.1.5}$$

式 (5.1.5) 可以证明如下：

$$\frac{1}{N} \sum_{k=0}^{N-1} W_N^{kn} = \frac{1}{N} \sum_{k=0}^{N-1} e^{-j\frac{2\pi}{N}kn} = \frac{1}{N} \frac{1-e^{-j\frac{2\pi}{N}nN}}{1-e^{-j\frac{2\pi}{N}n}} = \frac{1}{N} \frac{1-e^{-j2\pi n}}{1-e^{-j\frac{2\pi}{N}n}}$$

$$= \begin{cases} 1 & n = rN \\ 0 & n \neq rN \end{cases} = \sum_{r=-\infty}^{\infty} \delta(n-rN)$$

周期序列 $\tilde{x}(n)$ 在整个 $-\infty \leq n \leq \infty$ 范围内是周而复始、永不衰减的。其中任何连续的 N 个样本值都足以表征整个序列的特征，所以对周期序列一个周期内所包含的信息进行分析，可以实现对整个序列的处理。定义 $0 \leq n \leq N-1$ 区间为主值区间，相应的主值区间内的 N 个样本组成的有限长序列称为主值序列，记作：

$$x(n) = \tilde{x}(n), 0 \leq n \leq N-1 \tag{5.1.6}$$

5.1.2 有限长序列和周期序列

1. 周期序列 $\tilde{x}(n)$ 取主值可以得到有限长序列 $x(n)$

设 $\tilde{x}(n)$ 是周期为 N 的序列，$x(n)$ 为 $\tilde{x}(n)$ 的主值序列，即存在如下关系：

$$x(n) = \tilde{x}(n) R_N(n) \tag{5.1.7}$$

其中

$$R_N(n) = \begin{cases} 1 & 0 \leq n \leq N-1 \\ 0 & 其他 \end{cases}$$

有限长序列与周期序列的关系如图 5.1.1 所示。

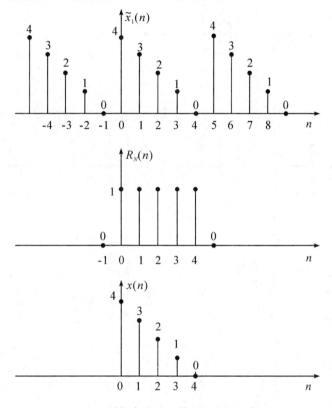

图 5.1.1 周期序列取主值得到有限长序列

2. 有限长序列 $x(n)$ 周期延拓可以得到周期序列 $\tilde{X}(n)$

对于有限长序列 $x(n)$（$0 \leq n \leq M-1$），对 $x(n)$ 以 N 为周期进行周期延拓，可以得到周期序列 $\tilde{x}(n)$，记作：

$$\tilde{x}(n) = \sum_{r=-\infty}^{+\infty} x(n+rN) \tag{5.1.8}$$

若周期序列 $\tilde{x}(n)$ 的主值序列记为 $x_1(n)$，即存在如下关系：

$$x_1(n) = \tilde{x}(n)R_N(n)$$

如果 $N \geq M$，$x_1(n) = x(n)$，无混叠；

$N < M < 2N$，$x_1(n) \begin{cases} \neq x(n) & 0 \leq n \leq M-N-1 \\ = x(n) & M-N \leq n \leq N-1 \end{cases}$，部分混叠；

$M \geq 2N$，全部混叠。

例如：将有限长序列 $x(n) = 6-n$（$0 \leq n \leq 5$）分别以周期 6、8、4 进行周期延拓得到相应的周期序列，如图 5.1.2 所示。

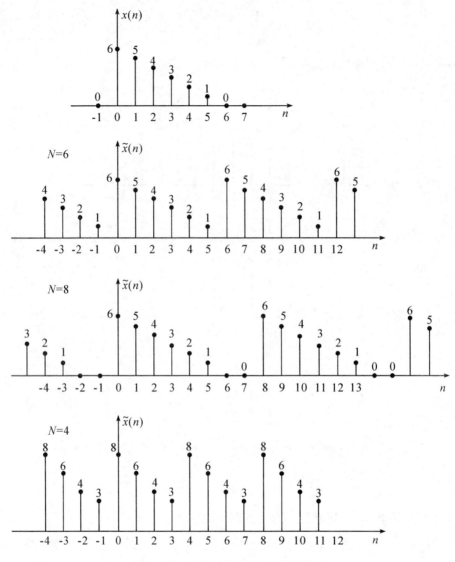

图 5.1.2 有限长序列延拓为周期序列

此外,周期序列 $\tilde{x}(n)$ 也可以表示为 $x((n))_N$,其中 $((n))_N$ 表示运算关系:n 对 N 取余数(求模)。

对于有限长序列 $x(n)$,$\tilde{x}_1(n) = \sum_{r=-\infty}^{+\infty} x(n+rN)$ 和 $\tilde{x}_2(n) = x((n))_N$ 同样表示由 M 点有限长序列 $x(n)$ 以 N 为周期进行周期延拓得到的周期序列。当 $N \geq M$ 时,$\tilde{x}_1(n) = \tilde{x}_2(n)$,当 $N < M$ 时,$\tilde{x}_1(n) \neq \tilde{x}_2(n)$。

注意当 $N < M$ 时,以 $N < M < 2N$ 为例,两种周期延拓的区别如图 5.1.3 所示。

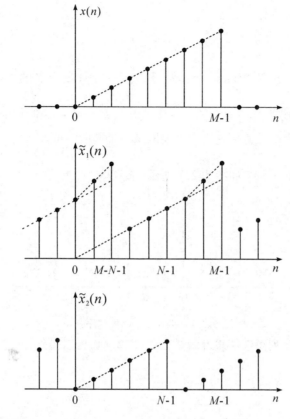

图 5.1.3　$N < M < 2N$ 时两种周期延拓表示方法的区别

5.2　离散傅里叶级数(DFS)

周期信号的基本数学表示是傅里叶级数。对于连续的周期函数 $x(t)$，可以用傅里叶级数展开的形式表示其功率的频谱分布，对于离散的周期序列 $\tilde{x}(n)$，也可以用周期为 N 的复指数序列 W_N^{kn} 来表示，即离散傅里叶级数(DFS)。

5.2.1　离散傅里叶级数

一个周期为 N 的周期序列 $\tilde{x}(n)$ 有 N 个独立值，其离散傅里叶级数 $\tilde{X}(k)$ 也只有 N 个独立分量。一个周期为 N 的周期序列 $\tilde{x}(n)$ 和离散傅里叶级数 $\tilde{X}(k)$ 的变换对表示为：

$$\tilde{X}(k) = \text{DFS}[\tilde{x}(n)] = \sum_{n=0}^{N-1} \tilde{x}(n) e^{-j\frac{2\pi}{N}kn} = \sum_{n=0}^{N-1} \tilde{x}(n) W_N^{kn} \quad (5.2.1)$$

$$\tilde{x}(n) = \text{IDFS}[\tilde{X}(k)] = \frac{1}{N}\sum_{k=0}^{N-1} \tilde{X}(k) e^{j\frac{2\pi}{N}kn} = \frac{1}{N}\sum_{k=0}^{N-1} \tilde{X}(k) W_N^{-kn} \quad (5.2.2)$$

为了方便,定义如下记号:

$$W_N = e^{-j\frac{2\pi}{N}} \tag{5.2.3}$$

显然,离散傅里叶级数 $\tilde{X}(k)$ 在频域上仍然是一个周期为 N 的周期序列。尽管离散傅里叶级数变换对的求和限 $0 \leqslant n \leqslant N-1$ 或 $0 \leqslant k \leqslant N-1$,但是由于 $\tilde{X}(k)$、$\tilde{x}(n)$ 和 W_N^{nk} 具有周期性,所以在实际应用中只要取满一个周期即可。

【例 5.2.1】 已知 $\tilde{x}(n)$ 如图 5.2.1 所示,求 $\mathrm{DFS}[\tilde{x}(n)] = \tilde{X}(k)$。

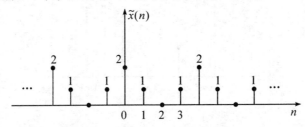

图 5.2.1　例 5.2.1 的周期序列

【解】根据周期序列离散傅里叶级数公式(5.2.1),可以得到:

$$\tilde{X}(k) = \sum_{n=0}^{N-1} \tilde{x}(n) e^{-j\frac{2\pi}{N}kn} = 2 + e^{-j\frac{2\pi}{4}k} + e^{-j\frac{2\pi}{4}3k}$$

$$= 2 + 2e^{-j\pi k}\left(\frac{e^{j\frac{\pi}{2}k} + e^{-j\frac{\pi}{2}k}}{2}\right)$$

$$= 2 + 2 \cdot (-1)^k \cos\frac{\pi}{2}k$$

离散傅里叶级数的波形如图 5.2.2 所示。

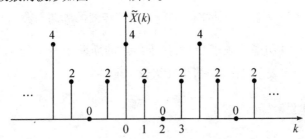

图 5.2.2　例 5.2.1 序列的离散傅里叶级数

5.2.2　DFS 的性质

1. 线性

若 $\tilde{x}(n)$,$\tilde{y}(n)$ 都是周期为 N 的周期序列,记 $\mathrm{DFS}[\tilde{x}(n)] = \tilde{X}(k)$,$\mathrm{DFS}[\tilde{y}(n)] = \tilde{Y}(k)$,存在以下关系:

$$\text{DFS}[a\tilde{x}(n) + b\tilde{y}(n)] = a\tilde{X}(k) + b\tilde{Y}(k) \tag{5.2.4}$$

其中,a 和 b 为任意常数。

若 $\tilde{x}(n)$ 和 $\tilde{y}(n)$ 周期不同,可以取两者周期的最小公倍数作为周期,再引用线性性质。

2. 时域移位

若 $\text{DFS}[\tilde{x}(n)] = \tilde{X}(k)$,则

$$\text{DFS}[\tilde{x}(n+m)] = \tilde{X}(k) W_N^{-km} \tag{5.2.5}$$

其中,m 为任意整数。

【证明】根据式(5.2.1),可以得到:

$$\text{DFS}[\tilde{x}(n+m)] = \sum_{n=0}^{N-1} \tilde{x}(n+m) W_N^{kn}$$

$$= \sum_{n'=m}^{N+m-1} \tilde{x}(n') W_N^{k(n'-m)}$$

$$= \tilde{X}(k) W_N^{-km}$$

3. 频域移位

若 $\text{DFS}[\tilde{x}(n)] = \tilde{X}(k)$,则

$$\text{IDFS}[\tilde{X}(k+l)] = \tilde{x}(n) W_N^{nl} \tag{5.2.6}$$

其中,l 为任意整数。

【证明】根据式(5.2.2),可以得到:

$$\text{IDFS}[\tilde{X}(k+l)] = \frac{1}{N} \sum_{k=0}^{N-1} \tilde{X}(k+l) W_N^{-kn}$$

$$= \frac{1}{N} \sum_{k'=0}^{N-1} \tilde{X}(k') W_N^{-(k'-l)n}$$

$$= \tilde{x}(n) W_N^{ln}$$

注意 对于任何大于周期的位移 m 和 l($m \geq N, l \geq N$,左移),或者位移小于零($m < 0, l < 0$),如果 $m' = m[\text{mod}N]$, $l' = l[\text{mod}N]$,则位移 m 和 m',l 和 l' 是不能区分的,也就是说序列的移位存在模糊性。

4. 对偶性

若 $\text{DFS}[\tilde{x}(n)] = \tilde{X}(k)$,则

$$\text{DFS}[\tilde{x}(n)] = N\tilde{X}(-k) \tag{5.2.7}$$

【证明】 根据式(5.2.1),可以得到:

$$\text{DFS}[\tilde{x}(n)] = \sum_{n=0}^{N-1} \tilde{x}(n) W_N^{kn}$$

$$= \sum_{n=0}^{N-1} \left[\sum_{m=0}^{N-1} \tilde{x}(m) W_N^{mn} \right] W_N^{kn}$$

$$= \sum_{m=0}^{N-1} \tilde{x}(m) \left[\sum_{n=0}^{N-1} W_N^{mn} W_N^{kn} \right]$$

$$= \sum_{m=0}^{N-1} \tilde{x}(m) N \delta(m+k)$$

$$= N \tilde{X}(-k)$$

5.2.3 周期卷积

对于周期序列 $\tilde{x}(n)$ 和 $\tilde{y}(n)$ 而言,离散卷积(线性卷积)为 $\tilde{x}(n) * \tilde{y}(n)$,求和不收敛,两个序列不能进行线性卷积运算,因此定义周期卷积。

1. 定义

若 $\tilde{x}(n)$ 和 $\tilde{y}(n)$ 都是周期为 N 的周期序列,两者的周期卷积定义为:

$$\tilde{w}(n) = \sum_{m=0}^{N-1} \tilde{x}(m) \tilde{y}(n-m) \tag{5.2.8}$$

可以看出, $\tilde{w}(n)$ 也是周期为 N 的序列。

注意

(1)做周期卷积的两个序列周期必须一致,当两者周期不等时,可以取其最小公倍数。

(2)定义中的求和限为 $0 \leqslant n \leqslant N-1$ 或 $0 \leqslant k \leqslant N-1$,但实际应用中只要取满一个周期即可。

2. 周期卷积定理

若 $\tilde{x}(n)$ 和 $\tilde{y}(n)$ 都是周期为 N 的序列,且 $\text{DFS}[\tilde{x}(n)] = \tilde{X}(k)$, $\text{DFS}[\tilde{y}(n)] = \tilde{Y}(k)$

(1)若 $\tilde{W}(k) = \tilde{X}(k) \tilde{Y}(k)$,则有:

$$\tilde{w}(n) = \text{IDFS}[\tilde{W}(k)] = \text{IDFS}[\tilde{X}(k) \tilde{Y}(k)] = \sum_{m=0}^{N-1} \tilde{x}(m) \tilde{y}(n-m)$$

$$\tag{5.2.9}$$

(2)若 $\tilde{w}(n) = \tilde{x}(n) \tilde{y}(n)$,则有:

$$\widetilde{W}(k) = \mathrm{DFS}[\widetilde{w}(n)] = \mathrm{DFS}[\widetilde{x}(n)\widetilde{y}(n)] = \frac{1}{N}\sum_{l=0}^{N-1}\widetilde{X}(l)\widetilde{Y}(k-l)$$

(5.2.10)

【证明】(1)根据式(5.2.2),可以得到:

$$\widetilde{w}(n) = \mathrm{IDFS}[\widetilde{W}(k)] = \mathrm{IDFS}[\widetilde{X}(k)\widetilde{Y}(k)] = \frac{1}{N}\sum_{k=0}^{N-1}\widetilde{X}(k)\widetilde{Y}(k)W_N^{-kn}$$

$$= \frac{1}{N}\sum_{k=0}^{N-1}\left[\sum_{m=0}^{N-1}\widetilde{x}(m)W_N^{km}\right]\widetilde{Y}(k)W_N^{-kn} = \sum_{m=0}^{N-1}\widetilde{x}(m) \cdot \frac{1}{N}\sum_{k=0}^{N-1}\widetilde{Y}(k)W_N^{-k(n-m)}$$

$$= \sum_{m=0}^{N-1}\widetilde{x}(m)\widetilde{y}(n-m)$$

(2)根据式(5.2.1),可以得到:

$$\widetilde{W}(k) = \mathrm{DFS}[\widetilde{w}(n)] = \mathrm{DFS}[\widetilde{x}(n)\widetilde{y}(n)] = \sum_{n=0}^{N-1}\widetilde{x}(n)\widetilde{y}(n)W_N^{kn}$$

$$= \sum_{n=0}^{N-1}\left[\frac{1}{N}\sum_{l=0}^{N-1}\widetilde{X}(l)W_N^{-ln}\right]\widetilde{y}(n)W_N^{kn} = \frac{1}{N}\sum_{l=0}^{N-1}\widetilde{X}(l)\sum_{n=0}^{N-1}\widetilde{y}(n)W_N^{(k-l)n}$$

$$= \frac{1}{N}\sum_{l=0}^{N-1}\widetilde{X}(l)\widetilde{Y}(k-l)$$

3. 周期卷积运算过程

周期卷积的运算过程同线性卷积一样,包括反转、移位、相乘、求和四个步骤。不同的是周期卷积的求和是在一个周期内完成,因此只要求出一个周期内的卷积值$w(n)$($0 \leq n \leq N-1$),再将其以N为周期进行周期延拓就可以得到周期卷积$\widetilde{w}(n)$。

【例5.2.2】将如图5.2.3所示的序列$\widetilde{x}(n)$和$\widetilde{y}(n)$进行周期卷积,两个序列的周期均为$N = 7$。

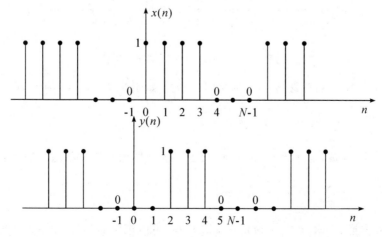

图5.2.3 例5.2.2的两序列波形

【解】(1)按照周期卷积公式(5.2.9),将不反转的序列 $\tilde{x}(n)$ 取一个周期 $0 \leqslant m \leqslant N-1$,如图 5.2.4 所示。

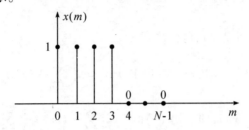

图 5.2.4　$\tilde{x}(n)$ 的主值序列

(2)然后将待反转的序列取两个周期,如图 5.2.5 所示。

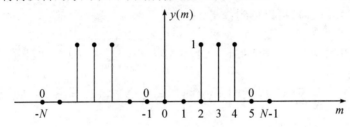

图 5.2.5　$\tilde{y}(n)$ 两个周期序列

(3)反转后得 $\tilde{y}(-m)$,如图 5.2.6 所示,与 $x(m)$ 对应相乘求和得到 $\tilde{w}(0) = \sum_{m=0}^{N-1} \tilde{x}(m) \tilde{y}(0-m) = 1$。

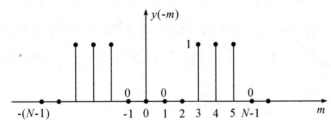

图 5.2.6　$\tilde{y}(n)$ 两个周期序列反转

(4)将 $\tilde{y}(-m)$ 向右移一位得到 $\tilde{y}(1-m)$,如图 5.2.7 所示,与 $x(m)$ 对应相乘求和得到 $\tilde{w}(1) = \sum_{m=0}^{N-1} \tilde{x}(m) \tilde{y}(1-m) = 0$。

(5)将 $\tilde{y}(1-m)$ 向右移一位得到 $\tilde{y}(2-m)$,如图 5.2.8 所示,与 $x(m)$ 对应相乘求和得到 $\tilde{w}(2) = \sum_{m=0}^{N-1} \tilde{x}(m) \tilde{y}(2-m) = 1$。

(6)依此类推,作出 $\tilde{y}(n-m)$,$3 \leqslant n \leqslant 6$,可以求出 $w(n)$,如图 5.2.9 所示。

(7)将 $w(n)$ 以 N 为周期进行周期延拓,可以得到周期卷积 $\tilde{w}(n)$,如图 5.2.10 所示。

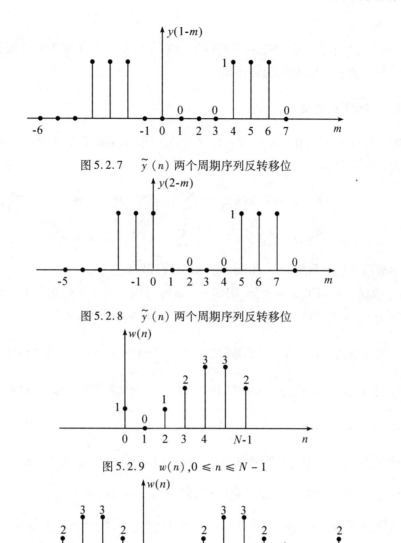

图 5.2.7　$\tilde{y}(n)$ 两个周期序列反转移位

图 5.2.8　$\tilde{y}(n)$ 两个周期序列反转移位

图 5.2.9　$w(n), 0 \leq n \leq N-1$

图 5.2.10　周期序列 $\tilde{w}(n)$

5.3　离散傅里叶变换(DFT)

在对周期序列 $\tilde{x}(n)$ 做 DFS 时,仅用到了 $\tilde{x}(n)$ ($0 \leq n \leq N-1$),即 $\tilde{x}(n)$ 的主值序列。联系本章第 1 节中介绍的周期序列与有限长序列的关系,可以发现周期序列和它的主值序列是一一对应的,他们相互之间的表示是等效的。令周期序列 $\tilde{x}(n)$ 的主值序列为 $x(n)$,即 $x(n) = \tilde{x}(n)R_N(n)$。

将 $x(n)$ 作为一有限长序列,考虑它的离散傅里叶表示形式以及该离散傅里叶表示

形式与 $\tilde{X}(k)$ 之间的关系,可以从周期序列 $\tilde{X}(k)$ 取出一个周期作为有限长序列 $x(n)$ 的离散傅里叶表示,即离散傅里叶变换(DFT)。

5.3.1 DFT 的定义

有限长序列 $x(n)$($0 \leq n \leq N-1$)和离散傅里叶变换 $X(k)$($0 \leq k \leq N-1$),它们之间存在如下关系:

$$X(k) = \text{DFT}[x(n)] = \sum_{n=0}^{N-1} x(n) W_N^{kn}, 0 \leq k \leq N-1 \quad (5.3.1)$$

$$x(n) = \text{IDFT}[X(k)] = \frac{1}{N} \sum_{k=0}^{N-1} X(k) W_N^{-kn}, 0 \leq n \leq N-1 \quad (5.3.2)$$

对照离散周期序列的 DFS、IDFS 变换对,可以得到:

$$X(k) = \text{DFT}[x(n)] = \text{DFS}[x((n))_N] R_N(k) = \tilde{X}((k))_N R_N(k) \quad (5.3.3)$$

$$x(n) = \text{IDFT}[X(k)] = \text{IDFS}[X((k))_N] R_N(n) = \tilde{x}((n))_N R_N(n) \quad (5.3.4)$$

如果将有限长序列 $x(n)$ 看成是周期序列 $\tilde{x}(n) = x((n))_N$ 的主值序列,且 $\tilde{X}(k)$ 为周期序列 $\tilde{x}(n)$ 的离散傅里叶级数 DFS,则 $x(n)$ 的离散傅里叶变换 $X(k)$ 为 $\tilde{X}(k)$ 的主值序列,即 $\tilde{X}(k) = X((k))_N$。

类似地,若 $\tilde{x}(n)$ 是主值序列为 $X(k)$ 的周期序列 $\tilde{X}(k)$ 的 IDFS,那么 $X(k)$ 的离散傅里叶反变换 $x(n)$ 为 $\tilde{x}(n)$ 的主值序列,即 $\tilde{x}(n) = x((n))_N$。

周期序列 $\tilde{x}(n)$ 和有限长序列 $x(n)$、离散傅里叶级数 DFS 和离散傅里叶变换 DFT 之间的关系如图 5.3.1 所示。

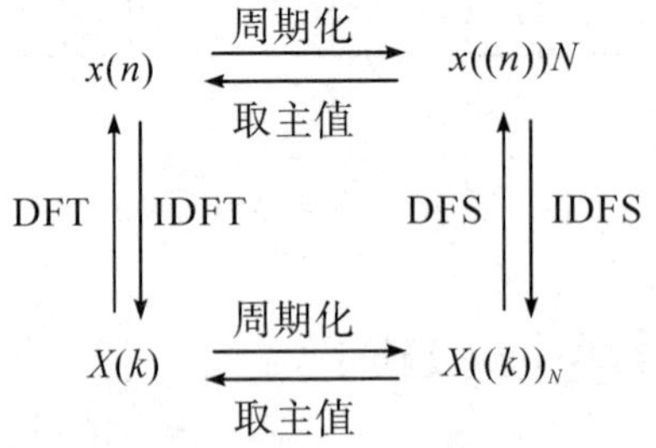

图 5.3.1 有限长序列、周期序列、DFS 及其 DFT 关系图

【例 5.3.1】已知序列 $x(n) = R_N(n)$,求 N 点 $\text{DFT}[x(n)] = X(k)$。

【解】根据式(5.3.1),可以得到:

$$X(k) = \text{DFT}[x(n)] = \sum_{n=0}^{N-1} x(n) W_N^{kn} R_N(k)$$

$$= \sum_{n=0}^{N-1} W_N^{kn} R_N(k) = N \sum_{r=-\infty}^{\infty} \delta(k - rN) R_N(k)$$

$$= \begin{cases} N & k = 0 \\ 0 & k = 1, \cdots, N-1 \end{cases}$$

$$= N\delta(k)$$

【例 5.3.2】 已知序列 $x(n) = R_N(n)$，求 $2N$ 点 $\mathrm{DFT}[x(n)] = X(k)$。

【解】 根据式(5.3.1)，可以得到：

$$X(k) = \mathrm{DFT}[x(n)] = \sum_{n=0}^{2N-1} x(n) W_{2N}^{kn} R_{2N}(k) = \sum_{n=0}^{N-1} W_{2N}^{kn} R_{2N}(k)$$

$$= \frac{1 - W_{2N}^{kN}}{1 - W_{2N}^{k}} R_{2N}(k) = \frac{1 - \mathrm{e}^{-\mathrm{j}\frac{2\pi}{2N}kN}}{1 - \mathrm{e}^{-\mathrm{j}\frac{2\pi}{2N}k}} R_{2N}(k) = \frac{1 - (-1)^k}{1 - W_{2N}^{k}} R_{2N}(k)$$

$$= \begin{cases} N & k = 0 \\ \dfrac{2}{1 - W_{2N}^{k}} & k \text{ 为奇数，且 } 0 < k \leqslant 2N - 1 \\ 0 & \text{其余 } k \end{cases}$$

【例 5.3.3】 已知序列 $x(n)$ 表达式如下，求 $2N$ 点 $\mathrm{DFT}[x(n)] = X(k)$。

$$x(n) = \begin{cases} 1 & n = 0, 2, 4, \cdots, 2N - 2 \\ 0 & \text{其余 } n \end{cases}$$

【解】 根据式(5.3.1)，可以得到：

$$X(k) = \sum_{n=0}^{2N-1} x(n) W_{2N}^{kn} R_{2N}(k) = \sum^{2N-1} W_{2N}^{kn} R_{2N}(k)$$

$$= (1 + W_{2N}^{2k} + W_{2N}^{4k} + \cdots + W_{2N}^{2(N-1)k}) R_{2N}(k)$$

$$= \sum_{n=0}^{N-1} W_N^{kn} R_{2N}(k) = N \sum_{r=-\infty}^{\infty} \delta(k + rN) \cdot R_{2N}(k)$$

$$= \begin{cases} N & k = 0, N \\ 0 & \text{其余 } k \end{cases} = N\delta(k) + N\delta(k - N)$$

5.3.2 DFT 的性质

1. 线性性质

若序列 $x(n)$ 和 $y(n)$ 的 N 点离散傅里叶变换为 $\mathrm{DFT}[x(n)] = X(k)$，$\mathrm{DFT}[y(n)] = Y(k)$，则有以下关系成立：

$$\mathrm{DFT}[ax(n) + by(n)] = aX(k) + bY(k) \tag{5.3.5}$$

式中，a 和 b 为常数。

注意 $x(n)$ 和 $y(n)$ 的 DFT 点数必须一致。

2. 圆周移位性

(1)定义：若序列 $f(n)$ ($0 \leq n \leq N-1$) 与 $x(n)$ ($0 \leq n \leq N-1$) 之间满足以下关系：

$$f(n) = x((n+m))_N \cdot R_N(n) \tag{5.3.6}$$

则 $f(n)$ 为 $x(n)$ 经圆周移位以后形成的序列，其中 $m<0$ 表示圆周右移，$m>0$ 表示圆周左移。N 点序列的圆周移位等价于它的周期延拓的线性移位。

注意 $x(n)$ 与 $f(n)$ 定义的区间必须相同。

(2)圆周移位的实现方法。

① 火柴图表示法。

$$x(n) \xrightarrow{\text{周期化}} x((n))_N \xrightarrow{\text{移位}} x((n+m))_N \xrightarrow{\text{取主值}} x((n+m))_N \cdot R_N(n) = f(n)$$

【例 5.3.4】已知序列 $x(n)$ 如图 5.3.2 所示，求 $f(n) = x((n-2))_8 \cdot R_8(n)$。

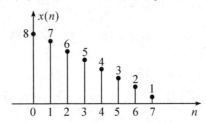

图 5.3.2　序列 $x(n)$ 图示

【解】(1) 将序列 $x(n)$ 以 8 为周期进行周期延拓形成周期序列 $x((n))_8$，如图 5.3.3 所示。

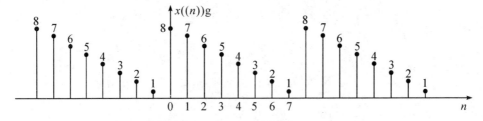

图 5.3.3　序列 $x(n)$ 延拓成周期序列

(2) 将周期序列 $x((n))_8$ 移位，如图 5.3.4 所示。

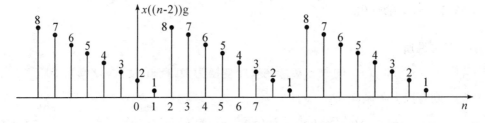

图 5.3.4　周期序列 $x((n))_8$ 移位

(3) 移位以后的周期序列取主值区间，得到 $f(n)$，如图 5.3.5 所示。

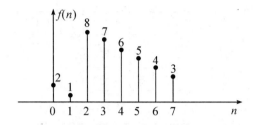

图 5.3.5 周期序列取主值

② 圆周图表示法。在圆周图上，离散序列的标号 $1, 2, \cdots, N-1$ 按逆时针方向等间隔地排列在圆周上。按一般的习惯，逆时针方向是角度增大的方向，因此按逆时针方向由小到大依次排列序列的标号。将序列标号写在圆周内，对应的序列值写在圆周外。

在圆周图上（图 5.3.6），序列的圆周移位表现为圆周的转动。如果 $m < 0$，序列圆周右移，圆周图逆时针方向转动 m 格；如果 $m > 0$，序列圆周左移，圆周图顺时针方向转动 m 格。

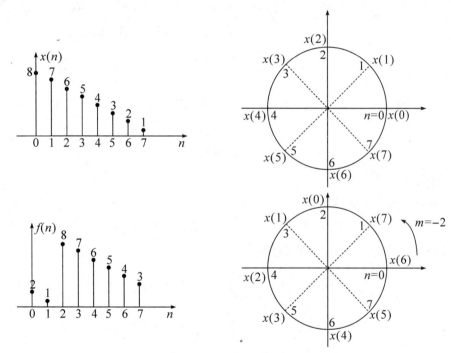

图 5.3.6 圆周图法求解圆周移位

③ 简洁的寄存器表示法。长度为 N 的有限长序列，对应一个具有 N 个存储单元的寄存器，在存储单元中从左到右依次填入序列的值。

序列圆周移位的操作：如果 $m < 0$，序列圆周右移，寄存器中内容右移 m 格，右边移出的内容从左边依次移入；如果 $m > 0$，序列圆周左移，寄存器中内容左移 m 格，左边移出的内容从右边依次移入。如图 5.3.7 所示。可以看出，寄存器表示法比火柴图表示法、圆周图表示法都简单，且易于实施。

图 5.3.7 寄存器方法求解圆周移位

(3)圆周移位定理。若 $\text{DFT}[x(n)] = X(k)$，则

$$\text{DFT}[f(n)] = \text{DFT}[x((n+m))_N \cdot R_N(n)] = W_N^{-mk} X(k) \quad (5.3.7)$$

$$\text{IDFT}[F(k)] = \text{IDFT}[X((k+l))_N \cdot R_N(k)] = W_N^{nl} x(n) \quad (5.3.8)$$

【证明】根据式(5.3.1)，可以得到：

$$\text{DFT}[x((n+m))_N \cdot R_N(n)] = \text{DFS}[x((n+m))_N \cdot R_N(k)]$$
$$= W_N^{-mk} X((k))_N \cdot R_N(k)$$
$$= W_N^{-mk} X(k)$$

根据式(5.3.2)，可以得到：

$$\text{IDFT}[X((k+l))_N \cdot R_N(k)] = \text{IDFS}[X((k+l))_N \cdot R_N(n)]$$
$$= W_N^{nl} x((n))_N \cdot R_N(n)$$
$$= W_N^{nl} x(n)$$

4. 对偶性

若 $\text{DFT}[x(n)] = X(k)$，则

$$\text{DFT}[X(n)] = Nx[((-k))_N] R_N(k) \quad (5.3.9)$$

【证明】根据式(5.2.1)，可以得到：

$$\text{DFT}[X(n)] = \sum_{n=0}^{N-1} X(n) W_N^{kn} R_N(k)$$
$$= \sum_{n=0}^{N-1} \left[\sum_{m=0}^{N-1} x(m) W_N^{mn} \right] W_N^{kn} R_N(k)$$
$$= \sum_{m=0}^{N-1} x(m) \left[\sum_{n=0}^{N-1} W_N^{mn} W_N^{kn} \right] R_N(k)$$
$$= \sum_{m=0}^{N-1} x(m) N\delta(m+k) R_N(k)$$
$$= Nx[((-k))_N] R_N(k)$$

5. 圆周对称性

(1)圆周共轭对称序列 $x_{ep}(n)$ 和圆周共轭反对称序列 $x_{op}(n)$。在前面章节已经讨论过，对于任意序列 $x(n)$ ($-\infty \leq n \leq +\infty$)，可以分解成共轭对称序列 $x_e(n)$ 和共轭反对称序列 $x_o(n)$ 之和，即

$$x(n) = x_e(n) + x_o(n) \tag{5.3.10}$$

其中：$x_e(n) = x_e^*(-n)$，$x_e(n) = \frac{1}{2}[x(n) + x^*(-n)]$，为共轭对称序列；

$x_o(n) = -x_o^*(-n)$，$x_o(n) = \frac{1}{2}[x(n) - x^*(-n)]$，为共轭反对称序列。

同样，有限长度序列 $x(n)$（$0 \leq n \leq N-1$）可以表示为：

$$x(n) = x_{ep}(n) + x_{op}(n) \tag{5.3.11}$$

其中：$x_{ep}(n)$ 称为圆周共轭偶对称序列，满足关系式：

$$x_{ep}(n) = x_{ep}^*(N-n) \tag{5.3.12}$$

$x_{ep}(n)$ 可以通过下式求取：

$$x_{ep}(n) = \frac{1}{2}[x(n) + x^*(N-n)] \tag{5.3.13}$$

$x_{op}(n)$ 称为圆周共轭奇对称序列，满足关系式：

$$x_{op}(n) = -x_{op}^*(N-n) \tag{5.3.14}$$

$x_{op}(n)$ 可以通过下式求取：

$$x_{op}(n) = \frac{1}{2}[x(n) - x^*(N-n)] \tag{5.3.15}$$

注意 当 $x(n)$ 是实序列时，$x_{ep}(n)$ 关于 $N/2$ 偶对称（$n=0$ 除外），$x_{op}(n)$ 关于 $N/2$ 奇对称（$n=0$ 除外）。

(2) DFT 变换的对称性。假设一个 N 点序列 $x(n)$ 和它的离散傅里叶变换 $X(k)$ 都是复序列，该序列可以表示为：

$$x(n) = \text{Re}[x(n)] + j\text{Im}[x(n)] \tag{5.3.16}$$
$$x(n) = x_{ep}(n) + x_{op}(n)$$

同理，$X(k)$ 也可以表示为：

$$X(k) = \text{Re}[X(k)] + j\text{Im}[X(k)] \tag{5.3.17}$$
$$X(k) = X_{ep}(k) + X_{op}(k) \tag{5.3.18}$$

并且 $X(k)$ 满足以下关系式：

$$X_{ep}(k) = \frac{1}{2}[X(k) + X^*(N-k)] \tag{5.3.19}$$

$$X_{op}(k) = \frac{1}{2}[X(k) - X^*(N-k)] \tag{5.3.20}$$

$$X_{ep}(k) = X_{ep}^*(N-k) \tag{5.3.21}$$

$$X_{op}(k) = -X_{op}^*(N-k) \tag{5.3.22}$$

则序列 $x(n)$ 和其 DFT 的圆周对称性如下：

$$\text{DFT}[x_{ep}(n)] = \text{Re}[X(k)] \tag{5.3.23}$$

$$\text{DFT}[x_{op}(n)] = j\text{Im}[X(k)] \tag{5.3.24}$$

$$\text{DFT}\{\text{Re}[x(n)]\} = X_{ep}(k) \tag{5.3.25}$$

$$\text{DFT}\{j\text{Im}[x(n)]\} = X_{op}(k) \tag{5.3.26}$$

证明略。

为了方便查阅,DFT 的对称特性总结于表 5.3.1 中。

表 5.3.1 DFT 的对称性质

时域	频域
$x(n)$	$X(k)$
$x^*(n)$	$X^*(N-k)$
$x^*(N-n)$	$X^*(k)$
$\text{Re}[x(n)]$	$X_{ep}(k) = \frac{1}{2}[X(k) + X^*(N-k)]$
$j\text{Im}[x(n)]$	$X_{op}(k) = \frac{1}{2}[X(k) - X^*(N-k)]$
$x_{ep}(n) = \frac{1}{2}[x(n) + x^*(N-n)]$	$\text{Re}[X(k)]$
$x_{op}(n) = \frac{1}{2}[x(n) - x^*(N-n)]$	$j\text{Im}[X(k)]$
任意实信号 $x(n)$	$X(k) = X^*(N-k)$ $\text{Re}[X(k)] = \text{Re}[X(N-k)]$ $\text{Im}[X(k)] = -\text{Im}[X(N-k)]$ $\lvert X(k) \rvert = \lvert X(N-k) \rvert$ $\arg[X(k)] = -\arg[X(N-k)]$
$x_{ep}(n) = \frac{1}{2}[x(n) + x(N-n)]$	$\text{Re}[X(k)]$
$x_{op}(n) = \frac{1}{2}[x(n) - x(N-n)]$	$j\text{Im}[X(k)]$

6. 帕斯瓦尔定理

若 $\text{DFT}[x(n)] = X(k)$,$\text{DFT}[y(n)] = Y(k)$,则存在关系:

$$\sum_{n=0}^{N-1} x(n) y^*(n) = \frac{1}{N} \sum_{k=0}^{N-1} X(k) Y^*(k) \tag{5.3.27}$$

当 $x(n) = y(n)$ 时,上式可以简化为:

$$\sum_{n=0}^{N-1} \lvert x(n) \rvert^2 = \frac{1}{N} \sum_{k=0}^{N-1} \lvert X(k) \rvert^2 \tag{5.3.28}$$

【证明】根据式(5.3.1)和式(5.3.2),可以得到:

$$\sum_{n=0}^{N-1} x(n) y^*(n) = \sum_{n=0}^{N-1} x(n) \left(\frac{1}{N} \sum_{k=0}^{N-1} Y(k) W_N^{-kn} \right)^*$$

$$= \frac{1}{N} \sum_{k=0}^{N-1} Y^*(k) \sum_{n=0}^{N-1} x(n) W_N^{kn}$$

$$= \frac{1}{N} \sum_{k=0}^{N-1} X(k) Y^*(k)$$

在上式中,令 $x(n) = y(n)$,则 $X(k) = Y(k)$,因此可以得到:

$$\sum_{n=0}^{N-1} |x(n)|^2 = \frac{1}{N} \sum_{k=0}^{N-1} |X(k)|^2$$

5.4 有限长序列的圆周卷积

5.4.1 圆周卷积

1. 圆周卷积定义

两个有限长序列 $x(n)$ ($0 \leq n \leq N-1$) 和 $y(n)$ ($0 \leq n \leq N-1$),它们的 N 点圆周卷积定义为:

$$x(n) \otimes_N y(n) = \sum_{m=0}^{N-1} x(m) y((n-m))_N \cdot R_N(n) \tag{5.4.1}$$

同样,圆周卷积满足交换律,式(5.4.1)也可以记作:

$$x(n) \otimes_N y(n) = \sum_{m=0}^{N-1} y(m) x((n-m))_N \cdot R_N(n) \tag{5.4.2}$$

可以看出,N 点圆周卷积的结果也是长度为 N 的序列。

2. 圆周卷积定理

两个有限长序列 $x(n)$ ($0 \leq n \leq N-1$) 和 $y(n)$ ($0 \leq n \leq N-1$),它们的 N 点离散傅里叶变换分别为:

$$\mathrm{DFT}[x(n)] = X(k), \quad \mathrm{DFT}[y(n)] = Y(k)$$

(1) 如果

$$F(k) = X(k) Y(k)$$

那么

$$f(n) = \mathrm{IDFT}[F(k)] = x(n) \otimes_N y(n) = y(n) \otimes_N x(n) \tag{5.4.3}$$

(2) 如果

$$f(n) = x(n) y(n)$$

那么

$$F(k) = \mathrm{DFT}[f(n)] = \frac{1}{N} X(k) \otimes_N Y(k) = \frac{1}{N} Y(k) \otimes_N X(k) \tag{5.4.4}$$

【证明】(1) 根据离散傅里叶反变换定义式(5.3.2),可以得到:

$$f(n) = \mathrm{IDFT}[F(k)] = \mathrm{IDFT}[X(k) Y(k)] = \mathrm{IDFS}[X((k))_N Y((k))_N] \cdot R_N(n)$$

$$= \sum_{m=0}^{N-1} x((m))_N y((n-m))_N \cdot R_N(n) = \sum_{m=0}^{N-1} x(m) y((n-m))_N \cdot R_N(n)$$

$$= x(n) \otimes_N y(n) = y(n) \otimes_N x(n)$$

(2)根据离散傅里叶变换定义式(5.3.1),可以得到:

$$F(k) = \text{DFT}[f(n)] = \text{DFT}[x(n)y(n)] = \text{DFS}[x((n))_N y((n))_N] \cdot R_N(k)$$

$$= \frac{1}{N}\sum_{l=0}^{N-1} X((k-l))_N Y((l)) \cdot R_N(k) = \frac{1}{N}\sum_{l=0}^{N-1} X((k-l))_N Y(l) \cdot R_N(k)$$

$$= \frac{1}{N} X(k) \otimes_N Y(k) = \frac{1}{N} Y(k) \otimes_N X(k)$$

3. 圆周卷积求解

圆周卷积的求解方法同周期序列的周期卷积求解方法类似,圆周卷积的结果是周期卷积结果的主值序列。

(1)按照定义求解。按照圆周卷积的定义求解圆周卷积时,可以先将其中的一个有限长序列周期化,然后反转、圆周移位,和另外一个有限长序列对应相乘、相加。

【例 5.4.1】序列 $x(n)$ 和 $y(n)$ 图形如图 5.4.1 所示,求两个序列的 8 点圆周卷积 $f(n) = x(n) \otimes_8 y(n)$。

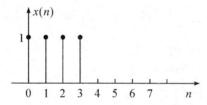
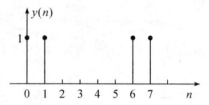

图 5.4.1 序列 $x(n)$ 和 $y(n)$ 图示

【解】按照圆周卷积的定义来求解:

$$f(n) = \sum_{m=0}^{N-1} x(m) y((n-m))_N \cdot R_N(n)$$

(1)将 $y(m)$ 以 8 为周期进行周期延拓:$y(m) \to y((m))_8$,如图 5.4.2 所示。

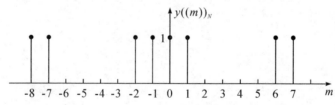

图 5.4.2 序列 $y(m)$ 周期延拓为 $y((m))_8$

(2)将 $y((m))_8$ 反转:$y((m))_8 \to y((-m))_8$,如图 5.4.3 所示,与 $x(n)$ 对应相乘,求和,可以得到 $f(0) = 3$。

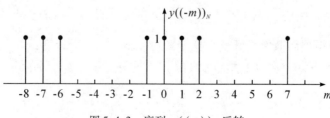

图 5.4.3 序列 $y((m))_8$ 反转

(3)将 $y((-m))_8$ 向右移动一位得到 $y((1-m))_8$，如图 5.4.4 所示，与 $x(n)$ 对应相乘，求和，可以得到 $f(1) = 4$。

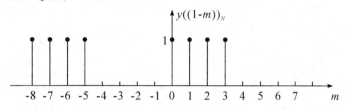

图 5.4.4　序列 $y((m))_8$ 反转移位

(4)将 $y((1-m))_N$ 向右移动一位得到 $y((2-m))_N$，如图 5.4.5 所示，与 $x(n)$ 对应相乘，求和，可以得到 $f(2) = 3$。

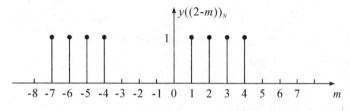

图 5.4.5　序列 $y((m))_8$ 反转移位

(5)对于 $3 \leqslant n \leqslant N-1$ 重复以上过程，可以得到 $f(n)$，如图 5.4.6 所示。

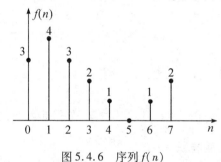

图 5.4.6　序列 $f(n)$

(2)在 N 等分圆周上求解圆周卷积，具体运算步骤如下：

①将不反转的 $x(n)$ 在 N 等分小圆周上逆时针（正角度旋转）方向排列；

②将要反转的 $y(n)$ 在 N 等分的大圆周上顺时针（负角度旋转）方向排列；

③内外圆周上的值对应相乘，求和，可以得到 $f(0) = \sum_{m=0}^{N-1} x(m)y((-m))_N = 3$；

④将大圆周 $y((-n))_N$ 逆时针旋转一格，可以得到 $y((1-n))_N$，再与对应的 $x(n)$ 相乘，求和，可以得到 $f(1) = 4$，如图 5.4.7 所示。

重复上述步骤，可以得到 $f(n)$，$2 \leqslant n \leqslant N-1$。

(3)实际应用中求解圆周卷积的方法。利用离散傅里叶变换求解圆周卷积的方法最为实用。因为离散傅里叶变换可以采用 FFT 快速算法来求解，所以利用 DFT 实现比时域直接计算效率更高。FFT 算法在第 6 章讲解。利用 DFT 求解圆周卷积的步骤如下：

①先求出两个序列的 DFT：$\mathrm{DFT}[x(n)] = X(k)$，$\mathrm{DFT}[y(n)] = Y(k)$；

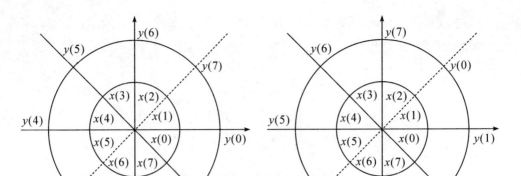

图 5.4.7　等分圆求解圆周卷积

②DFT 相乘：$F(k) = X(k)Y(k)$；

③求 IDFT：$f(n) = \text{IDFT}[F(k)] = x(n) \otimes_N y(n)$。

利用 DFT 求解圆周卷积的图示如图 5.4.8 所示。

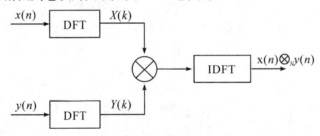

图 5.4.8　DFT 求解圆周卷积图示

5.4.2　圆周卷积与周期卷积

在 5.1 节已经知道，对于有限长序列 $x(n)$ 和 $y(n)$（$0 \leq n \leq M-1$），序列 $\tilde{x}(n) = x((n))_N$ 和 $\tilde{y}(n) = y((n))_N$ 为有限长序列 $x(n)$ 和 $y(n)$ 以 N 为周期延拓得到的周期序列，则 $\tilde{x}(n)$ 和 $\tilde{y}(n)$ 的周期卷积为：

$$\tilde{f}(n) = \sum_{m=0}^{N-1} x((m))_N y((n-m))_N = \sum_{m=0}^{M-1} x(m) y((n-m))_N$$

有限长序列 $x(n)$ 和 $y(n)$ 的 N 点圆周卷积为：

$$f(n) = \sum_{m=0}^{N-1} x((m))_N y((n-m))_N \cdot R_N(n) = \sum_{m=0}^{M-1} x(m) y((n-m))_N \cdot R_N(n)$$

比较两式可知，两个有限长序列的圆周卷积就是将它们周期延拓后做周期卷积的结果取主值，记作：

$$f(n) = \tilde{f}(n) R_N(n) \tag{5.4.5}$$

注意 圆周卷积的点数 N 一定要大于等于序列的有效长度 M，当序列的长度 M 小于 N 时，可以补零取足。

5.4.3 圆周卷积与线性卷积

对于有限长离散时间序列，存在两种卷积形式，线性卷积和圆周卷积。由圆周卷积定理可以知道，有限长序列的圆周卷积对应于 DFT 的相乘。由于 DFT 的实现存在快速算法，所以在计算圆周卷积时，一般先将待卷积序列做 DFT，然后再对 DFT 相乘后的结果做 IDFT，即可得到圆周卷积的结果。这样计算，在运算速度上具有较大的优越性。但是工程中常常遇到的问题却是线性卷积，比如离散时间信号通过线性移不变系统，输出信号 $y(n)$ 是输入信号 $x(n)$ 和系统单位取样响应 $h(n)$ 的线性卷积，即 $y(n) = x(n) * h(n)$，因此希望用圆周卷积来实现线性卷积，使得圆周卷积的结果与线性卷积一致。下面讨论如何实现，以及需要具备什么样的条件，圆周卷积才能代替线性卷积。

1. 圆周卷积与线性卷积的关系

两个有限长序列 $x(n)$（$0 \leq n \leq M-1$）和 $y(n)$（$0 \leq n \leq N-1$）的线性卷积为：

$$\begin{aligned} f(n) &= x(n) * y(n) \\ &= \sum_{m=-\infty}^{\infty} x(m) y(n-m) \\ &= \sum_{m=0}^{M-1} x(m) y(n-m) \end{aligned}$$

其中 $0 \leq n \leq N+M-2$，即线性卷积的结果 $f(n)$ 是一长度为 $L_1 = N+M-1$ 点的序列。

将 $x(n)$ 和 $y(n)$ 补零增长至 L 点序列，$L \geq \max[M,N]$，求两个序列的 L 点圆周卷积：

$$\begin{aligned} f_c(n) &= x(n) \otimes_L y(n) \\ &= \sum_{m=0}^{L-1} x(m) y((n-m))_L \cdot R_L(n) \\ &= \sum_{m=0}^{M-1} x(m) y((n-m))_L \cdot R_L(n) \\ &= \sum_{m=0}^{M-1} x(m) \sum_{r=-\infty}^{\infty} y(n-m+rL) \cdot R_L(n) \\ &= \sum_{r=-\infty}^{\infty} \sum_{m=0}^{M-1} x(m) y(n-m+rL) \cdot R_L(n) \\ &= \sum_{r=-\infty}^{\infty} \sum_{m=0}^{M-1} x(m) y(n+rL-m) \cdot R_L(n) \\ &= \sum_{r=-\infty}^{\infty} f(n+rL) \cdot R_L(n) \end{aligned}$$

即

$$f_c(n) = \sum_{r=-\infty}^{\infty} f(n+rL) \cdot R_L(n) \tag{5.4.6}$$

可见，L 点圆周卷积 $f_c(n)$ 为线性卷积 $f(n)$ 以 L 为周期进行周期延拓，在区间 $0 \leq n \leq L-1$ 上取主值。

在 5.1 节，讨论过有限长序列延拓成周期序列时，有限长序列长度 M 和延拓周期 N 的关系，可以看出：

当 $L \geq N+M-1$ 时，$f_c(n) = f(n)$；

当 $L < N+M-1 < 2L$ 时，$f_c(n) \begin{cases} \neq f(n) & 0 \leq n \leq N+M-L-2 \\ = f(n) & N+M-L-1 \leq n \leq L-1 \end{cases}$，部分混叠；

当 $2L \leq N+M-1$ 时，全部混叠。

因此，圆周卷积等于线性卷积不产生混叠失真的条件：$L \geq N+M-1$。

2. 利用圆周卷积求解线性卷积

在 5.4.1 节，分析了利用 DFT 计算圆周卷积的解题步骤，如果两个序列 $x(n)$ 和 $y(n)$ 的长度不同，分别为 M 和 N，欲求 $f(n) = x(n) * y(n)$，则步骤如下：

(1) 将 $x(n)$ 和 $y(n)$ 分别补零增长至 L 点序列，$L \geq N+M-1$；

(2) 求 L 点 DFT，$\text{DFT}[x(n)] = X(k)$，$\text{DFT}[y(n)] = Y(k)$；

(3) $F(k) = X(k)Y(k)$，$0 \leq k \leq L-1$；

(4) 求 L 点 IDFT，$f(n) = \text{IDFT}[F(k)] = \text{IDFT}[X(k)Y(k)] = x(n) * y(n)$。

注意 根据 $f_c(n) = \sum_{r=-\infty}^{\infty} f(n+rL) \cdot R_L(n)$，有

(1) 由线性卷积 $f(n) = x(n) * y(n)$ 一定可以求解圆周卷积 $f_c(n) = x(n) \otimes_L y(n)$，即

$$f_c(n) = x(n) \otimes_L y(n) = \sum_{r=-\infty}^{\infty} f(n+rL) \cdot R_L(n)$$

(2) 当圆周卷积 $f_c(n) = x(n) \otimes_L y(n)$ 所取的点数 L 不恰当时，是无法由圆周卷积求解线性卷积的。

【例 5.4.2】 已知序列 $x(n)$ 和 $y(n)$ 如图 5.4.9 所示，试求：

(1) $f(n) = x(n) * y(n)$

(2) $f_1(n) = x(n) \otimes_8 y(n)$

(3) $f_2(n) = x(n) \otimes_{12} y(n)$

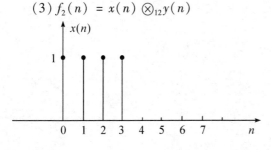
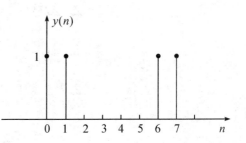

图 5.4.9 序列 $x(n)$ 和 $y(n)$ 图示

【解】(1)根据线性卷积定义式(1.2.12),可以得到线性卷积的所有值,信号 $x(n)$ 的长度为4,非零区间为$[0,3]$,信号 $y(n)$ 的长度为8,非零区间为$[0,7]$,因此线性卷积的长度为11,非零区间为$[0,10]$,具体的图示步骤不再详述,线性卷积 $f(n)$ 的值如图5.4.10所示。

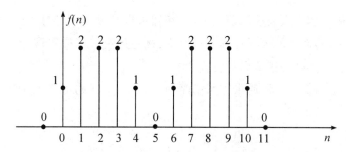

图5.4.10　序列 $x(n)$ 和 $y(n)$ 的线性卷积

(2)根据式(5.4.6),8点圆周卷积 $f_1(n)$ 应为线性卷积 $f(n)$ 以8为周期延拓以后的周期序列取主值区间$[0,7]$的值。由于线性卷积 $f(n)$ 为11点序列,长度大于延拓的周期,所以延拓时会发生混叠现象。$f_1(n)$ 的值如图5.4.11所示。

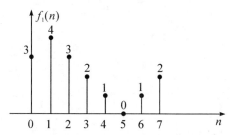

图5.4.11　序列 $x(n)$ 和 $y(n)$ 的8点圆周卷积

(3)根据式(5.4.6),12点的圆周卷积 $f_1(n)$ 应为线性卷积 $f(n)$ 以12为周期延拓以后的周期序列取主值区间$[0,11]$的值,所以 $f_2(n) = f(n)$。

5.5　DFT 与 Z 变换、傅里叶变换的关系

若有限长序列 $x(n)$ ($0 \leq n \leq N-1$) 满足收敛条件,则有:

$$X(z) = \sum_{n=0}^{N-1} x(n) z^{-n}$$

$$X(e^{j\omega}) = \sum_{n=0}^{N-1} x(n) e^{-j\omega n}$$

$$X(k) = \sum_{n=0}^{N-1} x(n) W_N^{kn} = \sum_{n=0}^{N-1} x(n) e^{-j\frac{2\pi}{N}kn}, 0 \leq k \leq N-1$$

比较 Z 变换、傅里叶变换和离散傅里叶变换,可以得到:

$$X(k) = X(z) \big|_{z = W_N^{-k} = e^{-j\frac{2\pi}{N}k}} = X(e^{j\omega}) \big|_{\omega = \frac{2\pi}{N}k} \tag{5.5.1}$$

可以看出：N 点有限长序列 $x(n)$ 的离散傅里叶变换 $X(k)$ 是其 Z 变换 $X(z)$ 在单位圆上的等间隔采样，采样间隔为 $\dfrac{2\pi}{N}$，同时它也是傅里叶变换 $X(\mathrm{e}^{\mathrm{j}\omega})$ 在一个周期内 $(0 \sim 2\pi)$ 的等间隔采样，采样间隔为 $\dfrac{2\pi}{N}$。这意味着，对于时间有限信号，可以像频带有限信号进行时域采样不丢失任何信息一样，同样可以在频域上进行采样而不丢失任何信息。在下一节中，将对频域采样过程进行分析，推导出频域采样定理，并且给出由频谱采样点无失真恢复出连续频谱函数的公式。

例如：第 2 章例 2.1.1 题所求矩形窗序列 $x(n) = R_N(n)$ 的傅里叶变换为：

$$X(\mathrm{e}^{\mathrm{j}\omega}) = \frac{\sin\dfrac{N\omega}{2}}{\sin\dfrac{\omega}{2}} \mathrm{e}^{-\mathrm{j}\frac{N-1}{2}\omega}$$

当 $N = 5$ 时，傅里叶变换为：

$$X(\mathrm{e}^{\mathrm{j}\omega}) = \frac{\sin\dfrac{5\omega}{2}}{\sin\dfrac{\omega}{2}} \mathrm{e}^{-\mathrm{j}2\omega}$$

傅里叶变换的幅频响应如图 5.5.1 所示。

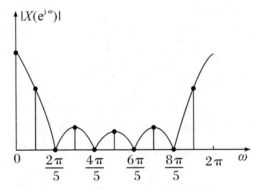

图 5.5.1 矩形窗的幅频响应

现在对 $x(n)$ 做 5 点的 DFT，可以得到：

$$X(k) = X(\mathrm{e}^{\mathrm{j}\omega})\big|_{\omega=\frac{2\pi}{5}k} = 5\delta(k)$$

幅频响应如图 5.5.2(a)所示。

若对 $x(n)$ 做 10 点的 DFT，可以得到：

$$X(k) = X(\mathrm{e}^{\mathrm{j}\omega})\big|_{\omega=\frac{2\pi}{10}k} = \begin{cases} 5 & k = 0 \\ \dfrac{2}{1-W_N^k} & k = 1,3,5,7,9 \\ 0 & \text{其余 } k \end{cases}$$

幅频响应如图 5.5.2(b)所示。

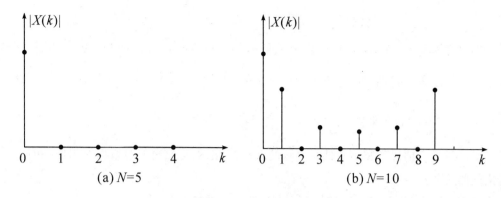

图 5.5.2 矩形窗的 DFT 幅频响应

可见,在时域将序列尾部补零增长,相当于将频域的采样加密。

以上结论,其实可以通过观察 DFT 变换公式得出。例如将 N 点序列 $x(n)$ ($0 \leq n \leq N-1$)补零增长为 LN 点序列,可以得到:

$$y(n) = \begin{cases} x(n) & 0 \leq n \leq N-1 \\ 0 & N \leq n \leq LN-1 \end{cases} \quad (5.5.2)$$

对 $x(n)$ 做 N 点 DFT,可以得到:

$$X(k) = \sum_{n=0}^{N-1} x(n) e^{-j\frac{2\pi}{N}kn}, 0 \leq k \leq N-1 \quad (5.5.3)$$

对 $y(n)$ 做 LN 点 DFT,可以得到:

$$Y(k) = \sum_{n=0}^{LN-1} y(n) e^{-j\frac{2\pi}{LN}kn} = \sum_{n=0}^{N-1} x(n) e^{-j\frac{2\pi}{LN}kn}, 0 \leq k \leq LN-1 \quad (5.5.4)$$

比较式(5.5.3)和式(5.5.4),可以得到:

$$X(k) = X(e^{j\omega})\big|_{\omega=\frac{2\pi}{N}k}$$

$$Y(k) = X(e^{j\omega})\big|_{\omega=\frac{2\pi}{LN}k}$$

即 $X(k)$ 是 $X(e^{j\omega})$ 的 N 点等间隔采样,$Y(k)$ 是 $X(e^{j\omega})$ 的 LN 点等间隔采样,相当于在每两个 $X(k)$ 的采样点间又插入了 $L-1$ 个采样点,频域采样变得更加密集。

5.6 频域采样

离散时间信号的频率分析经常用于数字信号处理器。为了对离散时间信号 $x(n)$ 进行频率分析,要将时域序列 $x(n)$ 转换成等价的频域表达式,即傅里叶变换 $X(e^{j\omega})$。由于傅里叶变换是频率 ω 的连续函数,所以并不便于计算 $x(n)$ 的频率分析。

5.6.1 离散时间信号的频域采样和重建

在上一节中已经知道,对于任意有限长序列 $x(n)$($0 \leq n \leq N-1$),存在 Z 变换、傅里叶变换和离散傅里叶变换,并且满足如下关系:

$$X(k) = X(z)|_{z=W_N^{-k}=e^{-j\frac{2\pi}{N}k}} = X(e^{j\omega})|_{\omega=\frac{2\pi}{N}k}$$

即对序列 $x(n)$ 做 N 点 DFT 变换,实际就是频域采样过程:将 $x(n)$ 的 Z 变换 $X(z)$ 在单位圆上以频率间隔 $\frac{2\pi}{N}$ 等间隔采样,将 $x(n)$ 的频谱 $X(e^{j\omega})$ 在一个周期内($0 \sim 2\pi$)以频率间隔 $\frac{2\pi}{N}$ 等间隔采样。

下面对一个信号的频谱做任意点数的采样,讨论重建出来的时域信号与原始时域信号之间的关系。

序列 $x(n)$ 长度任意,且绝对可和,存在傅里叶变换:

$$X(e^{j\omega}) = \sum_{n=-\infty}^{\infty} x(n)e^{-j\omega n}$$

对 $X(e^{j\omega})$ 在一个周期内做 N 点等间隔采样,采样结果为 $X(k)$,记作:

$$X(k) = X(e^{j\omega})|_{\omega=\frac{2\pi}{N}k} = \sum_{n=-\infty}^{\infty} x(n)e^{-j\frac{2\pi}{N}kn}, 0 \le k \le N-1$$

将序列 $X(k)$($0 \le k \le N-1$)看成另一个离散时间序列 $x_N(n)$ 的 DFT,则有如下关系式:

$$\begin{aligned} x_N(n) &= \text{IDFT}[X(k)] \\ &= \frac{1}{N}\sum_{k=0}^{N-1} X(k)W_N^{-kn} \cdot R_N(n) \\ &= \frac{1}{N}\sum_{k=0}^{N-1}\left[\sum_{m=-\infty}^{\infty} x(m)W_N^{km}\right]W_N^{-kn} \cdot R_N(n) \\ &= \sum_{m=-\infty}^{\infty} x(m)\frac{1}{N}\sum_{k=0}^{N-1} W_N^{k(m-n)} \cdot R_N(n) \\ &= \sum_{m=-\infty}^{\infty} x(m)\sum_{r=-\infty}^{\infty} \delta(m-n-rN) \cdot R_N(n) \\ &= \sum_{r=-\infty}^{\infty}\sum_{m=-\infty}^{\infty} x(m)\delta(m-n-rN) \cdot R_N(n) \\ &= \sum_{r=-\infty}^{\infty} x(n+rN) \cdot R_N(n) \end{aligned}$$

频域采样以后的重建信号 $x_N(n)$ 与原始信号 $x(n)$ 之间的关系为:

$$x_N(n) = \sum_{r=-\infty}^{\infty} x(n+rN) \cdot R_N(n) \tag{5.6.1}$$

关系式(5.6.1)提供了从频谱样本 $X(k)$ 重建信号 $x_N(n)$ 的方法。但是,这并不意味着一定可以从样本 $X(k)$ 恢复 $x(n)$。因为 $x_N(n)$ 是由 $x(n)$ 按式(5.1.8)进行周期延拓取主值得到的,很明显,如果时域上没有混叠,即有限长序列 $x(n)$ 的长度小于延拓的周期,就可以从重建信号 $x_N(n)$ 恢复出原信号 $x(n)$。

不失一般性,本书只考虑有限长序列 $x(n)$,它在区间 $0 \le n \le M-1$ 内的值不等于零。从5.1节可知,当$N \geq M$时,$x_N(n) = x(n)$,可以从$x_N(n)$恢复$x(n)$而不会出现失真现象。当$N < M$时,由于出现时域混叠,不可能从$x(n)$的周期延拓中恢复出$x(n)$。由此得出结论:对于有效长度为M的有限长非周期离散时间信号$x(n)$,当$N \geq M$时,$x(n)$可以从它在频率$\omega_k = 2\pi k/N$处的样本中恢复出来。

频域采样定理:频域采样不失真的条件为频域采样点数大于或等于有限长序列的长度。

5.6.2 从频域采样值恢复傅里叶变换和Z变换

前面已经讨论过,对于时域采样,只要满足时域采样定理,可以根据内插公式由$x(n)$恢复$x(t)$。同样,对于频域采样,只要满足频域采样定理,频域采样也不会丢失任何信息,即可以由频率响应$X(e^{j\omega})$的N点采样$X(k)$($0 \leq k \leq N-1$)完整地表示$X(e^{j\omega})$或$X(z)$,因此可以构造频域内插公式,从$X(k)$恢复出$X(z)$与$X(e^{j\omega})$。

1. 由$X(k)$恢复$X(z)$

对于有限长序列$x(n)$($0 \leq n \leq N-1$),其N点DFT为$X(k)$($0 \leq k \leq N-1$),有如下关系式:

$$\begin{aligned} X(z) &= \sum_{n=0}^{N-1} x(n) z^{-n} \\ &= \sum_{n=0}^{N-1} \frac{1}{N} \sum_{k=0}^{N-1} X(k) W_N^{-kn} \cdot z^{-n} \\ &= \frac{1}{N} \sum_{k=0}^{N-1} X(k) \sum_{n=0}^{N-1} W_N^{-kn} z^{-n} \\ &= \sum_{k=0}^{N-1} X(k) \frac{1}{N} \cdot \frac{1 - W_N^{-kN} z^{-N}}{1 - W_N^{-k} z^{-1}} \\ &= \sum_{k=0}^{N-1} X(k) \frac{1}{N} \cdot \frac{1 - z^{-N}}{1 - W_N^{-k} z^{-1}} \end{aligned}$$

这就是用$X(k)$表示$X(z)$的内插公式。

$$X(z) = \sum_{k=0}^{N-1} X(k) \varphi_k(z) \tag{5.6.2}$$

$$\varphi_k(z) = \frac{1}{N} \cdot \frac{1 - z^{-N}}{1 - W_N^{-k} z^{-1}} = \varphi(z W_N^k) \tag{5.6.3}$$

式中内插函数记作:

$$\varphi(z) = \frac{1}{N} \cdot \frac{1 - z^{-N}}{1 - z^{-1}} \tag{5.6.4}$$

$\varphi(z)$是$\frac{1}{N} R_N(n)$的Z变换,它有$N-1$个零点($z_i = W_N^{-i}$,$i = 1, 2, \cdots, N-1$)。$z = 0$是$N-1$阶极点。在$z = 1$处,因为零点和极点重合,所以$z = 1$既非零点也非极点,如图5.6.1所示。

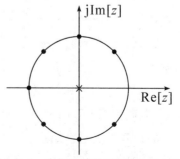

图5.6.1 内插函数的零极点($N = 8$)

2. 由 $X(k)$ 恢复 $X(e^{j\omega})$

对于傅里叶变换,将 $z = e^{j\omega}$ 代入式(5.6.2),可以得到内插公式为:

$$X(e^{j\omega}) = \sum_{k=0}^{N-1} X(k)\varphi_k(e^{j\omega}) \tag{5.6.5}$$

$$\varphi_k(e^{j\omega}) = \frac{1}{N} \cdot \frac{1 - e^{-j\omega N}}{1 - W_N^{-k} e^{-j\omega}} \tag{5.6.6}$$

可见 $\varphi_k(e^{j\omega})$ 既是 ω 的函数又是 k 的函数,可以表示为:

$$\varphi_k(e^{j\omega}) = \varphi\left(\omega - \frac{2\pi}{N}k\right) \tag{5.6.7}$$

当 $k = 0$ 时,有如下关系式:

$$\varphi_0(e^{j\omega}) = \frac{1}{N} \frac{1 - e^{-j\omega N}}{1 - e^{-j\omega}} = \frac{1}{N} \frac{\sin(\frac{N}{2}\omega)}{\sin(\frac{1}{2}\omega)} \cdot e^{-j\frac{N-1}{2}\omega} \tag{5.6.8}$$

当 $\omega = 0$ 时,有如下关系式:

$$\varphi_0(0) = \frac{1}{N} \frac{\cos(\frac{N}{2}\omega)}{\cos(\frac{1}{2}\omega)} \cdot \frac{\frac{N}{2}}{\frac{1}{2}} = 1 \tag{5.6.9}$$

当 $\omega = \frac{2\pi}{N}i$ ($i = 1, 2, \cdots, N-1$)时,有 $\varphi_0(\omega) = 0$。

同理可以证明,内插函数在本采样点函数值为 1,其余采样点上为 0。即存在如下关系式:

$$\varphi_k(e^{j\frac{2\pi}{N}i}) = 1, k = i \tag{5.6.10}$$

因此每个采样点上的函数值等于原始采样点值,而采样点间的函数值,由 N 个内插函数 $\varphi_k(e^{j\omega})$ 按采样值 $X(k)$ 的加权线性组合而成。

5.7 MATLAB 仿真实例

1. 频谱分析

数字信号处理的一个重要应用就是对时域信号进行频谱分析。为了分析连续时间信号和离散时间信号的频谱,需要知道信号所有时刻的值。但实际上观察到的信号只是有限长的,因此,有限的数据记录只能近似表达信号的频谱。利用有限数据记录的 DFT 可以对信号进行频谱分析。

【例 5.7.1】分析信号 $x(n) = a^n u(n)$ ($0 < a < 1$)的频谱。采样一个 $N = 32$ 的有限长序列,利用 MATLAB 计算 DFT,并画出图形。

MATLAB 仿真程序如下:

n = 0:31;

```
x = power(0.9,n);
y = fft(x);
subplot(2,1,1);
plot(x); hold on;
stem(x);
xlabel('时间序列 n');ylabel('振幅');
title('(a) signal x(n),0 < = n < =31');
subplot(2,1,2);
stem(abs(y))
xlabel('离散采样 k');ylabel('振幅');
title('(b) DFT magnitude');
```

程序的运行结果如图 5.7.1 所示。

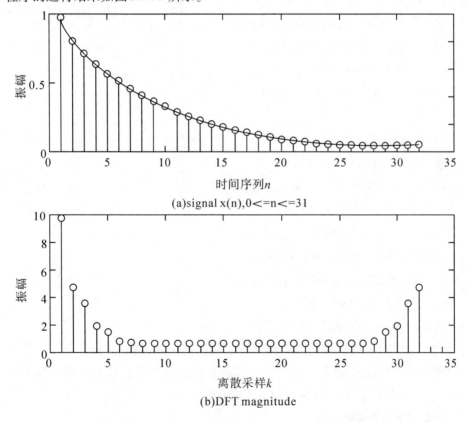

例图 5.7.1
(a)有限长序列;(b)DFT 运行结果。

2. 频谱泄露

在实际处理信号序列 $x(n)$ 时,一般总是将它截断为一有限长序列,长为 N 点,相当于乘以一个矩形窗函数 $R_N(n)$。矩形窗函数频谱有主瓣,也有许多副瓣,窗口越大,主瓣越窄,当窗口趋于无穷大时,就是一个冲击函数。加窗后的频谱是原信号频谱与矩形窗函数频谱的卷积,卷积的结果使频谱延伸到主瓣之外,且一直延伸到无穷。只有当窗口无穷大时,与冲击函数的卷积才是其本身,这时无畸变,否则就有畸变。

【例5.7.2】分析信号 $x(n) = \cos(0.5\pi n)$ 的频谱。分别采样 $N = 32$ 和 $N = 30$ 点的有限长序列,利用 MATLAB 计算 DFT,并画出图形。

MATLAB 仿真程序如下:

```
n = [0:1:31]; x = cos(0.5 * pi * n);
n1 = [0:1:31];
y1 = x(1:1:32);
subplot(2,2,1); stem(n1,y1);
xlabel('时间序列 n'); ylabel('振幅');
title('(a) signal x(n),0 < = n < = 31');
y1 = fft(x,32); k = [0:1:31];
subplot(2,2,2); stem(k,abs(y1));
xlabel('离散采样 k'); ylabel('振幅');
title('(b) DFT magnitude');
n = [0:1:29]; x = cos(0.5 * pi * n);
n1 = [0:1:29];
y1 = x(1:1:30);
subplot(2,2,3); stem(n1,y1);
xlabel('(c) 时间序列 n'); ylabel('振幅');
title('signal x(n),0 < = n < = 29');
y1 = fft(x,30); k = [0:1:29];
subplot(2,2,4); stem(k,abs(y1));
xlabel('离散采样 k'); ylabel('振幅');
title('(d) DFT magnitude');
```

程序的运行结果如图5.7.2所示。

从图5.7.2可以看出,频谱的泄漏导致了频谱的扩展,造成混叠现象。如果要减小泄漏,可以取更长的数据,或者选择一个与矩形窗相比在频域上具有较低旁瓣的数据窗口,如汉宁窗、海明窗等,具体窗函数在第8章介绍。

3. 高密度谱和高分辨率谱

在序列后面填补零值可以改变对频谱的采样密度,但不能提高 DFT 的频率分辨率。DFT 的频率分辨率定义为 f_s/N,其中 N 是信号 $x(n)$ 的有效长度,而不是补零的长度。不同长度的 $x(n)$,DFT 的结果也是不同的。相同长度的 $x(n)$,补零长度的不同反映了对频谱采样密度的不同。

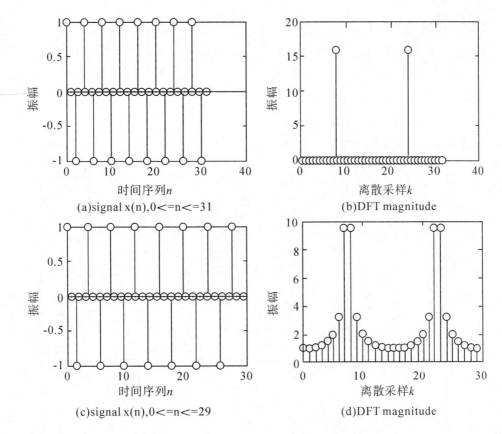

例 5.7.2 图

(a)32 点有限长序列；(b)32 点 DFT 运行结果；

(c)30 点有限长序列；(d)30 点 DFT 运行结果。

【例 5.7.3】分析信号 $x(n) = \cos(0.48\pi n) + \cos(0.52\pi n)$ 的频谱。分别采样 $N = 10$ 和 $N = 100$ 点的有限长序列，利用 MATLAB 计算 DFT，并画出图形。

(1) 首先确定序列 10 点的 DFT，得到其 DFT 的一个估计。

MATLAB 仿真程序如下：

n = [0:1:99]; x = cos(0.48 * pi * n) + cos(0.52 * pi * n);

n1 = [0:1:9];

y1 = x(1:1:10);

subplot(2,1,1);stem(n1,y1);

xlabel('时间序列 n');ylabel('振幅');

title('(a) signal x(n),0 < = n < = 9');

m = [0:1:9];k = [0:1:9];

wm = exp(- j * 2 * pi/10);

mk = m´* k;wmmk = wm.^mk;

Y1 = y1 * wmmk;

```
magY1 = abs(Y1(1:1:6));
k1 = 0:1:5; w1 = 2*pi/10*k1;
subplot(2,1,2); plot(w1/pi,magY1);
xlabel('离散采样 k'); ylabel('振幅');
title('(b) Samples of DFT magnitude');
```
程序的运行结果如图 5.7.3 所示。

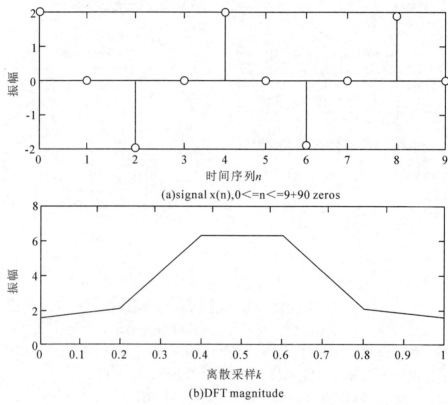

例 5.7.3(1)图

(a) 10 点有限长序列;(b) 10 点 DFT 运行结果。

(2) 10 点序列后补 90 个零值,得到其 DFT 的一个估计。

MATLAB 仿真程序如下:

```
n2 = [0:1:99];
y2 = [x(1:1:10) zeros(1,90)];
subplot(2,1,1); stem(n2,y2);
xlabel('时间序列 n'); ylabel('振幅');
title('(a) signal x(n),0<=n<=9+90 zeros');
m = [0:1:99]; k = [0:1:99];
wm = exp(-j*2*pi/100);
mk = m'*k; wmmk = wm.^mk;
```

Y2 = y2 * wmmk;
magY2 = abs(Y2(1:1:51));
k2 = 0:1:50;w2 = 2 * pi/100 * k2;
subplot(2,1,2); plot(w2/pi,magY2);
xlabel('离散采样 k');ylabel('振幅');
title('(b) DFT magnitude');
程序的运行结果如图 5.7.4 所示。

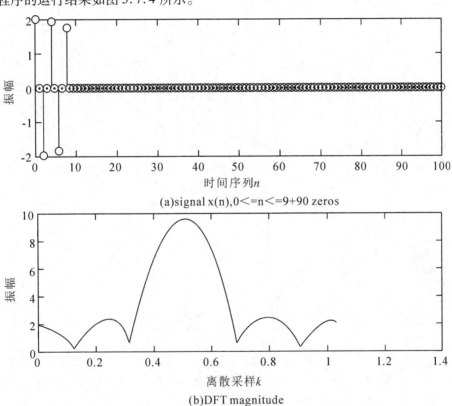

图 5.7.4　例 5.7.3(2)图

(a)10 点有限长序列补零到 100 点;(b)100 点 DFT 运行结果。

(3)采样 100 点序列确定 100 点的 DFT,得到其 DFT 的一个估计。

MATLAB 仿真程序如下:

n = [0:1:99]; x = cos(0.48 * pi * n) + cos(0.52 * pi * n);
n1 = [0:1:99];
y1 = x(1:1:100);
subplot(2,1,1);stem(n1,y1);
xlabel('时间序列 n');ylabel('振幅');
title('(a) signal x(n),0 < = n < = 99');
m = [0:1:99];k = [0:1:99];wm = exp(-j * 2 * pi/100);

mk = m´ * k;wmmk = wm.^mk;Y2 = y1 * wmmk;
magY2 = abs(Y2(1:1:51));
k2 = 0:1:50;w2 = 2 * pi/100 * k2;
subplot(2,1,2); plot(w2/pi,magY2);
xlabel('离散采样 k');ylabel('振幅');
title('(b) DFT magnitude');

程序的运行结果如图 5.7.5 所示。

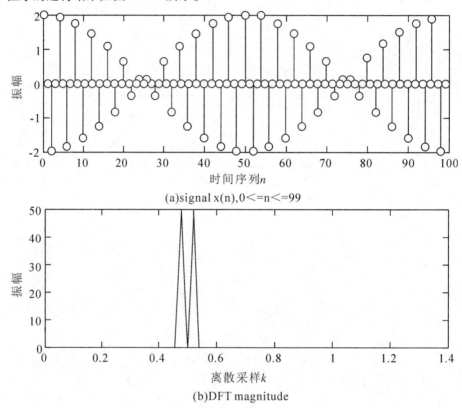

图 5.7.5 例 5.7.3(3)图
(a)100 点有限长序列;(b)100 点 DFT 运行结果。

从上述三个 DFT 仿真图可以看出,信号是一个包含两个频率分量的序列,当采样 10 点分析其 DFT 时,DFT 的两条谱线是无法区分的,即使对采样的 10 点信号补零到 100 点,仍旧无法区分出两条谱线,但对频谱采样的时候谱线变得密集,当采样 100 点分析其 DFT 时,两条谱线完全区分开。图 5.7.4 所示为高密度谱,图 5.7.5 所示为高分辨率谱。

5.8 本章小结

本章以有限长序列和周期序列之间的关系为出发点,通过研究周期序列的傅里叶级数,推导出有限长序列 DFT 变换对的表达式。本章归纳总结的 DFT 对称性质,对于频谱分析非常实用。讨论了 DFT、Z 变换和傅里叶变换之间的关系,得出离散傅里叶变换实际是傅里叶变换在一个周期内的采样,也是 Z 变换在单位圆上的采样,从而得出频域采样定理。讨论分析了圆周卷积、周期卷积和线性卷积之间的关系,通过仿真实例分析了高密度谱和高分辨率谱。

DFS 和 DFT 是本章的主要内容,通过 DFS 可以将时域的离散周期函数变换为频域的离散周期函数,通过 DFT 可以将时域的离散有限长序列变换为频域的离散有限长序列。DFT 是本章学习的重点,它可以在频域唯一表示有限长序列。

习　题

5.1　$x(n)$ 的波形如图所示,画出下列信号的波形。

(1) $\tilde{x}_1(n) = \sum_{r=-\infty}^{\infty} x(n+5r)$

(2) $\tilde{x}_2(n) = \sum_{r=-\infty}^{\infty} x(n+4r)$

(3) $\tilde{x}_3(n) = \sum_{r=-\infty}^{\infty} x(n+3r)$

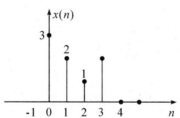

5.2　如果 $\tilde{x}(n)$ 是一个周期为 N 的周期序列,则它也是周期为 $2N$ 的周期序列。把 $\tilde{x}(n)$ 看作周期为 N 的序列时,其 DFS 为 $\tilde{X}_1(k)$,把它看作周期为 $2N$ 的序列时,其 DFS 为 $\tilde{X}_2(k)$。试利用 $\tilde{X}_1(k)$ 表示 $\tilde{X}_2(k)$。

5.3　计算下列信号的 N 点 DFT。

(1) $x(n) = \delta(n)$

(2) $x(n) = \delta(n-n_0), 0 < n_0 < N$

(3) $x(n) = a^n, 0 \leq n \leq N-1$

(4) $x(n) = nR_N(n)$

(5) $x(n) = e^{j\omega_0 n}R_N(n), 0 \leq n \leq N-1$

(6) $x(n) = \cos(\frac{2\pi}{N}k_0 n), 0 \leq n \leq N-1$

(7) $x(n) = \sin(\frac{2\pi}{N}k_0 n), 0 \leq n \leq N-1$

(8) $x(n) = \{1,0,1,0,\cdots\}, 0 \leq n \leq N-1$

5.4 已知序列 $x(n)$ 的 DFT 为 $X(k)$,求下列信号的 N 点 DFT。

(1) $x^*(n)$

(2) $x(N-n)$

(3) $x^*(N-n)$

(4) $\frac{1}{2}[x(n) + x^*(N-n)]$

(5) $\frac{1}{2}[x(n) - x^*(N-n)]$

5.5 已知实序列 $x(n)$ 的 8 点 DFT 结果为 $X(k)$,且 $X(k)$ 的前 5 个值分别为 $\{0.25, 0.125-j0.3, 0, 0.125-j0.05, 0\}$,试求 $X(k)$ 其余 3 点的值。

5.6 计算信号 $x(n) = \{1,1,1,1,1,1,0,0\}$($0 \leq n \leq 7$)的 8 点 DFT,并画出幅度和相位图。

5.7 已知序列 $x(n)$ 与 $y(n)$ 的波形如图所示。

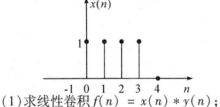
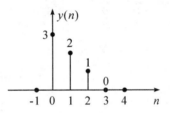

(1) 求线性卷积 $f(n) = x(n) * y(n)$;

(2) 求 4 点圆周卷积 $f_1(n) = x(n) \otimes_4 y(n)$;

(3) 求 5 点圆周卷积 $f_2(n) = x(n) \otimes_5 y(n)$;

(4) 求 8 点圆周卷积 $f_3(n) = x(n) \otimes_8 y(n)$;

(5) 求 5 点圆周卷积 $f_4(n) = x(n) \otimes_5 y((n+2))_5 R_5(n)$。

5.8 (1) 计算信号 $x(n) = \{1,2,3,2,1,0\}$($-2 \leq n \leq 3$)的傅里叶变换 $X(e^{j\omega})$;

(2) 计算信号 $y(n) = \{3,2,1,0,1,2\}$($0 \leq n \leq 5$)的 6 点 DFT 变换 $v(k)$;

(3) $X(e^{j\omega})$ 和 $v(k)$ 是否存在关系?说明理由。

5.9 已知一个有限长序列 $x(n) = \delta(n) + 2\delta(n-5)$。

(1) 求它的 10 点 DFT $X(k)$;

(2) 已知序列 $y(n)$ 的 10 点 DFT 为 $Y(k) = W_{10}^{2k} X(k)$,求序列 $y(n)$;

(3) 已知序列 $m(n)$ 的 10 点 DFT 为 $M(k) = X(k)Y(k)$,求序列 $m(n)$。

5.10 已知序列 $x(n)$($0 \leq n \leq N-1$),$X(k)$ 为序列的 N 点 DFT,现定义 rN 点序列 $y(n)$ 为:

$$y(n) = \begin{cases} x(\frac{n}{r}) & n = ir, i = 0,1,\cdots,N-1 \\ 0 & n \neq ir, i = 0,1,\cdots,N-1 \end{cases}$$

试用 $X(k)$ 表示 $y(n)$ 的 rN 点 DFT 变换 $Y(k)$。

5.11 已知有限长序列 $x(n)$ ($0 \leq n \leq N-1$)，$X(k)$ 为序列的 N 点 DFT，现定义 rN 点序列 $y(n)$ 为：

$$y(n) = \begin{cases} x(n) & 0 \leq n \leq N-1 \\ 0 & N \leq n \leq rN-1 \end{cases}$$

试用 $X(k)$ 表示 $y(n)$ 的 rN 点 DFT 变换 $Y(k)$。

5.12 已知序列 $x(n)$ ($0 \leq n \leq N-1$) 的 N 点 DFT 为 $X(k)$。

(1) 证明：如果 $x(n)$ 满足关系式

$$x(n) = -x(N-1-n)$$

则 $X(0) = 0$。

(2) 证明：当 n 为偶数时，如果 $x(n)$ 满足关系式

$$x(n) = x(N-1-n)$$

则 $X(\frac{N}{2}) = 0$。

5.13 证明：若 $x(n)$ 为实偶对称，即 $x(n) = x(N-n)$，则 $X(k)$ 也为实偶对称；若 $x(n)$ 为实奇对称，即 $x(n) = -x(N-n)$，则 $X(k)$ 为纯虚数并且奇对称。

5.14 序列 $x(n) = \{1,1,0,0\}$，其4点 DFT 的 $|X(k)|$ 如图所示。现将序列 $x(n)$ 按下列(1)、(2)和(3)的方法扩展成8点序列，求它们8点的 DFT(利用 DFT 的特性)。

(1) $y_1(n) = \begin{cases} x(n) & 0 \leq n \leq 3 \\ x(n-4) & 4 \leq n \leq 7 \end{cases}$

(2) $y_2(n) = \begin{cases} x(n) & 0 \leq n \leq 3 \\ 0 & 4 \leq n \leq 7 \end{cases}$

(3) $y_3(n) = \begin{cases} x(n/2) & n \text{ 为偶数} \\ 0 & n \text{ 为奇数} \end{cases}$

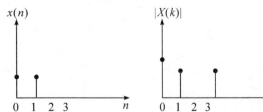

5.15 已知序列 $x(n) = 4\delta(n) + 3\delta(n-1) + 2\delta(n-2) + \delta(n-3)$，6点 DFT 为 $X(k)$。

(1) 若有限长序列 $y(n)$ 的6点 DFT 为 $Y(k) = W_6^{4k} X(k)$，求 $y(n)$；

(2) 若有限长序列 $u(n)$ 的6点 DFT 为 $X(k)$ 的实部，即 $U(k) = \text{Re}[X(k)]$，求 $u(n)$；

(3) 若有限长序列 $v(n)$ 的3点 DFT 为 $V(k) = X(2k)$ ($k = 0,1,2$)，求 $v(n)$。

5.16 已知 $x(n) = a^n u(n)$，$0 < a < 1$，今对其 z 变换 $X(z)$ 在单位圆上等分采样，采样值为 $X(k) = X(z)|_{z=W_N^{-k}}$，求有限长序列 IDFT$[X(k)]$。

5.17 对有限长序列 $x(n) = \{1,0,1,1,0,1\}$ 的 Z 变换 $X(z)$ 在单位圆上进行 5 等份取样,求 5 点取样值 $X(k)|_{k=0,1,\cdots,4}$。

5.18 设模拟信号 $X_a(t) = \cos(2000\pi t + \theta)$,现在以时间间隔 $T_s = 0.25\text{s}$ 进行均匀采样,假定从 $t = 0$ 开始采样,共采样 N 点。

(1) 写出采样后序列 $x(n)$ 的表达式和对应的数字频率;

(2) 问在此采样下,θ 值是否对采样失真有影响,为什么;

(3) 若希望 DFT 的分辨率达到 1Hz,应该采集多长时间的数据。

5.19 对模拟信号进行谱分析,要求谱分辨率 $F \leq 10\text{Hz}$,信号最高频率 $f_c = 2.5\text{kHz}$,试确定最小记录时间 $T_{p\min}$,最大采样间隔 $T_{\max}$,最小采样点数 $N_{\min}$。如果 f_c 不变,要求谱分辨率增加 1 倍,最小的采样点数和最小的记录时间是多少?

5.20 计算实序列的 DFT,有几种减少计算量的途径:

(1) 设 $x_1(n)$ 和 $x_2(n)$ 为两个长度为 N 的实序列,其 DFT 分别为 $X_1(k)$ 及 $X_2(k)$,现将 $x_1(n)$ 和 $x_2(n)$ 构成一个 N 点的复序列 $g(n) = x_1(n) + jx_2(n)$,其 DFT 为 $G(k)$,试用 $X_1(k)$ 和 $X_2(k)$ 来表示 $G(k)$;

(2) 假设 $x(n)$ 是一个 2N 点的实序列,令 $x_1(n)$ 和 $x_2(n)$ 为两个 N 点序列,其定义为 $x_1(n) = x(2n)$ 和 $x_2(n) = x(2n+1)$,$n = 0,1,\cdots,N-1$,它们的 DFT 分别为 $X_1(k)$,$X_2(k)$ 及 $X(k)$(2N 点),试用 $X_1(k)$ 和 $X_2(k)$ 求 $X(k)$。并简述一次 DFT 运算计算一个 2N 点实序列的 DFT 的过程。

第6章　快速傅里叶变换(FFT)

离散傅里叶变换 DFT 实现了信号频谱的离散化,对于离散时间信号处理的分析、设计和实现起着十分重要的作用。前面介绍的有关 DFT 的性质以及有限长序列的 DFT 与傅里叶变换和 Z 变换之间的关系,都是在频域进行系统分析和设计的重要工具,同样重要的还有实现 DFT 的高效率的快速算法,即快速傅里叶变换(FFT)。借助于 FFT,可以使 DFT 变换理论在实际工作中广泛应用。在这一章,将详细介绍两种计算 DFT 变换的高效算法,即时间抽取的基 – 2 FFT 算法和频率抽取的基 – 2 FFT 算法。

学习要求:理解快速傅里叶变换的思想;掌握时间抽取基 – 2 FFT 算法思想及流图分析;掌握频率抽取基 – 2 FFT 算法思想及流图分析;利用 FFT 算法计算离散傅里叶反变换和线性卷积;了解任意基数的 FFT 算法。

6.1　引言

由前面的学习知道,有限长序列的 DFT 变换相当于对序列的傅里叶变换在频域做等间隔采样,因此计算 N 点 DFT 相当于计算傅里叶变换在 N 个等间隔频率采样点上的值。

有关算法有效性和复杂度的评估,存在不同的方法和标准,根据信号处理的应用不同而侧重点不同。本书采用算术乘法和加法的次数来度量算法的复杂度。这样的度量标准在理论研究中易于实现,并与算法在计算机或专用硬件上的处理速度直接相关。下面首先考察 DFT 算法的运算量。

设有限长序列 $x(n)$ ($0 \leqslant n \leqslant N-1$),离散傅里叶变换的计算公式为:

$$X(k) = \text{DFT}[x(n)] = \sum_{n=0}^{N-1} x(n) W_N^{kn}, 0 \leqslant k \leqslant N-1$$

其中,求 1 点 $X(k)$,如 $X(1)$ 的表达式为:

$$\begin{aligned}X(1) &= \sum_{n=0}^{N-1} x(n) W_N^n \\ &= x(0) + x(1) W_N^1 + x(2) W_N^2 + \cdots + x(N-1) W_N^{N-1}, 0 \leqslant k \leqslant N-1\end{aligned}$$

计算 1 点 $X(k)$ 需要复数乘法 N 次,复数加法 $N-1$ 次。求全部 N 点 $X(k)$,需要复数乘法 N^2 次,复数加法 $N(N-1)$ 次。由于 1 次复数乘法运算包括 4 次实数乘法运算和 2 次实数加法运算,1 次复数加法包括 2 次实数加法,所以求 N 点 $X(k)$,共有 $4N^2$ 次实数乘法和

$2N^2 + 2N(N-1) \approx 4N^2$ 次实数加法运算。可见离散傅里叶变换的运算次数正比于 N^2，当 N 较大时，运算量也非常大。如 $N = 1024$ 时，约有 4×10^6 次实数乘法与实数加法，运算量太大，用于实时处理几乎不可能。同样，离散傅里叶反变换的计算，也具有相同的运算量。

根据不同的应用需要，相继产生了许多对 DFT 数学计算特别有效的算法。1965 年，库利(Cooly)和图基(Turky)首次提出 DFT 的快速算法，对于 N 为复合数的情况行之有效，把这类算法统称为快速傅里叶变换(FFT)。

FFT 的基本思想：利用 W_N^{nk} 的特性，逐步将长序列分解为较短的序列，计算短序列的 DFT，然后再组合成原序列的 DFT，使运算量显著减少。根据信号分解是在时域还是在频域进行，将 FFT 分为时间抽取法和频率抽取法两种。根据分解的 DFT 点数，将 FFT 算法分成基 -2、基 -3、基 -4、基 -8、混合基和分裂基等算法。

6.2 时间抽取基 -2 FFT 算法

基 -2 FFT 算法的基本思想：将序列 $x(n)$ 根据序号 n 的奇偶逐次分解成较短的子序列，适用于 DFT 点数 N 为 2 的整数次幂，即 $N = 2^M$ 的情况。如果不满足这一条件，可以采用对序列补零的方式使 N 满足要求。

1. 算法原理

对于有限长序列 $x(n)$ ($0 \leq n \leq N-1$)，$N = 2^M$，首先将 $x(n)$ 按照 n 的奇偶分解成两个子序列，分别记作：

$$x_1(n) = \{x(0), x(2), x(4), \cdots, x(N-2)\} = x(2n), 0 \leq n \leq N/2 - 1 \quad (6.2.1)$$

$$x_2(n) = \{x(1), x(3), x(5), \cdots, x(N-1)\} = x(2n+1), 0 \leq n \leq N/2 - 1$$
$$(6.2.2)$$

它们的 DFT 分别为：

$$X_1(k) = \text{DFT}[x_1(n)] = \sum_{n=0}^{N/2-1} x_1(n) W_{N/2}^{kn}, 0 \leq k \leq N/2 - 1 \quad (6.2.3)$$

$$X_2(k) = \text{DFT}[x_2(n)] = \sum_{n=0}^{N/2-1} x_2(n) W_{N/2}^{kn}, 0 \leq k \leq N/2 - 1 \quad (6.2.4)$$

相应地，DFT 运算也分为两组：

$$\begin{aligned}
X(k) &= \text{DFT}[x(n)] \\
&= \sum_{n=0}^{N-1} x(n) W_N^{kn} R_N(k) \\
&= \left[\sum_{n=0}^{N-1} x(n) W_N^{kn} + \sum_{n=0}^{N-1} x(n) W_N^{kn} \right] R_N(k) \\
&= \left[\sum_{n=0}^{N/2-1} x(2n) W_N^{2kn} + \sum_{n=0}^{N/2-1} x(2n+1) W_N^{k(2n+1)} \right] R_N(k) \\
&= \left[\sum_{n=0}^{N/2-1} x_1(n) W_{N/2}^{kn} + W_N^k \sum_{n=0}^{N/2-1} x_2(n) W_{N/2}^{kn} \right] R_N(k) \\
&= \left[X_1((k))_{N/2} + W_N^k X_2((k))_{N/2} \right] R_N(k)
\end{aligned} \quad (6.2.5)$$

按照上式,欲求 N 点序列 $x(n)$ 的 DFT,可以先将 $x(n)$ 分解成两个 $N/2$ 点的子序列 $x_1(n)$ 和 $x_2(n)$,再分别求出 $X_1(k)$ 和 $X_2(k)$,合并得到 $X(k)$。

将 $X(k)$ 按前后分成两段:

第一段:$X(k)$,$0 \leqslant k \leqslant N/2 - 1$

第二段:$X(k + N/2)$,$0 \leqslant k \leqslant N/2 - 1$

对第一段,当 $0 \leqslant k \leqslant N/2 - 1$ 时

$$X_1((k))_{N/2} = X_1(k), X_2((k))_{N/2} = X_2(k)$$

从而

$$X(k) = X_1(k) + W_N^k X_2(k), 0 \leqslant k \leqslant N/2 - 1$$

对第二段,当 $0 \leqslant k \leqslant N/2 - 1$ 时

$$X_1((k + N/2))_{N/2} = X_1(k), X_2((k + N/2))_{N/2} = X_2(k)$$

从而

$$\begin{aligned} X(k + N/2) &= X_1((k + N/2))_{N-2} + W_N^{k+N/2} X_1((k + N/2))_{N/2} \\ &= X_1(k) - W_N^k X_2(k) \end{aligned}, 0 \leqslant k \leqslant N/2 - 1$$

所以

$$\begin{cases} X(k) = X_1(k) + W_N^k X_2(k) \\ X(k + \dfrac{N}{2}) = X_1(k) - W_N^k X_2(k) \end{cases}, 0 \leqslant k \leqslant \dfrac{N}{2} - 1 \tag{6.2.6}$$

式(6.2.6)的第一个式子给出了前半部 $N/2$($0 \leqslant k \leqslant N/2 - 1$)点 $X(k)$ 的组合方式,第二个式子给出了后半部 $N/2$($N/2 \leqslant k \leqslant N - 1$)点 $X(k)$ 的组合方式。信号流图如图 6.2.1 所示。图 6.2.1(b)是 6.2.1(a)的简化形式,图中左面两支路为输入,中间用一个小圆圈表示加减运算,右上支路为相加后的输出,右下支路为相减后的输出,箭头旁边的系数表示相乘的系数。因流图形如蝴蝶,故称蝶形图。

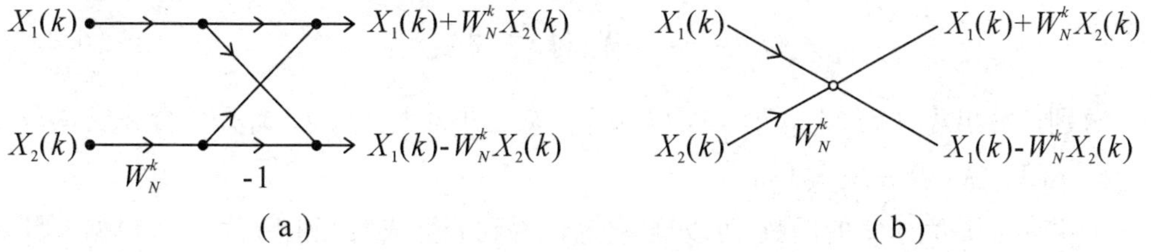

图 6.2.1 蝶形运算流图

通过分解后,每一个 $\dfrac{N}{2}$ 点 DFT 需要 $\left(\dfrac{N}{2}\right)^2$ 次复数乘法,两个 $\dfrac{N}{2}$ 点 DFT 共需要 $\dfrac{N^2}{2}$ 次复乘。组合运算共需要 $\dfrac{N}{2}$ 个蝶形运算,需 $\dfrac{N}{2}$ 次复数乘法,因而一共需要 $\dfrac{N^2}{2} + \dfrac{N}{2} = \dfrac{N}{2}(N + 1) \approx \dfrac{N^2}{2}$ 次复数乘法。直接计算要 N^2 次复数乘法,故一次分解后,运算量可以减

少一半,并且一次分解以后,$x_1(n)$ 和 $x_2(n)$ 均为 $\dfrac{N}{2} = 2^{M-1}$ 点序列。

按照上述原理,将 $x_1(n)$ 和 $x_2(n)$ 再以 n 的奇偶可以分别分成两个 $N/4$ 点序列:

$$x_1(n) = x(2n) = \{x(0), x(2), x(4), \cdots, x(N-2)\}, 0 \leq n \leq N/2 - 1$$

$$x_2(n) = x(2n+1) = \{x(1), x(3), x(5), \cdots, x(N-1)\}, 0 \leq n \leq N/2 - 1$$

$x_1(n)$ 分解为两个序列 $x_{11}(n)$ 和 $x_{12}(n)$:

$$x_{11}(n) = x_1(2n) = x(4n) = \{x(0), x(4), x(8), \cdots, x(N-4)\}, 0 \leq n \leq N/4 - 1 \tag{6.2.7}$$

$$x_{12}(n) = x_1(2n+1) = x(4n+2) = \{x(2), x(6), x(10), \cdots, x(N-2)\}$$
$$0 \leq n \leq N/4 - 1 \tag{6.2.8}$$

$x_2(n)$ 分解为两个序列 $x_{21}(n)$ 和 $x_{22}(n)$:

$$x_{21}(n) = x_2(2n) = x(4n+1) = \{x(1), x(5), x(9), \cdots, x(N-3)\}$$
$$0 \leq n \leq N/4 - 1 \tag{6.2.9}$$

$$x_{22}(n) = x_2(2n+1) = x(4n+3) = \{x(3), x(7), x(11), \cdots, x(N-1)\}$$
$$0 \leq n \leq N/4 - 1 \tag{6.2.10}$$

$x_{11}(n)$, $x_{12}(n)$, $x_{21}(n)$ 和 $x_{22}(n)$ 序列的 $N/4$ 点 DFT 分别记作:

$$X_{11}(k) = \text{DFT}[x_{11}(n)], \quad X_{12}(k) = \text{DFT}[x_{12}(n)]$$

$$X_{21}(k) = \text{DFT}[x_{21}(n)], \quad X_{22}(k) = \text{DFT}[x_{22}(n)]$$

依照上述原理,有如下关系式:

$$X_1(k) = X_{11}(k) + W_{N/2}^k X_{12}(k) \tag{6.2.11}$$

$$X_1\left(k + \frac{N}{4}\right) = X_{11}(k) - W_{N/2}^k X_{12}(k) \tag{6.2.12}$$

$$X_2(k) = X_{21}(k) + W_{N/2}^k X_{22}(k) \tag{6.2.13}$$

$$X_2\left(k + \frac{N}{4}\right) = X_{21}(k) - W_{N/2}^k X_{22}(k) \tag{6.2.14}$$

分别计算出 $X_{11}(k)$, $X_{12}(k)$, $X_{21}(k)$, $X_{22}(k)$,并将 $X_{11}(k)$ 和 $X_{12}(k)$ 合并成 $X_1(k)$,$X_{21}(k)$ 和 $X_{22}(k)$ 合并成 $X_2(k)$。

如果 $N/4$ 是大于 2 的偶数,可以继续分解,直到分解成两点 DFT 为止。根据 DFT 的计算公式,两点 DFT 为:

$$X(k) = \sum_{n=0}^{1} x(n) W_2^{nk}, \quad k = 0, 1$$

所以

$$X(0) = \sum_{n=0}^{1} x(n) = x(0) + x(1)$$

$$X(1) = \sum_{n=0}^{1} x(n) W_2^n = x(0) - x(1)$$

即两点时域信号做蝶形运算得到两点 DFT,因此完全分解只需要分解到 2 点 DFT 为止。

2. 运算量

对于 $N = 2^M$,最多可以分解 $M = \log_2 N$ 次,即流图有 $\log_2 N$ 级。每级有 $N/2$ 个蝶形运算,每个蝶形运算需要 1 次复数乘法和 2 次复数加法,所以 N 点 DFT 总共需要复数乘法次数为 $\frac{N}{2}\log_2 N$ 次,复数加法次数为 $N\log_2 N$ 次。随着信号点数 N 的增大,FFT 算法的优越性越来越明显。例如:当 $N = 1024$ 时,直接计算 DFT 与 FFT 算法计算 DFT 所需复数乘法次数的比值为:

$$N^2 / (\frac{N}{2}\log_2 N) = 1024^2 / (\frac{1024}{2}\log_2 1024) = 204.8$$

可见利用 FFT 算法求解 DFT,明显提高了运算速度。表 6.2.1 列出了 FFT 算法与直接计算时所需复数乘法运算量的比较。

表 6.2.1 FFT 算法与直接算法的运算量比较

N	N^2	$\frac{N}{2}\log_2 N$	$N^2/(\frac{N}{2}\log_2 N)$
2	4	1	4
4	16	4	4
8	64	12	5.4
16	256	32	8
32	1024	80	12.8
64	4096	192	21.3
128	16384	448	36.6
256	65536	1024	64
512	262144	2304	113.8
1024	1048576	5120	204.8
2048	4194304	11264	372.4

【例 6.2.1】推导并画出有限长序列 $x(n)$($0 \leq n \leq 7$)的时间抽取基 -2 FFT 算法流图。

【解】第 1 次分解:首先将 $x(n)$ 按照 n 的奇偶分解成两个子序列,记作:

$$x_1(n) = x(2n) = \{x(0), x(2), x(4), x(6)\}, 0 \leq n \leq 3$$
$$x_2(n) = x(2n+1) = \{x(1), x(3), x(5), x(7)\}, 0 \leq n \leq 3$$

它们的离散傅里叶变换分别记为 $X_1(k)$ 和 $X_2(k)$,根据式(6.2.6),可以得到:

$$X(k) = X_1(k) + W_8^k X_2(k), 0 \leq k \leq 3$$
$$X(k+4) = X_1(k) - W_8^k X_2(k), 0 \leq k \leq 3$$

即

$$X(0) = X_1(0) + W_8^0 X_2(0), X(4) = X_1(0) - W_8^0 X_2(0)$$
$$X(1) = X_1(1) + W_8^1 X_2(1), X(5) = X_1(1) - W_8^1 X_2(1)$$
$$X(2) = X_1(2) + W_8^2 X_2(2), X(6) = X_1(2) - W_8^2 X_2(2)$$
$$X(3) = X_1(3) + W_8^3 X_2(3), X(7) = X_1(3) - W_8^3 X_2(3)$$

可见，$X(0)$ 与 $X(4)$，$X(1)$ 与 $X(5)$，$X(2)$ 与 $X(6)$，$X(3)$ 与 $X(7)$ 分别构成蝶形运算。第 1 次分解的算法流图如图 6.2.2 所示。

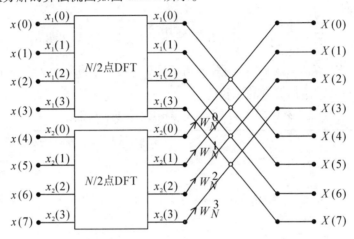

图 6.2.2 $N=8$ 时间抽取将 N 点 DFT 分解为两个 $N/2$ 点 DFT

第 2 次分解：对于 $x_1(n)$（$0 \leq n \leq 3$），可以进一步分解为 $x_{11}(n)$ 与 $x_{12}(n)$，分别为：

$$x_{11}(n) = x_1(2n) = x(4n) = \{x(0), x(4)\}, n = 0,1$$
$$x_{12}(n) = x_1(2n+1) = x(4n+2) = \{x(2), x(6)\}, n = 0,1$$

它们的离散傅里叶变换记为：

$$X_{11}(k) = \mathrm{DFT}[x_{11}(n)], X_{12}(k) = \mathrm{DFT}[x_{12}(n)]$$

根据式(6.2.6)，可以得到：

$$X_1(k) = X_{11}(k) + W_{N/2}^k X_{12}(k) = X_{11}(k) + W_N^{2k} X_{12}(k), 0 \leq k \leq 1$$
$$X_1(k+2) = X_{11}(k) - W_{N/2}^k X_{12}(k) = X_{11}(k) - W_N^{2k} X_{12}(k), 0 \leq k \leq 1$$

即

$$X_1(0) = X_{11}(0) + W_N^0 X_{12}(0), X_1(2) = X_{11}(0) - W_N^0 X_{12}(0)$$
$$X_1(1) = X_{11}(1) + W_N^2 X_{12}(1), X_1(3) = X_{11}(1) - W_N^2 X_{12}(0)$$

即 $X_1(0)$ 与 $X_1(2)$，$X_1(1)$ 与 $X_1(3)$ 分别构成蝶形运算。

对于序列 $x_2(n)$，分析的过程类似，不再赘述。第 2 次分解的算法流图如图 6.2.3 所示。

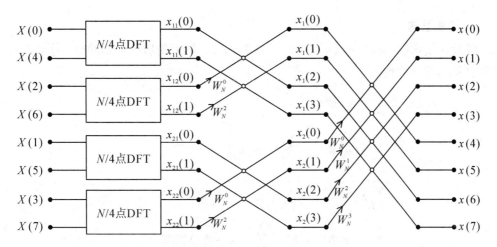

图 6.2.3　$N = 8$ 时间抽取 N 点 DFT 分解为 4 个 $N/4$ 点 DFT

对于 $N = 8$，最后的两点 DFT 正好构成一个蝶形，分别为：

$$X_{11}(0) = x(0) + x(4),\ X_{11}(1) = x(0) - x(4)$$
$$X_{12}(0) = x(2) + x(6),\ X_{12}(1) = x(2) - x(6)$$
$$X_{21}(0) = x(1) + x(5),\ X_{21}(1) = x(1) - x(5)$$
$$X_{22}(0) = x(3) + x(7),\ X_{22}(1) = x(3) - x(7)$$

$N = 8$ 时按时间抽取基 -2 FFT 算法流图如图 6.2.4 所示。

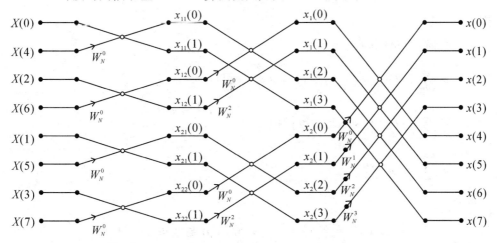

图 6.2.4　$N = 8$ 时间抽取基 -2 FFT 算法流图

由于每次分解都是将一个 N 点序列按照时域的奇偶性分成两个 $N/2$ 点序列，所以将这种计算 DFT 的方法称为按时间抽取的基 -2 FFT 算法。

6.3　频率抽取基 -2 FFT 算法

频率抽取基 -2 FFT 算法的基本思想：将输出序列 $X(k)$ 根据序号的奇偶逐次分解成较短的子序列，同样要求有限长序列的长度 N 为 2 的整数次幂。

1. 算法原理

因为 N 是偶数,所以将 $x(n)$ ($0 \leq n \leq N-1$) 分解成前后两个相同的短序列来计算 DFT,离散傅里叶变换为:

$$\begin{aligned}
X(k) &= \sum_{n=0}^{N-1} x(n) W_N^{kn} \\
&= \sum_{n=0}^{N/2-1} x(n) W_N^{kn} + \sum_{n=N/2}^{N-1} x(n) W_N^{kn} \\
&= \sum_{n=0}^{N/2-1} x(n) W_N^{kn} + \sum_{n=0}^{N/2-1} x(n+N/2) W_N^{k(n+N/2)} \\
&= \sum_{n=0}^{N/2-1} x(n) W_N^{kn} + W_N^{kN/2} \sum_{n=0}^{N/2-1} x(n+N/2) W_N^{kn} \\
&= \sum_{n=0}^{N/2-1} x(n) W_N^{kn} + (-1)^k \sum_{n=0}^{N/2-1} x(n+N/2) W_N^{kn} \\
&= \sum_{n=0}^{N/2-1} [x(n) + (-1)^k x(n+N/2)] W_N^{kn}
\end{aligned} \quad (6.3.1)$$

式中 $0 \leq k \leq N-1$,将 $X(k)$ 按照 k 做奇偶分解,即

$$X_1(k) = X(2k), \quad X_2(k) = X(2k+1), \quad 0 \leq k \leq \frac{N}{2}-1$$

其中

$$\begin{aligned}
X_1(k) &= X(2k) \\
&= \sum_{n=0}^{N/2-1} [x(n) + (-1)^{2k} x(n+N/2)] W_N^{2kn} \\
&= \sum_{n=0}^{N/2-1} [x(n) + x(n+N/2)] W_{N/2}^{kn} \\
&= \sum_{n=0}^{N/2-1} x_1(n) W_{N/2}^{kn}
\end{aligned} \quad ,0 \leq k \leq \frac{N}{2}-1 \quad (6.3.2)$$

式中:

$$x_1(n) = x(n) + x(n+N/2), \quad 0 \leq n \leq \frac{N}{2}-1 \quad (6.3.3)$$

同理,可以得到:

$$\begin{aligned}
X_2(k) &= X(2k+1) \\
&= \sum_{n=0}^{N/2-1} [x(n) + (-1)^{2k+1} x(n+N/2)] W_N^{(2k+1)n} \\
&= \sum_{n=0}^{N/2-1} [x(n) - x(n+N/2)] W_{N/2}^{kn} W_N^n \\
&= \sum_{n=0}^{N/2-1} x_2(n) W_{N/2}^{kn}
\end{aligned} \quad ,0 \leq k \leq \frac{N}{2}-1 \quad (6.3.4)$$

式中：
$$x_2(n) = [x(n) - x(n+N/2)]W_N^n, 0 \leq n \leq \frac{N}{2} - 1 \quad (6.3.5)$$

即将 $x(n)$ 按照上式组成两个 $N/2$ 点序列 $x_1(n)$ 和 $x_2(n)$，再分别求取 $\mathrm{DFT}[x_1(n)] = X_1(k)$ 和 $\mathrm{DFT}[x_2(n)] = X_2(k)$。

由于 $X_1(k) = X(2k)$，$X_2(k) = X(2k+1)$，$0 \leq k \leq \frac{N}{2} - 1$，可以得到：

$$X(k) = \begin{cases} X_1(\frac{k}{2}) & k \text{ 为偶数} \\ X_2(\frac{k-1}{2}) & k \text{ 为奇数} \end{cases}, 0 \leq k \leq N - 1 \quad (6.3.6)$$

$$\begin{cases} x_1(n) = x(n) + x(n+N/2) \\ x_2(n) = [x(n) - x(n+N/2)]W_N^n \end{cases}, 0 \leq n \leq \frac{N}{2} - 1 \quad (6.3.7)$$

将式(6.3.7)用信号流图的形式表示，如图6.3.1所示。

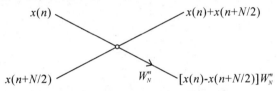

图 6.3.1 频率抽取的蝶形运算流图

从上述求解过程可以看出，求 $N/2$ 点 $\mathrm{DFT}[x_1(n)]$ 和 $\mathrm{DFT}[x_2(n)]$，复数乘法次数为 $\left(\frac{N}{2}\right)^2 + \left(\frac{N}{2}\right)^2$ 次，加上合成所需的 $\frac{N}{2}$ 次复数乘法，一共有 $\left(\frac{N}{2}\right)^2 + \left(\frac{N}{2}\right)^2 + \frac{N}{2} \approx \frac{N^2}{2}$ 次复数乘法。直接求解 N 点 DFT 所需复数乘法次数为 N^2 次，运算量经过一级分解后，约减少一半。

依照频率抽取基-2 FFT 算法，如果 $N/2$ 仍旧是大于 2 的偶数，继续按式(6.3.6)和式(6.3.7)分解为 4 个 $N/4$ 点的 DFT，直到最后分解到两点为止。

2. 运算量

对于 $N = 2^M$，最多可以分解 $M = \log_2 N$ 次，流图共有 $\log_2 N$ 级。每级有 $N/2$ 个蝶形运算，每个蝶形运算需要 1 次复数乘法和 2 次复数加法。N 点 DFT 总共需要复数乘法次数为 $\frac{N}{2}\log_2 N$，复数加法次数为 $N\log_2 N$。

【例6.3.1】 推导有限长序列 $x(n)$（$0 \leq n \leq 7$）的按频率抽取基2—FFT算法，并画出算法的蝶形流图。

【解】 先将有限长序列 $x(n)$ 分为两个时域信号：

$$\begin{cases} x_1(n) = x(n) + x(n+N/2) \\ x_2(n) = [x(n) - x(n+N/2)]W_N^n \end{cases}, 0 \leq n \leq 3$$

所以

$$x_1(0) = x(0) + x(4), x_2(0) = [x(0) - x(4)]W_N^0$$
$$x_1(1) = x(1) + x(5), x_2(1) = [x(1) - x(5)]W_N^1$$
$$x_1(2) = x(2) + x(6), x_2(2) = [x(2) - x(6)]W_N^2$$
$$x_1(3) = x(3) + x(7), x_2(3) = [x(3) - x(7)]W_N^3$$

第 1 次分解的蝶形运算流图如图 6.3.2 所示。

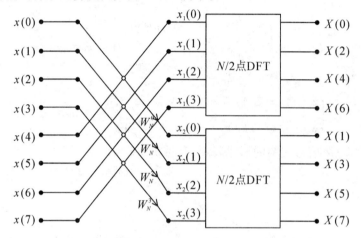

图 6.3.2　$N = 8$ 频率抽取将 N 点 DFT 分解为两个 $N/2$ 点 DFT

依此类推，再将 $N/2$ 序列 $x_1(n)$ 和 $x_2(n)$ 分解为 $x_{11}(n), x_{12}(n)$ 和 $x_{21}(n), x_{22}(n)$：

$$x_{11}(n) = x_1(n) + x_1(n + N/4)$$
$$x_{12}(n) = [x_1(n) - x_1(n + N/4)]W_{N/2}^n$$
$$x_{21}(n) = x_2(n) + x_2(n + N/4)$$
$$x_{22}(n) = [x_2(n) - x_2(n + N/4)]W_{N/2}^n$$

对 4 个序列分别做离散傅里叶变换，可以得到：

$$X_{11}(k) = \mathrm{DFT}[x_{11}(n)] = X_1(2k) = X(4k)$$
$$X_{12}(k) = \mathrm{DFT}[x_{12}(n)] = X_1(2k+1) = X(4k+2)$$
$$X_{21}(k) = \mathrm{DFT}[x_{21}(n)] = X_2(2k) = X(4k+1)$$
$$X_{22}(k) = \mathrm{DFT}[x_{22}(n)] = X_2(2k+1) = X(4k+3)$$

式中，$0 \leq k \leq \dfrac{N}{4} - 1$，蝶形运算流图如图 6.3.3 所示。

对于 $N = 8$，两次分解就到了 2 点 DFT，分解结束。最终的信号流图如图 6.3.4 所示。

观察流图 6.3.4，这种算法是将输入序列逐次分解，每次分解都是将一个 N 点序列在频域上按偶数和奇数分为两个 $N/2$ 点序列，所以把这种计算 DFT 的方法称为按频率抽取的基 - 2 FFT 算法。

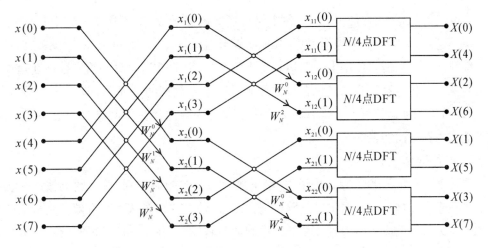

图 6.3.3　$N = 8$ 频率抽取将 N 点 DFT 分解为 4 个 $N/4$ 点 DFT

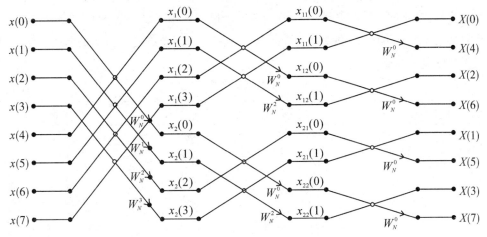

图 6.3.4　$N = 8$ 频率抽取法基 – 2 FFT 算法流图

6.4　FFT 实现中的具体问题

1. 原位运算(同址运算)

参与运算的输入和输出数据占有同一存储空间(地址相同,存储空间大小相同),称为原位运算。就 FFT 算法而言,若输入数据组为 A,即

$$x(0) \to A(1), x(1) \to A(2), \cdots, x(N-1) \to A(N) \tag{6.4.1}$$

经过 FFT 运算,输出数据也应该在数组 A 中,即

$$A(1) = X(0), A(2) = X(1), \cdots, A(N) = X(N-1) \tag{6.4.2}$$

观察图 6.2.4 所示的时间抽取基 – 2 FFT 运算流图,蝶形运算可以表示为:

$$\begin{cases} A_m(i) = A_{m-1}(i) + A_{m-1}(j) W_N^k \\ A_m(j) = A_{m-1}(i) - A_{m-1}(j) W_N^k \end{cases} \tag{6.4.3}$$

式中,m 表示级数,i,j 为数组 A 的变元,参与运算的数据为 $A_{m-1}(i)$ 和 $A_{m-1}(j)$,结果为

$A_m(i)$ 和 $A_m(j)$。由于在同一级中,各个蝶形运算相互独立,互不影响,数据 $A_{m-1}(i)$ 和 $A_{m-1}(j)$ 只参与一组中某个蝶形运算,其他的蝶形运算与 $A_{m-1}(i)$ 和 $A_{m-1}(j)$ 无关,而且任何一级蝶形运算只需要使用上一级运算得到的结果,因此蝶形运算的输入数据在运算中不需要保存。将运算得到的结果存储在原来存储输入数据的单元中,即可以实现"同址运算"。可见同址运算可以在保存输入数据的单元中存储运算中间结果和最终结果,以达到节省内存空间的目的。

2. 码位倒置

图 6.2.4 所示的 FFT 算法流图中,输出数据按自然顺序排列,输入数据按二进制码位倒置顺序进行排列。所谓二进制码位倒置,是指将二进制数从最高有效位到最低有效位的位序进行颠倒放置而得到的新的二进制数。码位倒置的二进制数通常称为倒序数。例如:$N = 8$ 时,$n = 1$ 的二进制码为 001,码位倒置后为 100,则相应的二进制数为 4。因此 $N = 8$ 时,顺序数 1 的倒序数为 4。$N = 8$ 的码位倒置顺序见表 6.4.1。值得注意的是,倒序数与码长(N)有关。例如 $N = 16$ 时,顺序数 1 的倒序数是 8 而不是 4。$N = 16$ 的码位倒置顺序见表 6.4.2。

表 6.4.1 码位倒置顺序($N = 8$)

自然顺序数	二进制码	码位倒置	倒序数
0	000	000	0
1	001	100	4
2	010	010	2
3	011	110	6
4	100	001	1
5	101	101	5
6	110	011	3
7	111	111	7

表 6.4.2 码位倒置顺序($N = 16$)

自然顺序数	二进制码	码位倒置	倒序数
0	0000	0000	0
1	0001	1000	8
2	0010	0100	4
3	0011	1100	12
4	0100	0010	2
5	0101	1010	10
6	0110	0110	6

续表

自然顺序数	二进制码	码位倒置	倒序数
7	0111	1110	14
8	1000	0001	1
9	1001	1001	9
10	1010	0101	5
11	1011	1101	13
12	1100	0011	3
13	1101	1011	11
14	1110	0111	7
15	1111	1111	15

之所以出现输入数据按码位倒置排列的情况,是因为时间抽取基-2 FFT 算法要求将输入序列 $x(n)$ 多次按 n 的奇偶分组所致。以 $N=8$ 为例,如图 6.4.1 所示,第 1 次分解将 $x(n)$ 分解成偶数序号和奇数序号两个子序列,前者序号的二进制编码最低位 n_0 为 0,放在图 6.4.1 的上半部,后者序号的二进制编码最低位 n_0 为 1,放在图 6.4.1 的下半部。第 2 次分解根据序号 $x(n)$ 的次低位 n_1 是 0 还是 1,将第 1 次分解得到的子序列分成偶数序号和奇数序号两个子序列。重复这种过程,直至得到 N 个长度为 1 的子序列为止。

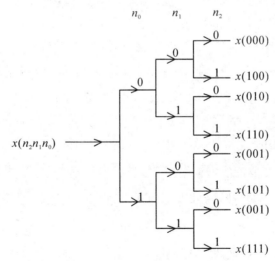

图 6.4.1 描述倒拉序排序的树状图

图 6.2.4 是输入倒位序,输出自然顺序;图 6.3.4 输入自然顺序,输出倒位序。倒位序用硬件实现非常容易,数字信号处理器中有专门的实现倒位序的硬件电路。

3. 系数

考虑图 6.3.4 所示的频率抽取基-2 FFT 算法,有限长序列长度 $N=2^M$,蝶形图共 M 级,每一级的系数规律如表 6.4.3 所示。

表 6.4.3　频率抽取基 – 2FFT 算法系数表

级数	系数种类	重复次数	系数
1	$\dfrac{N}{2} = 2^{M-1}$	$1 = 2^0$	$W_N^j \; j = 0, 1, \cdots, \dfrac{N}{2} - 1 = 2^{M-1} - 1$
2	$\dfrac{N}{4} = 2^{M-2}$	$2 = 2^1$	$W_N^{2j} \; j = 0, 1, \cdots, \dfrac{N}{4} - 1 = 2^{M-2} - 1$
3	$\dfrac{N}{8} = 2^{M-3}$	$4 = 2^2$	$W_N^{4j} \; j = 0, 1, \cdots, \dfrac{N}{8} - 1 = 2^{M-3} - 1$
i	$\dfrac{N}{2^i} = 2^{M-i}$	2^{i-1}	$W_N^{2^{i-1}j} \; j = 0, 1, \cdots, \dfrac{N}{4} - 1 = 2^{M-i} - 1$

从表 6.4.3 中可以看出，在蝶形运算的同一级中，系数自上而下，从 W_N^0 开始按上述规律依次递增，周期重复。

图 6.2.4 所示的时间抽取基 – 2 FFT 算法，系数正好相反。在具体实现时，可以将所有系数实现计算出来，存储在一个数表当中，在处理 FFT 运算时随时读取，这样运算速度较快。

6.5　离散傅里叶反变换（IDFT）的计算方法

对于有限长序列 $x(n)$（$0 \leqslant n \leqslant N-1$），傅里叶变换和反变换公式为：

$$X(k) = \mathrm{DFT}[x(n)] = \sum_{n=0}^{N-1} x(n) W_N^{kn}, \; 0 \leqslant k \leqslant N-1$$

$$x(n) = \mathrm{IDFT}[X(k)] = \frac{1}{N} \sum_{n=0}^{N-1} X(k) W_N^{-kn}, \; 0 \leqslant n \leqslant N-1$$

比较上面两式，将 DFT 运算中的系数 W_N^{kn} 改为 W_N^{-kn}，并且在最后乘以系数 $1/N$，就可以利用 FFT 算法计算 IDFT。

IDFT 的快速实现主要有三种方法。

1. 仿照 DFT 求 IDFT

时间抽取的 FFT 对应频率抽取的 IFFT，需要把系数 W_N^k 改为 W_N^{-n}；频率抽取的 FFT 对应时间抽取的 IFFT，需要把系数 W_N^n 改为 W_N^{-k}；此外，还要乘以因子 $\dfrac{1}{N}$。因子 $\dfrac{1}{N}$ 的处理主要有以下三种方法：

（1）把离散傅里叶反变换改写成下式：

$$x(n) = \frac{1}{N} \Big[\sum_{n=0}^{N-1} X(k) W_N^{-kn} \Big] \tag{6.5.1}$$

即后乘因子 $\dfrac{1}{N}$。缺点：计算过程中，中间结果过大而导致计算溢出。

（2）把离散傅里叶反变换改写成下式：

$$x(n) = \sum_{n=0}^{N-1} \Big[\frac{1}{N} X(k) \Big] W_N^{-kn} \tag{6.5.2}$$

即先乘因子 $\frac{1}{N}$。缺点:输入数据过小,导致计算误差变大。

(5) 由于 $\frac{1}{N} = 2^{-M}$,流图共有 M 级,故每一级乘以因子 $\frac{1}{2}$,则 M 级一共乘以 $\left(\frac{1}{2}\right)^M$ $= 2^{-M} = \frac{1}{N}$,从而避免了上述不足之处。

2. 直接利用 FFT 求 IDFT

将离散傅里叶反变换公式变换为:

$$x(n) = \frac{1}{N}\sum_{n=0}^{N-1} X(k) W_N^{-kn} \cdot R_N(n) = \frac{1}{N}\sum_{n=0}^{N-1} [X^*(k) W_N^{kn}]^* \cdot R_N(n) \quad (6.5.3)$$

实现的步骤如图 6.5.1 所示。

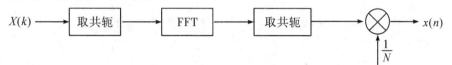

图 6.5.1 利用 FFT 求 IDFT

3. 利用 DFT 的对偶性质求 IDFT

根据式(5.3.9),可以得到:

$$\mathrm{DFT}[X(k)] = Nx(N - n) = Nx((-n))_N \cdot R_N(n) \quad (6.5.4)$$

即先对 $X(k)$ 计算 N 点 FFT,将结果相对 $N/2$ 反转($x(0)$ 保持不变),再乘以 $\frac{1}{N}$。如图 6.5.2 所示。

图 6.5.2 利用 DFT 的对偶性质求 IDFT

6.6 任意基数的 FFT 算法

前面讨论的基 -2 FFT 算法,要求序列 $x(n)$ 的长度为 2 的整数次幂。在实际处理过程中遇到 $N \neq 2^M$ 的情况,可以对序列 $x(n)$ 补零增长至 N_1 点($N_1 > N$)且 $N_1 = 2^M$。序列补零增长后频谱采样加密,特性不变。

但是如果长度 N 不能人为确定,比如要求采样频率 $f_s = 10\mathrm{kHz}$,频率分辨率 $\Delta f = 50\mathrm{Hz}$,则 DFT 点数应为 $N = 200$,即要求准确地计算 DFT 值时,不能以补零增长为 2 的整数次幂,这时需要采用任意基数的 FFT 算法来计算。

1. 算法原理

设有限长序列 $x(n)$ ($0 \leq n \leq N - 1$),如果 N 是可以分解为 $p \cdot q$ 的合数,可以将 N 点 DFT 分解为 p 个 q 点的 DFT 或 q 个 p 点的 DFT,以减少运算量。

例如，将序列按时间抽取分解为 p 个 q 点序列，分别记作：

$$x_0(r) = x(pr)$$
$$x_1(r) = x(pr+1)$$
$$\vdots$$
$$x_i(r) = x(pr+i)$$
$$\vdots$$
$$x_{p-1}(r) = x(pr+p-1) \quad r = 0,1,\cdots,q-1 \tag{6.6.1}$$

计算离散傅里变换，可以得到：

$$\begin{aligned}X(k) &= \sum_{n=0}^{N-1} x(n) W_N^{kn} = \sum_{r=0}^{q-1} x(pr) W_N^{prk} + \sum_{r=0}^{q-1} x(pr+1) W_N^{(pr+1)k} + \cdots + \\ &\quad \sum_{r=0}^{q-1} x(pr+p-1) W_N^{(pr+p-1)k} = \sum_{r=0}^{q-1} x_0(r) W_{N/p}^{rk} + W_N^k \sum_{r=0}^{q-1} x_1(r) W_{N/p}^{rk} \\ &\quad + W_N^{2k} \sum_{r=0}^{q-1} x_2(r) W_{N/p}^{rk} + \cdots + W_N^{(p-1)k} \sum_{r=0}^{q-1} x_{p-1}(r) W_{N/p}^{rk} \\ &= \sum_{i=0}^{p-1} W_N^{ik} \sum_{r=0}^{q-1} x_i(r) W_q^{rk} \\ &= \sum_{i=0}^{p-1} W_N^{ik} X_i(k)\end{aligned} \tag{6.6.2}$$

式中：

$$X_i(k) = \sum_{r=0}^{q-1} x_i(r) W_q^{rk} = \mathrm{DFT}[x_i(n)], 0 \leq k \leq q-1 \tag{6.6.3}$$

将 $X(k)$ 分成 p 段，每段 q 点，即 $X(k), X(k+q), X(k+2q), \cdots, X(k+(p-1)q)$，$0 \leq k \leq q-1$。从而得到基本的蝶形运算：

$$\begin{aligned}X(k) &= \sum_{i=0}^{p-1} W_N^{ki} X_i(k) \\ X(k+q) &= \sum_{i=0}^{p-1} W_N^{(k+q)i} X_i(k) \\ &\vdots \\ X(k+(p-1)q) &= \sum_{i=0}^{p-1} W_N^{(k+(p-1)q)i} X_i(k), 0 \leq k \leq q-1\end{aligned} \tag{6.6.4}$$

如果 p 或 q 为合数，可以继续分解，从而进一步减少运算量。原则上，分解的次数越多，算法的效率越高。

2. 运算量

通过上述分析过程可以看到，每求一个 $X_i(k)$，需要 q 点 DFT 运算，即需要 q^2 次复数乘法，对于 $0 \leq i \leq p-1$，p 个 q 点序列做 DFT，共需要 pq^2 次复数乘法；合成 $X(k+lq) = \sum_{i=0}^{p-1} W_N^{(k+lq)i} X_i(k)$，$0 \leq l \leq p-1$，共 Np 次复数乘法；一共需要的复数乘法次数为 $pq^2 + Np = Nq + Np = N(p+q) < Npq = N^2$ 次，运算量小于直接方法计算 DFT 的运算量。

例如,有限长序列 $x(n)$($0 \leq n \leq 5$),将序列分成 $N = pq, p = 3, q = 2$,即将原序列分成 3 个 2 点的序列:

$$x_0(r) = x(pr) = x(3r) = \{x(0), x(3)\}, r = 0, 1$$
$$x_1(r) = x(pr + 1) = x(3r + 1) = \{x(1), x(4)\}, r = 0, 1$$
$$x_2(r) = x(pr + 2) = x(3r + 2) = \{x(2), x(5)\}, r = 0, 1$$

计算离散傅里叶变换,可以得到:

$$\begin{cases} X(k) = \sum_{i=0}^{2} W_N^{ki} X_i(k) = X_0(k) + W_N^k X_1(k) + W_N^{2k} X_2(k) \\ X(k+2) = \sum_{i=0}^{2} W_N^{(k+2)i} X_i(k) = X_0(k) + W_N^{k+2} X_1(k) + W_N^{2(k+2)} X_2(k) \\ X(k+4) = \sum_{i=0}^{2} W_N^{(k+4)i} X_i(k) = X_0(k) + W_N^{k+4} X_1(k) + W_N^{2(k+4)} X_2(k) \end{cases}$$

式中 $0 \leq k \leq 1$。可以看出,经过 1 次分解就到了 2 点 DFT,分解结束,最终的分解流图如图 6.6.1 所示。

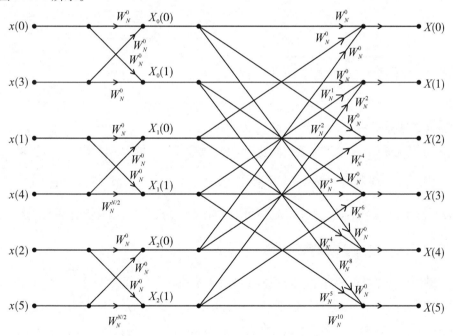

图 6.6.1 $N = 6$ 的分解流图

6.7 线性卷积的 FFT 算法

6.7.1 利用 FFT 求解线性卷积

1. 算法原理

两个有限长序列 $x(n)$($0 \leq n \leq N - 1$)和 $h(n)$($0 \leq n \leq M - 1$)的线性卷积为:

$$y(n) = x(n) * h(n) = \sum_{m=0}^{N-1} x(m)h(n-m)$$

因为 $x(n)$ 和 $h(n)$ 都是有限长,线性卷积的结果 $y(n)$ 也是一个有限长序列,长度为 $N+M-1$,如果直接计算全部卷积结果需 $N \times M$ 次乘法,$(N-1)(M-1)$ 次加法运算,当 N 和 M 较大时,运算量也比较大。根据前面有限长序列圆周卷积和线性卷积关系的讨论,圆周卷积是线性卷积的周期延拓取主值序列,由于圆周卷积可以采用 FFT 算法来实现,所以利用 FFT 算法可以实现线性卷积运算,具体步骤如下:

(1) 首先对 $x(n)$ 和 $y(n)$ 补零至 L 点,$L \geq N+M-1$;

(2) 对补零后的序列 $x(n)$ 和 $y(n)$ 做 L 点离散傅里叶变换,得到 $X(k)$ 和 $Y(k)$;

(3) 计算 $F(k) = X(k)Y(k)$;

(4) 对 $F(k)$ 做离散傅里叶反变换,得到 $f(n) = \text{IDFT}[F(k)] = x(n) * y(n)$。

具体算法流图如图 6.7.1 所示。

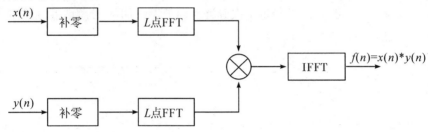

图 6.7.1 利用 FFT 求解线性卷积

2. 运算量分析

通过上述分析,利用 FFT 实现线性卷积运算,大部分工作量都可以用 FFT 运算来实现,一共需要调用三次 FFT 算法。所需复数乘法 $\frac{L}{2}\log_2 L \times 3 + L$ 次,复数加法 $3L\log_2 L$ 次。如果 M 和 N 较大,采用 FFT 实现的线性卷积运算可以大幅度减少运算量,故有快速卷积之称。

6.7.2 重叠相加法和重叠保留法

在实际应用的卷积运算中,常常会遇到一个序列的长度远大于另一个序列长度的情况。例如 $x(n)$($0 \leq n \leq N_1 - 1$)和 $h(n)$($0 \leq n \leq M - 1$)两个序列的长度 $N_1 >> M$(或 $N_1 \to \infty$)。在语音信号处理中,输入的语音信号 $x(n)$ 是长度无限的序列,通过有限长冲激响应为 $h(n)$ 的滤波器,输出信号 $y(n)$ 即为无限长的线性卷积。在这种情况下,采用上面补零的方法是不可取的,为此可以将长序列 $x(n)$ 分段,每段 N 点,分别与 $h(n)$ 卷积后,再将得到的分段结果合并成 $y(n)$。

1. 重叠相加法

首先将长序列 $x(n)$ 分段为若干短序列和的形式,记作:

$$x(n) = \sum_{i=0}^{\infty} x_i(n) \tag{6.7.1}$$

即每段子序列 N 点,表示为:

$$x_i(n) = \begin{cases} x(n) & iN \leq n \leq (i+1)N - 1 \\ 0 & \text{其余 } n \end{cases} \quad (6.7.2)$$

序列 $x(n)$ 与 $h(n)$ 的线性卷积 $y(n)$ 为：

$$y(n) = x(n) * h(n) = \left[\sum_{i=0}^{\infty} x_i(n)\right] * h(n) = \sum_{i=0}^{\infty} x_i(n) * h(n) = \sum_{i=0}^{\infty} y_i(n)$$

$$(6.7.3)$$

即线性卷积为各个分段序列 $x_i(n)$ 与 $h(n)$ 线性卷积叠加而成，其中 $x_i(n)$ 为 N 点序列，$h(n)$ 为 M 点序列，每一段线性卷积 $y_i(n)$ 为 $N+M-1$ 点。因此，每相邻两段输出必有 $M-1$ 点重叠，最后输出结果应将重叠部分相加，故称为重叠相加法。

图 6.7.2 表示了重叠相加法求解线性卷积的步骤。

可以看出重叠相加法求解线性卷积的特点：分段不重叠，结果重叠，每一段输出后 $M-1$ 点不是实际输出，必须等待后一段输出后确定。

2. 重叠保留法

与重叠相加法不同，重叠保留法在对 $x(n)$ 分段时，每一段 L 点，相邻两段有 $M-1$ 个点重叠，即每一段开始的 $M-1$ 个点的序列样本是前一段最后 $M-1$ 个点的序列样本。

$$x_i(n) = \begin{cases} x(n + iN - M + 1) & 0 \leq n \leq L - 1 \\ 0 & \text{其余 } n \end{cases} \quad (6.7.4)$$

其中：$N = L - M + 1$，是每段新增的序列点数。为便于计算，每段都将坐标原点移到每段起点。利用 L 点的 FFT 算法，分别计算下式：

$$y_i'(n) = x_i(n) \otimes_L h(n), 0 \leq n \leq L - 1 \quad (6.7.5)$$

卷积结果起始 $M-1$ 个点不同于 $x_i(n)$ 与 $h(n)$ 的线性卷积结果，有混叠发生，舍去不取，而后面 N 个点（$M-1 \leq n \leq L-1$）没有混叠，仍与线性卷积结果相等，即为所求。

$$y_i(n) = \begin{cases} y_i'(n) & M-1 \leq n \leq L-1 \\ 0 & \text{其余 } n \end{cases} \quad (6.7.6)$$

将各段的 $y_i(n)$ 顺次衔接起来，可以构成最后的输出序列 $y(n)$：

$$y(n) = \sum_{i=0}^{\infty} y_i(n - iN + M - 1) \quad (6.7.7)$$

图 6.7.3 表示了重叠保留法求解线性卷积的步骤。

可以看出重叠保留法求解线性卷积的特点：分段重叠，结果不重叠，每一段输出后 $M-1$ 点不是实际输出，必须等待后一段输出后确定。

重叠保留法与重叠相加法相比，二者的运算量是相当的，但可以省去重叠相加法的最后一步相加运算。分段长度 L 的选择，应考虑到 FFT 算法的需要，一般选为 M 的 5 到 10 倍，更接近于最高效的运算。

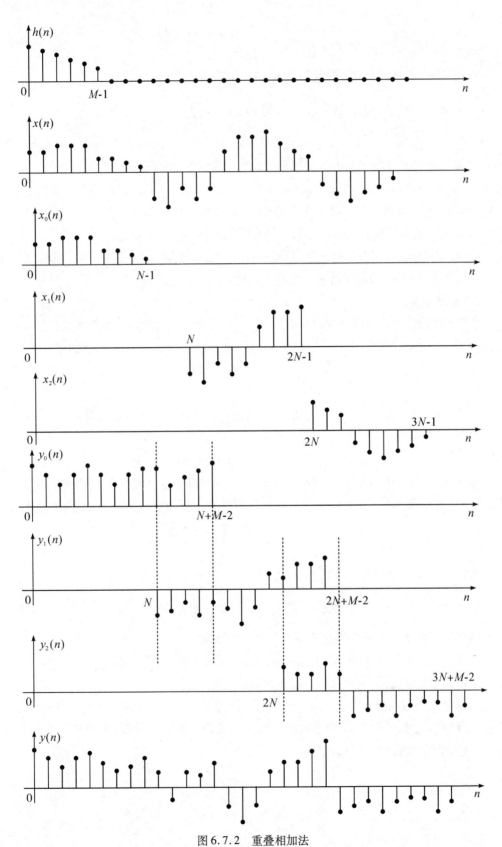

图 6.7.2 重叠相加法

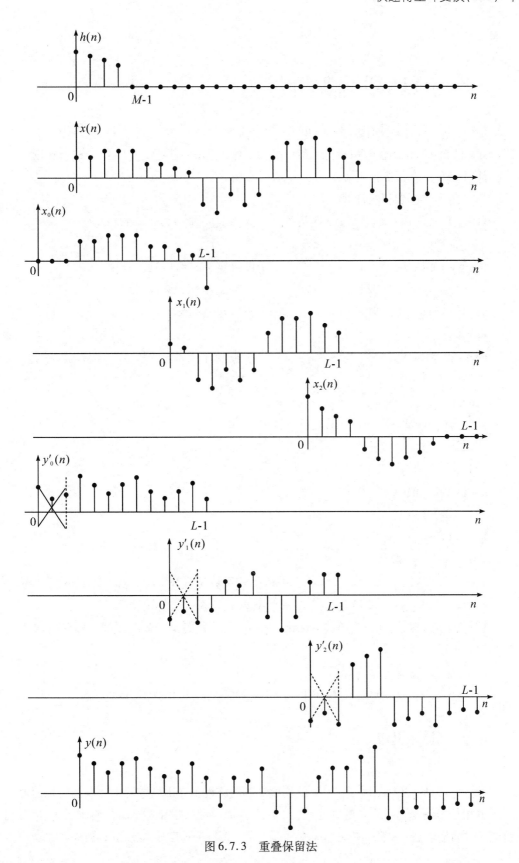

图 6.7.3 重叠保留法

6.8 MATLAB 仿真实例

【例6.8.1】已知有限长序列 $x_1(n) = \{2,3,1,4\}$，$x_2(n) = \{3,4,3,1\}$，其中 $0 \leq n \leq 3$，直接计算两个序列的线性卷积 $y_1(n)$ 和利用 FFT 算法求解线性卷积 $y_2(n)$，并进行比较。

MATLAB 仿真程序如下：

```
%   序列线性卷积的计算
x1 = [2,3,1,4];x2 = [3,4,3,1];        %建立序列 x1(n)和 x2(n)
N1 = length(x1);N2 = length(x2);
N = N1 + N2 - 1;                       %确定补足后序列的长度
x1 = [x1 zeros(1,(N2 - 1))];           %补足序列 x1(n)
x2 = [x2 zeros(1,(N1 - 1))];           %补足序列 x2(n)
y1 = [ ];
for i = 1:N                            %直接计算 x1(n)和 x2(n)的线性卷积
   y1(i) = 0;
   for j = 1:i
      y1(i) = y1(i) + x1 * x2(i + 1 - j);
   end
end
n = 1:N;k = n;
X1k = fft(x1);
X2k = fft(x2);
Y2k = X1k. * X2k;
Y2 = ifft(Y2k);                        %利用 FFT 算法计算 x1(n)和 x2(n)的线性卷积
err = max(abs(y1 - y2));               %计算两种计算方法的误差
```

执行程序之后，在工作空间(Workspace)中可以看到 y1 和 y2 的值，两者的误差为 $4.4409e - 015$。

y1 = [6,17,21,27,22,13,4]
y2 = [6.0000,17.0000,21.0000,27.0000,22.0000,13.0000,4.0000]

6.9 本章小结

本章从傅里叶变换复因子 $e^{-j\frac{2\pi}{N}nk}$ 的周期性和对称性推导出离散傅里叶变换的快速算法 FFT，并用信号流图说明 FFT 的计算过程。对于点数 N 是 2 的整数次幂的有限长序列，分别讨论了时间抽取基 -2 FFT 算法和频率抽取的基 -2 FFT 算法及蝶形图的画法。本章还介绍了离散傅里叶反变换的 FFT 算法、任意基数的 FFT 算法和线性卷积的快速算法。

除了 FFT 算法,DFT 的快速计算还有戈泽尔(Goertzel)算法和线性调频变换算法等,它们适用于只计算 DFT 的一小部分频率处的 DFT 值,或 N 是素数且不允许对时域信号补零(即不能改变频率采样点位置)等各种特殊的应用场合。

FFT 算法可以用硬件实现,也可以编写软件程序在计算机上运行。在工程实际中,由于成本等原因,任何算法或硬件电路中的系数和变量的精度不可能无限高,只能采用有限字长的二进制数表示。关于 FFT 实现中有限字长对运算结果影响的讨论见附录 E。

考虑到 DCT 在声音和图像压缩中的重要作用,附录 F 简要介绍了 DCT 的定义和基于 FFT 快速求解 DCT 的算法。

习 题

6.1 分别利用原位基 - 2 按时间抽取和基 - 2 按频率抽取算法,计算如下序列的 8 点 DFT。

$$x(n) = \left\{\frac{1}{2}, \frac{1}{2}, \frac{1}{2}, \frac{1}{2}, 0, 0, 0, 0\right\}$$

计算过程严格按照信号流图,并且跟踪框图中给出的所有中间量。

6.2 利用频率抽取基 - 2 FFT 算法计算如下序列的 8 点 DFT。

$$x(n) = \begin{cases} 1 & 0 \le n \le 7 \\ 0 & \text{其他} \end{cases}$$

6.3 设 $x(n)$ 是一个 M 点 $(0 \le n \le M-1)$ 的有限长序列,其 Z 变换为 $X(z)$。欲求 $X(z)$ 在单位圆上 N 个等距离点上的采样值 $X(z_k)$。其中

$$z_k = e^{j\frac{2\pi}{N}k}, \ k = 0, 1, \cdots, N-1$$

试问:在 $N < M$ 和 $N \ge M$ 两种情况下,如何用一个 N 点 FFT 来算出全部 $X(z_k)$ 值。

6.4 将图 6.2.4 的算法流图转置,即所有箭头反向,系数不变,输入输出信号交换,得到一个新的算法流图,将其与图 6.3.4 所示的流图做一比较,能得出什么结论?

6.5 试修改时间抽取基 - 2 FFT 算法和频率抽取基 - 2 FFT 算法的信号流图的系数,使之成为 IDFT 的快速算法,并画出信号流图。

6.6 在下面 FFT 流图的括号中填入正确的内容。

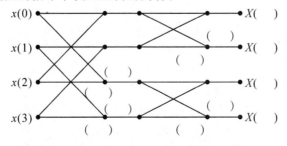

6.7 已知一个 N 点偶对称的实序列 $x(n) = x(N-1-n), n = 0, \cdots, N-1$,其 N 点 DFT

是 $X(k)$。

(1)证明可以只利用 $x(n)$ 一半的数据(即 $x(n)$, $n = 0, \cdots, N/2 - 1$)计算出 $X(k)$。

(2)定义以下 $N/2$ 点实序列 $y(n)$：
$$\begin{cases} y(n) = x(2n) & n = 0,1,\cdots,N/4 - 1 \\ y(N/2 - n - 1) = x(2n + 1) & n = N/4,\cdots,N/2 - 1 \end{cases}$$

其 $N/2$ 点 DFT 是 $Y(k)$，试用 $Y(k)$ 表示 $X(k)$。

6.8 已知 N 点序列 $x(n)$ 的离散傅里叶变换为 $X(k)$，N 为偶数。两个 $N/2$ 点序列定义为：
$$\begin{cases} x_1(n) = \frac{1}{2}[x(2n) + x(2n + 1)] \\ x_2(n) = \frac{1}{2}[x(2n) - x(2n + 1)] \end{cases}$$

其中 $n = 0,1,\cdots,N/2 - 1$。令 $X_1(k)$ 和 $X_2(k)$ 分别表示序列 $x_1(n)$ 和 $x_2(n)$ 的 $N/2$ 点 DFT，试用 $X_1(k)$ 和 $X_2(k)$ 确定 $x(n)$ 的 N 点 DFT。

6.9 已知两个 N 点实序列 $x(n)$ 和 $y(n)$，它们的 N 点 DFT 分别为 $X(k)$ 和 $Y(k)$，现在欲求序列 $x(n)$ 和 $y(n)$，试用一次 N 点 IFFT 运算来实现。

6.10 已知长度为 $2N$ 的实序列 $x(n)$，它的 $2N$ 点 DFT 记作 $X(k)$，现在欲由 $X(k)$ 计算 $x(n)$，为了提高效率，请设计用一次 N 点 IFFT 来完成。

6.11 开发一个基3按时间抽取 FFT 算法，其中 $N = 3^m$，并画出 $N = 9$ 时的流图。需要多少次复数乘法？其中的操作可以原位完成吗？

6.12 求 $N = 16$ 点基4按时间抽取 FFT 算法的信号流图，并令输入序列为自然数，计算为原位计算。

6.13 试画一个 $N = 12$ 点的 FFT 流图，请按 $N = 2 \cdot 2 \cdot 3$ 分解，并问可能有几种形式？

第 7 章 IIR 滤波器的设计

数字滤波是数字信号处理的一个重要内容。所谓数字滤波器就是指某种具有选择性的数字器件、网络或以计算机硬件为支撑的计算程序。一个理想的选频滤波器,可以让信号中的某些频率分量完全通过,同时完全抑制另外那些无用的频率分量,它的期望特性(设计指标)一般以幅频响应和相频响应的形式给出。本书前面分析过,根据系统的单位冲激响应是否为有限长,把滤波器分为无限冲激响应(IIR)滤波器和有限冲激响应(FIR)滤波器。本章重点讨论 IIR 滤波器及其设计过程。

学习要求:掌握原型模拟滤波器的设计;掌握利用模拟滤波器设计数字滤波器的方法,重点掌握冲激响应不变法和双线性变换方法。

7.1 引言

1. 滤波器的容差条件

一个理想的低通滤波器,其频率响应为:

$$H(e^{j\omega}) = \begin{cases} 1 & |\omega| \leq \omega_c \\ 0 & \omega_c < |\omega| \leq \pi \end{cases} \tag{7.1.1}$$

即在滤波器的通频带内,幅频响应为一常数,它的单位冲激响应为:

$$h(n) = \frac{\omega_c}{\pi} \frac{\sin(\omega_c n)}{\omega_c n} \tag{7.1.2}$$

可见该系统是非因果的,物理上不可实现。这个结论可以扩展到更一般的情况:任何具有平坦的通带和阻带或者具有陡峭截止特性的滤波器,无论是低通、高通、带通还是带阻,都是非因果的,物理上都是不可实现的。

在工程上,可以用一物理可实现的线性移不变系统去逼近理想滤波器。例如在上例中,一般对冲激响应 $h(n)$ 引入较大的延时 n_0,使它逼近于因果系统:

$$h'(n) = \begin{cases} h(n - n_0) & n \geq 0 \\ 0 & n < 0 \end{cases} \tag{7.1.3}$$

尽管 $h'(n)$ 的傅里叶变换 $H'(e^{j\omega})$ 与理想滤波器的频率响应 $H(e^{j\omega})$ 会出现一定的偏离,但在工程上,滤波器设计只要满足一定的容差条件就可以。容差条件可以用容限图来描述,如图 7.1.1 所示为低通滤波器的容限图。其中 ω_p 为通带截止频率,ω_s 为阻带截止频率，δ_p 为通带最大衰减，δ_s 为阻带最小衰减。

在通频带内，要求在 $\pm\delta_p$ 的范围内，系统的幅频响应逼近于 1，记作：

$$1 - \delta_p \leqslant |H(e^{j\omega})| \leqslant 1 + \delta_p, \quad |\omega| \leqslant \omega_p \tag{7.1.4}$$

在阻带内，要求幅频响应逼近于 0，误差不大于 δ_s，记作：

$$|H(e^{j\omega})| \leqslant \delta_s, \quad |\omega| > \omega_s \tag{7.1.5}$$

其中，$\Delta\omega = |\omega_s - \omega_p|$ 为过渡带宽。在过渡带内，幅频响应从通带到阻带平滑下降。

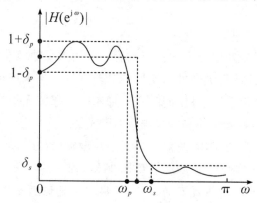

图 7.1.1　逼近理想低通滤波器的容限图

注意　一般数字滤波器容限图只画出 $0 \leqslant \omega \leqslant \pi$ 的范围。根据对称性，可以得出 $-\pi \leqslant \omega \leqslant 0$ 范围内的容限图（假设 $h(n)$ 是实函数，则幅频响应 $|H(e^{j\omega})|$ 是偶函数）。在 $-\pi \leqslant \omega \leqslant \pi$ 范围以外的容限图，可以根据系统频率响应 $H(e^{j\omega})$ 的周期性进行周期延拓得到。

2. 数字滤波器的设计步骤

1) 确定滤波器的设计指标

滤波器的设计指标一般以容限图的形式给出，如低通滤波器采用的主要参数包括通带截止频率 ω_p、阻带截止频率 ω_s、通带最大衰减 δ_p 和阻带最小衰减 δ_s。

2) 用一个物理可实现的线性移不变系统去逼近具有期望特性的滤波器

该系统可以用差分方程表示为：

$$y(n) = -\sum_{k=1}^{N} a_k y(n-k) + \sum_{k=0}^{M} b_k x(n-k)$$

用频率响应表示为：

$$H(e^{j\omega}) = \frac{\sum_{k=0}^{M} b_k e^{-j\omega k}}{1 + \sum_{k=1}^{N} a_k e^{-j\omega k}}$$

因此，用离散时间线性移不变系统逼近的过程，即是选择参数 $\{a_k\}$、$\{b_k\}$、M、N 的过程，参数如何选择依赖于设计准则，相关的设计准则将在后续章节中详细讨论。

3) 用相应的数字网络或有限精度算法去实现所设计的系统

FIR 和 IIR 的网络结构见第 9 章，本书不涉及具体的程序算法。

由于数字滤波器设计的第一步主要依赖于实际应用,第三步又依赖于实现的技术,所以本书主要讨论第二步,如何确定离散线性移不变系统,使它的系统函数落在容限范围之内,即函数逼近的问题。设计 IIR 滤波器是用有理函数 $H(z)$ 逼近理想频率响应,设计 FIR 滤波器是用多项式 $H(z)$ 逼近理想频率响应。

7.2 常用模拟滤波器设计

由于模拟 IIR 滤波器的设计技术较为成熟,现在有很多形式简单的设计公式,所以基于模拟滤波器设计的数字滤波器方法易于实现。一种常用的数字 IIR 滤波器设计方法:首先设计满足性能指标的模拟滤波器,然后将其转换为数字滤波器。这种最先设计的模拟滤波器称为原型滤波器。比较常用的原型模拟滤波器主要有巴特沃什(Butterworth)滤波器、切比雪夫(Chepyshev)滤波器和椭圆滤波器。

7.2.1 巴特沃什模拟低通滤波器

巴特沃什模拟低通滤波器是采用幅度响应平方函数描述的全极点滤波器,幅度响应平方函数记作:

$$|H_a(j\Omega)|^2 = \frac{1}{1+\left(\dfrac{\Omega}{\Omega_c}\right)^{2N}} \tag{7.2.1}$$

其中,N 为滤波器阶数,Ω_c 为 3dB 频率(通常称为截止频率)。巴特沃什模拟低通滤波器的平方幅频特性函数如图 7.2.1 所示。

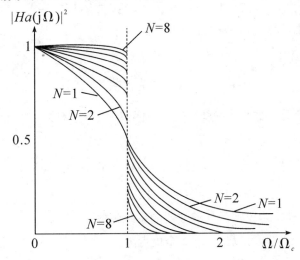

图 7.2.1 巴特沃什低通滤波器幅频平方特性函数

1. 频率响应及其特点

(1) 当 $0 \leqslant |\Omega| < \Omega_c$ 时,$\dfrac{\Omega}{\Omega_c} < 1$,$\left(\dfrac{\Omega}{\Omega_c}\right)^{2N} \ll 1$,则 $|H_a(j\Omega)| \approx 1$;

当 $\Omega_c < |\Omega| \leq \infty$ 时，$\dfrac{\Omega}{\Omega_c} > 1$，$\left(\dfrac{\Omega}{\Omega_c}\right)^{2N} >> 1$，则 $|H_a(j\Omega)| \to 0$；

当 $\Omega = \Omega_c$ 时，$\dfrac{\Omega}{\Omega_c} = 1$，则 $|H_a(j\Omega)| = \dfrac{1}{\sqrt{2}}$。

注意巴特沃什模拟低通滤波器的带宽恒为 3dB，与滤波器阶数无关。

(2) 巴特沃什滤波器在通带内和阻带内均单调变化，当 $\Omega > 0$ 时，$|H_a(j\Omega)|$ 单调下降。

(3) 当 $\Omega = 0$ 时，$|H_a(j\Omega)| = 1$。由于幅度平方函数 $|H_a(j\Omega)|^2$ 的前 $2N-1$ 阶导数在 $\Omega = 0$ 处恒为零，故又称为最大平坦响应滤波器。

(4) 随阶数 N 的增大越来越接近于理想低通滤波器。

2. 极点分布

将 $s = j\Omega$ 代入式 (7.2.1)，可以得到：

$$|H_a(s)|^2 = \dfrac{1}{1 + \left(\dfrac{s}{j\Omega_c}\right)^{2N}} = \dfrac{(j\Omega_c)^{2N}}{s^{2N} + (j\Omega_c)^{2N}}$$

$$= \dfrac{j^{2N}(\Omega_c)^{2N}}{s^{2N} + (j\Omega_c)^{2N}} = \dfrac{(\Omega_c)^{2N}}{(-1)^N [s^{2N} + (j\Omega_c)^{2N}]}$$

$$= \dfrac{(\Omega_c)^{2N}}{(-1)^N \prod_{i=0}^{2N-1}(s - s_i)}$$

可以看出，极点由 $s^{2N} + (j\Omega_c)^{2N} = 0$ 确定，极点为：

$$s_i = (-1)^{\frac{1}{2N}} j\Omega_c = \Omega_c e^{j\pi\left(\frac{1}{2} + \frac{2i+1}{2N}\right)},\ i = 0,1,\cdots,2N-1 \qquad (7.2.2)$$

若将 Ω_c 归一化，极点为：

$$s_i' = \dfrac{s_i}{\Omega_c} = e^{j\pi\left(\frac{1}{2} + \frac{2i+1}{2N}\right)} = \begin{cases} e^{j\frac{i\pi}{N}} & N\ 为奇数 \\ e^{j\left(\frac{i\pi}{N} + \frac{\pi}{2N}\right)} & N\ 为偶数 \end{cases},\ i = 0,1,\cdots,2N-1 \qquad (7.2.3)$$

例如：一阶巴特沃什滤波器幅度响应平方函数为 $|H_a(j\Omega)|^2 = \dfrac{1}{1 + \left(\dfrac{\Omega}{\Omega_c}\right)^2}$，直接求解 $s^2 + (j\Omega_c)^2 = 0$，解得极点为 $s_0 = -\Omega_c$，$s_1 = \Omega_c$。或者利用式 (7.2.2)，也可求得极点为 $s_0 = \Omega_c e^{j\pi\left(\frac{1}{2} + \frac{1}{2}\right)} = -\Omega_c$，$s_1 = \Omega_c e^{j\pi\left(\frac{1}{2} + \frac{3}{2}\right)} = \Omega_c$。

【例 7.2.1】推导三阶巴特沃什滤波器的系统函数。

【解】根据式 (7.2.2) 可以计算出 6 个极点为：

$$s_0 = \Omega_c e^{j\left(\frac{2\pi}{3}\right)},\ s_1 = \Omega_c e^{j\pi},\ s_2 = \Omega_c e^{j\left(\frac{4\pi}{3}\right)}$$

$$s_3 = \Omega_c e^{j\left(\frac{5\pi}{3}\right)} = -s_0,\ s_4 = \Omega_c e^{j2\pi} = -s_1,\ s_5 = \Omega_c e^{j\left(\frac{\pi}{3}\right)} = -s_2$$

可见，$|H_a(s)|^2$ 的极点等间隔地分布在以 Ω_c 为半径的圆周上，间隔为 $\dfrac{\pi}{N}$。因为 $s_i =$

$\Omega_c \mathrm{e}^{\mathrm{j}\pi(\frac{1}{2}+\frac{2i+1}{2N})}$, $i = 0,1,\cdots,2N-1$, $\dfrac{2i+1}{2N}$ 一定不是整数,所以 s_i 不可能出现在 s 平面的虚轴上。

$|H_a(s)|^2$ 在虚轴上无极点,且所有的极点关于虚轴对称。为了保证系统的稳定性,必须使 $H_a(s)$ 的极点全部位于 s 平面的左半平面,所以有如下关系式:

$$H_a(s) = \frac{\Omega_c^N}{\prod_{i=0}^{N-1}(s-s_i)} \tag{7.2.4}$$

其中, s_i, $i = 0,1,\cdots,N-1$ 位于左半 s 平面,由于存在下式:

$$H_a(-s) = \frac{\Omega_c^N}{\prod_{i=0}^{N-1}(-s-s_i)} = \frac{\Omega_c^N}{(-1)^N \prod_{i=0}^{N-1}(s+s_i)}$$

$$= \frac{\Omega_c^N}{(-1)^N \prod_{i=0}^{N-1}(s-s_{i+N})} = \frac{\Omega_c^N}{(-1)^N \prod_{i=N}^{2N-1}(s-s_i)} \tag{7.2.5}$$

可以得到:

$$H_a(s)H_a(-s) = \frac{\Omega_c^N}{\prod_{i=0}^{N-1}(s-s_i)} \frac{\Omega_c^N}{(-1)^N \prod_{i=N}^{2N-1}(s-s_i)} = \frac{\Omega_c^{2N}}{(-1)^N \prod_{i=0}^{2N-1}(s-s_i)} \tag{7.2.6}$$

3. 参数 Ω_c 和 N 的确定

如果需要计算 $H_a(\mathrm{j}\Omega) = \dfrac{1}{\sqrt{1+(\frac{\Omega}{\Omega_c})^{2N}}}$ 或 $H_a(s) = \dfrac{\Omega_c^N}{\prod_{i=0}^{N-1}(s-s_i)} = \dfrac{\Omega_c^N}{\prod_{i=0}^{N-1} A_i s^i}$,必须先确定参数 Ω_c 和 N(等效地,极点 s_i 也由 Ω_c 和 N 唯一确定)。

考虑低通滤波器的性能指标:(1)在通带内衰减不大于 k_1 分贝;(2)在阻带内衰减不小于 k_2 分贝。该性能指标用数学式表示为:

$$\begin{cases} 0 - 20\log_{10}|H_a(\mathrm{j}\Omega_p)| \leq k_1 \\ 0 - 20\log_{10}|H_a(\mathrm{j}\Omega_s)| \geq k_2 \end{cases} \tag{7.2.7}$$

或

$$\begin{cases} 20\log_{10}|H_a(\mathrm{j}\Omega_p)| \geq -k_1 \\ 20\log_{10}|H_a(\mathrm{j}\Omega_s)| \leq -k_2 \end{cases} \tag{7.2.8}$$

将式(7.2.1)和式(7.2.8)联立解得:

$$\begin{cases} 20\log_{10}\dfrac{1}{\sqrt{1+(\frac{\Omega_p}{\Omega_c})^{2N}}} \geq -k_1 \\ 20\log_{10}\dfrac{1}{\sqrt{1+(\frac{\Omega_s}{\Omega_c})^{2N}}} \leq -k_2 \end{cases} \tag{7.2.9}$$

即

$$\begin{cases} \left(\dfrac{\Omega_p}{\Omega_c}\right)^{2N} \leq 10^{0.1k_1} - 1 \\ \left(\dfrac{\Omega_s}{\Omega_c}\right)^{2N} \geq 10^{0.1k_2} - 1 \end{cases} \quad (7.2.10)$$

可以得到滤波器阶数 N 的取值范围为:

$$N \geq \frac{\log_{10}(10^{0.1k_1} - 1)/(10^{0.1k_2} - 1)}{2\log_{10}\dfrac{\Omega_p}{\Omega_s}} \quad (7.2.11)$$

取满足该式的最小整数 N，代入式(7.2.10)，可以求得 Ω_c 的范围为:

$$\frac{\Omega_p}{(10^{0.1k_1} - 1)^{1/2N}} \leq \Omega_c \leq \frac{\Omega_s}{(10^{0.1k_2} - 1)^{1/2N}} \quad (7.2.12)$$

4. 设计步骤

(1) 根据性能指标，确定截止频率 Ω_c 和滤波器阶数 N；

(2) 根据滤波器阶数 N，查附录 A，可以得到归一化的原型模拟滤波器系统函数 $H_a'(s)$；

(3) 巴特沃什模拟低通滤波器的系统函数为:

$$H_a(s) = H_a'(s)\big|_{s = \frac{s}{\Omega_c}} = H_a'\left(\frac{s}{\Omega_c}\right) \quad (7.2.13)$$

【例 7.2.2】设计一个巴特沃什模拟低通滤波器，性能指标分别为 $\Omega_p = 20\text{rad/s}$，$\Omega_s = 30\text{rad/s}$，$k_1 = 2\text{dB}$，$k_2 = 10\text{dB}$。

【解】将 $\Omega_p = 20\text{rad/s}$，$\Omega_s = 30\text{rad/s}$，$k_1 = 2\text{dB}$，$k_2 = 10\text{dB}$ 代入式(7.2.11)，可以得到滤波器阶数 N 的取值范围为:

$$N \geq \frac{\log_{10}\dfrac{10^{0.1k_1} - 1}{10^{0.1k_2} - 1}}{2\log_{10}\dfrac{\Omega_p}{\Omega_s}} = \frac{\log_{10}\dfrac{10^{0.2} - 1}{10 - 1}}{2\log_{10}\dfrac{20}{30}} = 3.371$$

取 $N = 4$，代入式(7.2.12)，可以得到:

$$\frac{\Omega_p}{(10^{0.1k_1} - 1)^{1/2N}} = \frac{20}{(10^{0.2} - 1)^{1/8}} = 21.387$$

$$\frac{\Omega_s}{(10^{0.1k_2} - 1)^{1/2N}} = \frac{30}{(10 - 1)^{1/8}} = 22.795$$

即截止频率 Ω_c 的取值范围是 $21.387 \leq \Omega_c \leq 22.795$，取 $\Omega_c = 21.387$。

根据 $N = 4$，查附录 A，可以得到归一化的原型模拟滤波器系统函数为:

$$H_a'(s) = \frac{1}{1 + 2.613s + 3.414s^2 + 2.613s^3 + s^4} = \frac{1}{(1 + 0.765s + s^2)(1 + 1.848s + s^2)}$$

根据式(7.2.13)，可以得到巴特沃什模拟低通滤波器的系统函数为:

$$H_a(s) = H_a'(s)|_{s=\frac{s}{\Omega_c}} = \frac{1}{(1 + 0.765\Omega_c s + \Omega_c^2 s^2)(1 + 1.848\Omega_c s + \Omega_c^2 s^2)}$$

$$= \frac{0.209 \times 10^6}{(s^2 + 16.37s + 457.4)(s^2 + 39.52s + 457.4)}$$

7.2.2 切比雪夫模拟低通滤波器

切比雪夫滤波器有两类,第一类是在通带内有起伏波纹,第二类是在阻带内有起伏波纹。本书只讨论第一类切比雪夫滤波器。

归一化后的原型切比雪夫滤波器的幅频响应平方函数表达式为:

$$|H_a(j\Omega)|^2 = \frac{1}{1 + \varepsilon^2 T_N^2(\frac{\Omega}{\Omega_c})} \tag{7.2.14}$$

其中,$T_N(x)$ 为 N 阶切比雪夫多项式,ε 为限定的波纹系数。

$$T_N(x) = \begin{cases} \cos(N\cos^{-1}x) & |x| \leq 1 \\ \mathrm{ch}(N\mathrm{ch}^{-1}x) & |x| \geq 1 \end{cases} \tag{7.2.15}$$

利用递推公式 $T_{N+1}(x) = 2xT_N(x) - T_{N-1}(x)$ 以及 $T_0(x) = 1$,$T_1(x) = x$,可以得到任意阶数的切比雪夫多项式的展开式:

$$T_2(x) = 2x^2 - 1$$

$$T_3(x) = 4x^3 - 3x$$

$$T_4(x) = 8x^4 - 8x^2 + 1$$

$$T_5(x) = 16x^5 - 20x^3 + 5x$$

一般而言,有:

(1) N 阶切比雪夫多项式 $T_N(x)$ 为 x 的 N 次多项式;

(2) N 为奇数时,$T_N(x)$ 为奇函数,N 为偶数时,$T_N(x)$ 为偶函数;

(3) 当 $|x| \leq 1$ 时,$|T_N(x)| = |\cos(N\cos^{-1}x)| \leq 1$,具有等波纹特性,当 $|x| > 1$ 时,$|T_N(x)| = |\mathrm{ch}(N\mathrm{ch}^{-1}x)| > 1$,为双曲余弦函数,当 $x > 1$ 时随 x 单调变化,随着 x 的增大,$|T_N(x)|$ 增大明显,即 $|x| > 1$ 时,$|T_N(x)| >> 1$;

(4) 当 $x = 1$ 时,$T_N(1) = 1$。当 $x = 0$ 时,有以下关系式成立:

$$T_N(0) = \begin{cases} 0 & N \text{为奇数} \\ \pm 1 & N \text{为偶数} \end{cases}, \quad T_N^2(0) = \begin{cases} 0 & N \text{为奇数} \\ 1 & N \text{为偶数} \end{cases}$$

1. 频率响应及其特点(切比雪夫 I 型)

图 7.2.2 给出了切比雪夫 I 型低通滤波器的幅频特性。其中(a)图中滤波器的阶数 N 为偶数,(b)图中滤波器的阶数 N 为奇数。

(1) 当 $0 \leq |\Omega| \leq \Omega_c$ 时(通带),$0 \leq \left|T_N(\frac{\Omega}{\Omega_c})\right| \leq 1$,$\frac{1}{1+\varepsilon^2} \leq |H_a(j\Omega)| \leq 1$,即幅

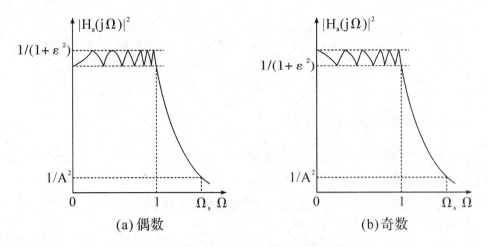

图7.2.2 切比雪夫Ⅰ型低通滤波器的幅频特性

频特性在通带内等波纹振荡起伏。

(2)当$|\Omega| > \Omega_c$时(阻带),$\left|T_N\left(\dfrac{\Omega}{\Omega_c}\right)\right| > 1$,$|H_a(j\Omega)| \to 0$,即幅频特性在阻带内单调下降趋近于零。

注意 $\Omega_p = \Omega_c$为通带截止频率,N阶切比雪夫滤波器的等波纹存在N次折线。切比雪夫Ⅱ型滤波器相反,在通带内单调,在阻带内等波纹变化。

(3)当N为奇数时,$T_N(0) = 0$,则$|H_a(0)| = 1$;当N为偶数时,$T_N(0) = 1$,则
$|H_a(0)| = \dfrac{1}{\sqrt{1+\varepsilon^2}}$。

(4)当$\Omega = \Omega_c$时,由于$T_N^2(1) = 1$,则$|H_a(j\Omega_c)| = \dfrac{1}{\sqrt{1+\varepsilon^2}}$不一定为3dB带宽($\varepsilon = 1$)。

(5)当幅频平方的幅度减小到$1/A^2$处时的频率称为阻带截止频率Ω_s。

2. 极点分布

将$s = j\Omega$代入式(7.2.14),可以得到:

$$|H_a(s)|^2 = \dfrac{1}{1 + \varepsilon^2 T_N^2\left(\dfrac{s}{j\Omega_c}\right)} = \dfrac{A}{\prod\limits_{i=0}^{2N-1}(s - s_i)} \qquad (7.2.16)$$

假设$\Omega_c = 1$,为了从式(7.2.16)中求得滤波器的传递函数$H_N(s)$,必须要找到$H_N(s)$和$H_N(-s)$的极点。极点的位置就是式(7.2.17)的解:

$$1 + \varepsilon^2 T_N^2(s/j) = 0 \qquad (7.2.17)$$

如果极点位置表示为$s_k = \sigma_k + j\Omega_k$,则极点在一个椭圆上,椭圆方程为:

$$\dfrac{\sigma_k^2}{a^2} + \dfrac{\Omega_k^2}{b^2} = 1$$

其中,参数a、b、σ_k和Ω_k由式(7.2.18)~式(7.2.21)确定:

$$a = \frac{1}{2} \{[1 + \sqrt{1+\varepsilon^2}]/\varepsilon\}^{1/N} - \frac{1}{2}\{[1+\sqrt{1+\varepsilon^2}]/\varepsilon\}^{-1/N} \tag{7.2.18}$$

$$b = \frac{1}{2} \{[1 + \sqrt{1+\varepsilon^2}]/\varepsilon\}^{1/N} + \frac{1}{2}\{[1+\sqrt{1+\varepsilon^2}]/\varepsilon\}^{-1/N} \tag{7.2.19}$$

$$\sigma_k = -a\sin[(2k-1)\pi/2N] \quad k=1,2,\cdots,2N \tag{7.2.20}$$

$$\Omega_k = -b\cos[(2k-1)\pi/2N] \quad k=1,2,\cdots,2N \tag{7.2.21}$$

利用上述关系式求解切比雪夫滤波器的极点比较复杂。若是计算出滤波器的阶数和波纹系数,参阅附录 A,利用左半 S 平面极点可以得到系统传递函数为:

$$H_N(s) = \frac{k}{\prod\limits_{}^{N}(s-s_k)} = \frac{k}{V_N(s)} \tag{7.2.22}$$

其中,k 为归一化因子。

当 N 为奇数时,$k = V_N(0)$;当 N 为偶数时,$k = V_N(0)/(1+\varepsilon^2)^{1/2}$。

$$V_N(s) = b_0 + b_1 s + b_2 s^2 + \cdots + b_{N-1} s^{N-1} + s^N \tag{7.2.23}$$

附录 A 中表 3 给出了 $\varepsilon = 0.5, 1, 2, 3\text{dB}$ 四个参数时,切比雪夫多项式和滤波器传递函数 $H_N(s)$ 的极点位置,以便设计时参考。

此外,切比雪夫低通滤波器的阶数 N 可以根据通带起伏波纹 ε 和阻带 Ω_s 处的衰减 $1/A^2$ 两个技术指标得到,具体关系为:

$$N \geqslant \frac{\lg(g + \sqrt{(g^2-1)})}{\lg(\Omega_s + \sqrt{(\Omega_s^2-1)})} \tag{7.2.24}$$

式中:

$$g = \sqrt{(A^2-1)/\varepsilon^2}, A = 1/|H_N(j\Omega_s)| \tag{7.2.25}$$

3. 设计步骤

(1)根据性能指标($\Omega_p, \Omega_s, k_1, k_2$),确定 Ω_c, ε, N。

(2)根据 ε 和 N 查附录 A,得 $H_a'(s)$。

(3)求解模拟低通切比雪夫滤波器的系统函数为:

$$H_a(s) = H_a'(s)|_{s=\frac{s}{\Omega_c}} = H_a'(\frac{s}{\Omega_c})$$

【例 7.2.3】设计一切比雪夫低通滤波器,使其满足下述性能指标:要求在通带内的波纹起伏不大于 2dB,截止频率为 40rad/s,阻带 $\Omega_s = 52\text{rad/s}$ 的衰减大于 20dB。

【解】(1)归一化处理:

①归一化截止频率 1rad/s。因为截止频率为 40rad/s,所需修正系数为 1/40。从而有:

$$\Omega_c = 40\text{rad/s} \times \frac{1}{40} = 1\text{rad/s}$$

②阻带 $\Omega_s = 52\text{rad/s}$,归一化处理为 $\Omega_s = 52\text{rad/s} \times \frac{1}{40} = 1.3\text{rad/s}$。

(2)求波纹系数 ε 及中间参数 A 和 g:

① 根据式(7.2.14),可以得到:

$$20\lg|H_N(j1)| = 20\lg[1/(1+\varepsilon^2)]^{\frac{1}{2}} = 10\lg[1/(1+\varepsilon^2)] = -2$$

求解上式,可以得到波纹系数 $\varepsilon = 0.765$。

② 将 $\Omega_s = 1.3\text{rad/s}$ 代入式(7.2.14)后,再根据式(7.2.25)可以得到:

$$20\lg|H_N(j1.3)| = 20\lg|(1/A^2)^{\frac{1}{2}}| = 20\lg(1/A) = -20$$

求解上式,可以得到参数 $A = 10$,从而得到参数 g 为:

$$g = \sqrt{(A^2-1)/\varepsilon^2} = \sqrt{(10^2-1)/0.765^2} = 13.01$$

(3) 将波纹系数 ε、参数 A 和 g 代入式(7.2.24),可以得到滤波器的阶数 N:

$$N \geq \frac{\lg(13.01 + \sqrt{13.01^2 - 1})}{\lg(1.3 + \sqrt{1.3^2 - 1})} = 4.3$$

取 $N = 5$,查附录 A 中表 3.1,可以得到归一化原型滤波器传递函数为:

$$H_a'(s) = \frac{0.081}{0.081 + 0.459s + 0.693s^2 + 1.499s^3 + 0.706s^4 + s^5}$$

或者查附录 A 中表 3.2,可以得到归一化原型滤波器传递函数为:

$$H_a'(s) = \frac{0.081}{(s+0.21)(s+0.06-j0.97)(s+0.06+j0.97)(s+0.17-j0.60)(s+0.17+j0.60)}$$

$$= \frac{0.081}{(s+0.21)(s^2+0.135s+0.95)(s^2+0.35s+0.39)}$$

(4) 为满足题设截止频率 40rad/s,只要将上述归一化原型滤波器传递函数进行变量代换,即可得所要设计的滤波器传递函数:

$$H_a(s) = H_a'(s)|_{s=\frac{s}{\Omega_c}} = H_a'\left(\frac{s}{40}\right) = \frac{8.37 \times 10^6}{(s+8.37)(s^2+5.39s+1520)(s^2+14.1s+627)}$$

模拟原型滤波器有很多种,本书只介绍了巴特沃什模拟滤波器和切比雪夫 I 型模拟滤波器,它们都是全极点模型的线性移不变系统。其中巴特沃什模拟滤波器的频率响应在整个 $[0, \pi]$ 频率范围内单调下降,即它在通带和阻带内的误差单调变化。切比雪夫 I 型模拟滤波器,在通带内,误差等波纹变化,在阻带内,误差单调变化。从上面的例题可以看出,在阶数相同时,切比雪夫滤波器的过渡特性优于巴特沃什滤波器,而在同一设计指标条件下,切比雪夫滤波器的阶数有可能低于巴特沃什滤波器。因此,在通带和阻带内使误差都呈均匀起伏分布,可以进一步改善滤波器性能。

可以证明,在通带和阻带内都是等波纹的逼近方式,是滤波器阶数 N 给定情况下的最好逼近方式。所谓最好是指在满足设计指标的条件下,过渡带最小,也就是说这类逼近方式可以给出锐截止的选频滤波,如椭圆模拟滤波器。椭圆模拟滤波器同时具有零点和极点,它在通带和阻带内的误差都是按等波纹分布的。由于它的数学分析和设计过程比较复杂,本书不再赘述,有兴趣的读者可以参阅相关资料。

7.3 通过模拟滤波器设计 IIR 数字滤波器

前面介绍了模拟滤波器的设计方法,模拟滤波器的设计技术非常成熟,许多常用的模拟滤波器都有现成的设计公式,只要将设计指标代入设计公式,就可以很容易计算出滤波器的系统函数,实现起来非常简单。而且,在很多场合下,用离散时间系统模拟一个连续时间系统是有意义的。

通过模拟滤波器设计 IIR 数字滤波器主要包括两步:第一步将数字滤波器的性能指标转换为模拟滤波器的性能指标,设计一个满足性能指标要求的模拟滤波器 $H_a(s)$;第二步采用映射变换的方法将模拟滤波器 $H_a(s)$ 转换为所需要的数字滤波器 $H(z)$。

映射变换的基本要求:因果性不变;稳定性不变(即 S 左半平面映射到 Z 平面单位圆内);频率响应形状不变,保留模拟频率响应的基本特性(即 S 平面虚轴映射到 Z 平面单位圆上)。

模拟滤波器映射为数字滤波器的方法有两种,冲激响应不变法和双线性映射法。现分别进行讨论。

7.3.1 冲激响应不变法

冲激响应不变法就是使数字滤波器的单位冲激响应 $h(n)$ 等于模拟滤波器的单位冲激响应 $h_a(t)$ 的采样值,即存在以下关系式:

$$h(n) = h_a(t)|_{t=nT} \quad (7.3.1)$$

如果模拟滤波器的系统函数为 $H_a(s)$,单位冲激响为:

$$h_a(t) = L^{-1}[H_a(s)] \quad (7.3.2)$$

数字滤波器的系统函数 $H(z)$ 和模拟滤波器的系统函数 $H_a(s)$ 之间的关系为:

$$H(z) = Z[h(n)] = Z[h_a(t)|_{t=nT}] = Z\{L^{-1}[H_a(s)]|_{t=nT}\} \quad (7.3.3)$$

1. 映射过程

下面分析冲激响应不变法的映射过程。

对满足性能指标的模拟滤波器 $H_a(s)$,单位冲激响应记作 $h_a(t)$,$\hat{h}_a(t)$ 为 $h_a(t)$ 的采样,则存在以下关系式:

$$\hat{h}_a(t) = h_a(t) \sum_{n=-\infty}^{\infty} \delta(t - nT) \quad (7.3.4)$$

根据拉普拉斯变换的定义和性质,可以得到:

$$\hat{H}_a(s) = \frac{1}{T} \sum_{n=-\infty}^{\infty} H_a(s + j\frac{2\pi}{T}n)$$

因为

$$\hat{H}_a(s) = \int_{-\infty}^{\infty} \hat{h}_a(t) e^{-st} dt$$

$$= \int_{-\infty}^{\infty} h_a(t) \sum_{n=-\infty}^{\infty} \delta(t-nT) e^{-st} dt$$

$$= \sum_{n=-\infty}^{\infty} \int_{-\infty}^{\infty} h_a(t) \delta(t-nT) e^{-st} dt$$

$$= \sum_{n=-\infty}^{\infty} h_a(nT) e^{-nsT}$$

$$= \sum_{n=-\infty}^{\infty} h(n) e^{-nsT} \tag{7.3.5}$$

$h(n)$ 的 Z 变换记作：

$$H(z) = \sum_{n=-\infty}^{\infty} h(n) z^{-n} \tag{7.3.6}$$

比较式(7.3.5)和式(7.3.6)，可以得到：

$$\hat{H}_a(s) = H(z)\big|_{z=e^{sT}} \tag{7.3.7}$$

即 S 平面与 Z 平面之间的映射变换为：

$$z = e^{sT} \tag{7.3.8}$$

记 $z = re^{j\omega}$，$s = \sigma + j\Omega$，则有：

$$z = re^{j\omega} = e^{sT} = e^{(\sigma+j\Omega)T}, r = e^{\sigma T}, \omega = \Omega T, |z| = e^{\sigma T} \tag{7.3.9}$$

因此，当 $\sigma < 0$ 时，S 左半面上的点映射到 Z 平面，必然有 $|z| < 1$，所以左半平面的点一定映射到 Z 平面的单位圆内。当 $\sigma = 0$ 时，S 平面上的虚轴（$s = j\Omega$）对应映射在 Z 平面的单位圆上，并且虚轴上每一段长为 $2\pi/T$ 的线段都反复地映射为单位圆的一周。当 $\sigma > 0$ 时，S 右半面上的点映射到 Z 平面，必然有 $|z| > 1$，所以右半平面的点一定映射到 Z 平面的单位圆外。如图 7.3.1 所示。

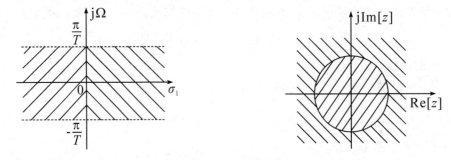

图 7.3.1 拉普拉斯变换的 S 平面与 Z 平面的映射关系

当模拟滤波器系统函数 $H_a(s)$，经 $z = e^{sT}$ 关系映射成数字滤波器系统函数 $H(z)$ 时，S 平面上每一条 $2\pi k/T$ 的水平带状区域，都重叠映射到同一个 Z 平面上，其中 S 平面中的每一个带状区域的左半部分映射到 Z 平面的单位圆内，右半部分映射到单位圆外，虚轴上每一段长为 $2\pi/T$ 的线段映射为单位圆一周。冲激响应不变法将 S 平面的左半平面映射到 Z 平面的单位圆内,保证了系统的稳定性和因果性,同时将 S 平面的虚轴映射到 Z 平面的单位圆上,保证了频率响应的形状不变。

2. 频率响应关系

由于 $z = e^{sT}$ 所确定的映射关系是多对一的映射,因此冲激响应不变法所得到的数字滤波器的频率响应,并不是简单重现模拟滤波器的频率响应。下面讨论模拟滤波器 $h_a(t)$ 的频率响应和数字滤波器 $h(n)$ 的频率响应之间的关系,即考察 $h_a(t)$ 的傅里叶变换 $H_a(j\Omega)$ 和 $h(n)$ 的傅里叶变换 $H(e^{j\omega})$ 之间的关系。

由于 $h(n) = h_a(t)|_{t=nT}$,则有 $H(e^{j\omega}) = \frac{1}{T}\sum_{r=-\infty}^{\infty} H_a(j\frac{\omega}{T} + j\frac{2\pi}{T}r)$,即 $H(e^{j\omega})$ 是 $H_a(j\Omega)$ 的周期延拓,延拓周期为 $\Omega_s = \frac{2\pi}{T}$,如图 7.3.2 所示。

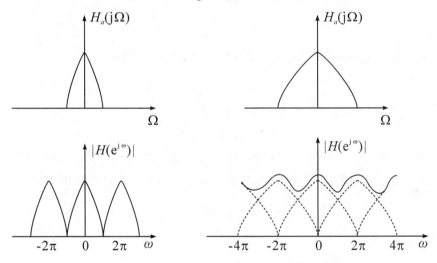

图 7.3.2 冲激响应不变法幅频特性的周期延拓

根据前面第 4 章关于信号时域采样的讨论,可以得到以下结论:

(1) $H(e^{j\omega})$ 是 $H_a(j\Omega)$ 的周期延拓,$H_a(j\Omega)$ 是物理可实现的,必然存在混叠现象;

(2) 当 $H_a(j\Omega)$ 在 $\Omega = \frac{\Omega_s}{2}$ 时衰减足够大时,有 $H(e^{j\omega}) = \frac{1}{T}H_a(j\frac{\omega}{T})$;

(3) 冲激响应不变法存在混叠失真,只能适用于设计高频部分衰减比较大的低通滤波器和带通滤波器;

(4) 频率之间为线性关系 $\omega = \Omega T$,频率响应形状基本不变。

3. 修正

利用冲激响应不变法设计 IIR 数字滤波器时,为了减小频谱的混叠失真,通常需要 $H_a(j\Omega)$ 在 $\Omega = \frac{\Omega_s}{2}$ 处的衰减足够大,一般采取的措施是取较高的采样频率 f_s。由于 $H(e^{j\omega}) = \frac{1}{T}H_a(j\frac{\omega}{T})$,所以当 $f_s = \frac{1}{T}$ 很大时,导致所设计的数字滤波器的频谱增益过大,因此通常做如下修正：

$$h(n) = T h_a(t)|_{t=nT} \qquad (7.3.10)$$

所设计的数字滤波器满足设计的要求，频率响应为：

$$H(e^{j\omega}) \approx H_a(j\frac{\omega}{T}) \qquad (7.3.11)$$

4. 由模拟滤波器的系统函数 $H_a(s)$ 求解数字滤波器系统函数 $H(z)$

通过上述分析，可以看出由模拟滤波器的系统函数 $H_a(s)$ 推导数字滤波器系统函数 $H(z)$ 的过程如下：

(1) 首先求出模拟滤波器的冲激响应：

$$h_a(t) = L^{-1}[H_a(s)]$$

(2) 对模拟滤波器的冲激响应进行采样：

$$\hat{h}_a(t) = h_a(t) \sum_{n=-\infty}^{\infty} \delta(t - nT)$$

(3) 对采样得到的冲激响应修正，作为数字滤波器的冲激响应：

$$h(n) = T\hat{h}_a(t)$$

(4) 利用 Z 变换得到数字滤波器的系统函数：

$$H(z) = Z[h(n)]$$

需要说明：对于巴特沃什滤波器、切比雪夫滤波器、椭圆滤波器这些常用的模拟原型滤波器，N 阶模拟滤波器系统函数 $H_a(s)$ 的全部极点均为一阶极点，即有如下关系：

$$H_a(s) = \sum_{i=1}^{N} \frac{A_i}{s - s_i} \qquad (7.3.12)$$

式中：A_i 为系数，s_i 为一阶极点。

模拟滤波器的冲激响应为：

$$h_a(t) = L^{-1}[H_a(s)] = \sum_{i=1}^{N} A_i e^{s_i t} u(t) \qquad (7.3.13)$$

对模拟滤波器的冲激响应进行采样并修正，可以得到数字滤波器的冲激响应为：

$$h(n) = T h_a(t)|_{t=nT} = \sum_{i=1}^{N} TA_i e^{s_i nT} u(n) \qquad (7.3.14)$$

数字滤波器的系统函数为：

$$H(z) = Z[h(n)] = \sum_{n=0}^{\infty} h(n) z^{-n}$$

$$= \sum_{n=0}^{\infty} \sum_{i=1}^{N} TA_i e^{s_i nT} z^{-n}$$

$$= \sum_{i=1}^{N} \sum_{n=0}^{\infty} TA_i (e^{s_i T} z^{-1})^n \qquad (7.3.15)$$

$$= \sum_{i=1}^{N} \frac{TA_i}{1 - e^{s_i T} z^{-1}}$$

比较式(7.3.12)和式(7.3.15),可以看出,模拟滤波器系统函数 $H_a(s)$ 与对应数字滤波器的系统函数 $H(z)$ 之间有如下关系:

$$\frac{A_i}{s-s_i} \to \frac{TA_i}{1-e^{s_iT}z^{-1}} \tag{7.3.16}$$

即模拟滤波器 $H_a(s)$ 在 $s=s_i$ 处的极点转换为数字滤波器 $H(z)$ 在 $z=e^{s_iT}$ 处的极点,并且 $H_a(s)$ 部分展开式中的各项系数与 $H(z)$ 部分展开式中的各项系数相同。

注意当且仅当 $H_a(s)$ 可以展开为一阶极点的部分分式之和时,$H_a(s)$ 和 $H(z)$ 的极点之间才存在式(7.3.16)的映射关系,即 $H_a(s) \to H(z)$ 才可以直接代换。

【**例7.3.1**】模拟滤波器的系统函数为 $H_a(s) = \dfrac{2}{s^2+3s+2}$,试用冲激响应不变法求出对应的数字滤波器的系统函数。

【**解**】对模拟滤波器的系统函数进行部分分式分解,可以得到:

$$H_a(s) = \frac{2}{s^2+3s+2} = \frac{2}{s+1} - \frac{2}{s+2}$$

可见该模拟滤波器有两个单极点,分别为 $s_1=-1$,$s_2=-2$,按照式(7.3.16)可知,数字滤波器也对应有两个极点,分别为 $z_1=e^{-T}$,$z_2=e^{-2T}$,数字滤波器的系统函数为:

$$H(z) = \frac{2T}{1-e^{-T}z^{-1}} - \frac{2T}{1-e^{-2T}z^{-1}} = \frac{2T(e^{-T}-e^{-2T})z^{-1}}{1-(e^{-T}+e^{-2T})z^{-1}+e^{-3T}z^{-2}}$$

用冲激响应不变法设计的数字滤波器虽然会引起频谱混叠,但是却能保持模拟频率和数字频率之间的线性关系。除了混叠区外,滤波器低频区的幅频特性的形状保持不变。必须要注意的是,冲激响应不变法仅仅适用于带限滤波器,对于高通滤波器和带阻滤波器,必须附加适当的带限条件,才不至于出现频谱混叠失真。

7.3.2 双线性变换法

前面所述的冲激响应不变法,由于从 S 平面到 Z 平面的变换式 $z=e^{sT}$ 为多对一映射,导致数字滤波器的频率响应出现混叠现象。为了克服这种现象,本节讨论通过两次映射实现变换的双线性变换法,它是一一映射。

1. 映射过程

第一次映射:通过式(7.3.17)的正切映射将 S 平面内虚轴 $j\Omega$ ($-\infty \le \Omega \le \infty$)压缩到 S_1 平面内虚轴 $j\Omega_1$ 的一段($-\dfrac{\pi}{T} \le \Omega_1 \le \dfrac{\pi}{T}$),变换关系下如下:

$$j\frac{T}{2}\Omega = j\tan(\frac{T}{2}\Omega_1) = j\frac{\frac{1}{2j}(e^{j\frac{T}{2}\Omega_1}-e^{-j\frac{T}{2}\Omega_1})}{\frac{1}{2}(e^{j\frac{T}{2}\Omega_1}+e^{-j\frac{T}{2}\Omega_1})} = \frac{1-e^{-jT\Omega_1}}{1+e^{-jT\Omega_1}} \tag{7.3.17}$$

将该关系扩展到整个 S 平面,即 $j\Omega \to s$,$j\Omega_1 \to s_1$,则有以下映射关系:

$$s = \frac{2}{T}\frac{(1-e^{-s_1T})}{(1+e^{-s_1T})} \tag{7.3.18}$$

利用上述映射关系,可以将整个 S 平面压缩到 s_1 平面 $-\dfrac{\pi}{T} \leqslant \Omega_1 \leqslant \dfrac{\pi}{T}$ 的带状区域。

第二次映射:利用 $z = \mathrm{e}^{s_1 T}$,将 S_1 平面中的带状区域映射到整个 Z 平面,最终带状区域的左半部分映射到单位圆内,右半部分映射到单位圆外,是一一映射。S 平面与 Z 平面的一一映射关系为:

$$s = \frac{2}{T}\frac{(1-z^{-1})}{(1+z^{-1})} \tag{7.3.19}$$

式(7.3.19)表示两个线性函数之比,也称为线性分式变换。上述映射关系式也可以记作:

$$z = \frac{\dfrac{2}{T}+s}{\dfrac{2}{T}-s} \tag{7.3.20}$$

式(7.3.20)是线性分式变换,即 S 平面和 Z 平面的变换是双向的,所以称为双线性变换。

令 $z = r\mathrm{e}^{\mathrm{j}\omega}$,$s = \sigma + \mathrm{j}\Omega$,将其代入式(7.3.20),则有以下关系式:

$$r\mathrm{e}^{\mathrm{j}\omega} = \frac{\dfrac{2}{T}+\sigma+\mathrm{j}\Omega}{\dfrac{2}{T}-\sigma-\mathrm{j}\Omega} \tag{7.3.21}$$

即

$$|z| = \sqrt{\frac{\left(\dfrac{2}{T}+\sigma\right)^2+\Omega^2}{\left(\dfrac{2}{T}-\sigma\right)^2+\Omega^2}} \tag{7.3.22}$$

通过式(7.3.22)可以看到:当 $\sigma < 0$ 时,$|z| < 1$,即 s 平面的左半部分映射到 z 平面的单位圆内;当 $\sigma > 0$ 时,$|z| > 1$,即 s 平面的右半部分映射到 z 平面的单位圆外;当 $\sigma = 0$ 时,$|z| = 1$,即 s 平面的虚轴映射到 z 平面的单位圆上。所以,若模拟滤波器 $H_a(s)$ 是一个因果稳定的系统,则利用双线性变换转换后的数字滤波器 $H(z)$ 也一定是因果稳定的。如图 7.3.3 所示。

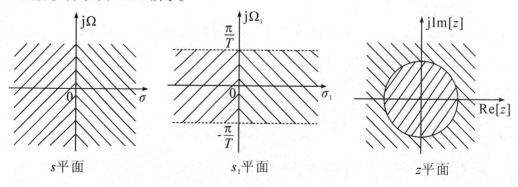

图 7.3.3 双线性变换的映射关系

2. 频率响应之间的关系

在明确了模拟滤波器和数字滤波器系统函数之间的关系之后,下面来讨论它们的频率响应之间的关系。

令 $z = e^{j\omega}$,$s = j\Omega$,并代入式(7.3.20),可以得到:

$$e^{j\omega} = \frac{\frac{2}{T} + j\Omega}{\frac{2}{T} - j\Omega} \tag{7.3.23}$$

即

$$\Omega = \frac{2}{T} \frac{j(1 - e^{j\omega})}{(1 + e^{j\omega})} = \frac{2}{T} \frac{\sin\frac{\omega}{2}}{\cos\frac{\omega}{2}} = \frac{2}{T}\tan\frac{\omega}{2} \tag{7.3.24}$$

式(7.3.24)的关系曲线如图 7.3.4 所示。

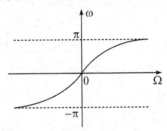

图 7.3.4 双线性变换的频率关系

从图 7.3.4 可以看出,模拟滤波器的频率 Ω 与数字滤波器的频率 ω 之间有如下关系:

(1) ω 与 Ω 为非线性关系,但在原点($\omega = 0$)附近有一段近似线性关系,采样周期 T 越小,则采样频率 f_s 越大,线性范围越大;

(2) 模拟频率 Ω($-\infty \leq \Omega \leq \infty$)被压缩至数字频率 ω($-\pi \leq \omega \leq \pi$),所以没有频谱混叠现象;

(3) 频率响应之间可以直接代换,即 $H(e^{j\omega}) = H_a(j\Omega)|_{\Omega = \frac{2}{T}\tan\frac{\omega}{2}}$。

3. 由模拟滤波器的系统函数 $H_a(s)$ 求解数字滤波器系统函数 $H(z)$

由于 S 平面和 Z 平面之间存在式(7.3.19)的代数关系,所以在设计好模拟滤波器的系统函数 $H_a(s)$ 之后,可以直接用变量代换得到数字滤波器的系统函数 $H(z)$:

$$H(z) = H_a(s)|_{s = \frac{2(1-z^{-1})}{T(1+z^{-1})}} \tag{7.3.25}$$

【例7.3.2】已知模拟滤波器的系统函数 $H_a(s) = \dfrac{2}{s^2 + 3s + 2}$,利用双线性变换方法将其映射为数字滤波器,假设 $T = 2$。

【解】根据式(7.3.25),可以得到:

$$H(z) = H_a(s)\Big|_{s=\frac{2}{T}\frac{(1-z^{-1})}{(1+z^{-1})}} = \frac{2}{\left(\frac{1-z^{-1}}{1+z^{-1}}\right)^2 + 3\left(\frac{1-z^{-1}}{1+z^{-1}}\right) + 2} = \frac{(1+z^{-1})^2}{3+z^{-1}}$$

4. 预畸变

从上述分析过程看到,利用双线性变换方法映射时,S 平面到 Z 平面的映射为一一映射,所以由 $H_a(s)$ 求 $H(z)$ 可以直接代换,并且不存在频谱混叠失真现象。但是由于模拟频率和数字频率之间存在非线性关系,导致频率响应形状有变化,相位特性有失真。

虽然双线性变换有这样的缺点,但它仍是目前最普遍、最有成效的一种设计方法。因为大多数滤波器都具有分段常数的频率响应特性,如低通滤波器、高通滤波器、带通滤波器和带阻滤波器等,它们都要求在通带内逼近一个衰减为零的常数特性,在阻带内逼近一个衰减为∞的常数特性,这种特性的滤波器通过双线性变换后,虽然频率会发生非线性变化,但是幅频特性仍保持分段常数的特性。例如,一个考尔型的模拟滤波器,经过双线性变换得到的数字滤波器在通带与阻带内都仍保持与原模拟滤波器相同的等波纹起伏特性,只是通带截止频率、过渡带的边缘频率,以及起伏的峰点、谷点等临界频率发生了非线性变化,即产生了畸变。这种频率点的畸变可以通过预畸变加以校正,即根据数字滤波器的性能指标 $\{\omega_k\}$,对模拟滤波器的性能指标 $\{\Omega_k\}$ 按式(7.3.26)进行预畸变,再由 $\{\Omega_k\}$ 设计 $H_a(s)$ 即可。

$$\Omega = \frac{2}{T}\tan\frac{\omega}{2} \tag{7.3.26}$$

7.3.3 低通数字滤波器设计

如果给定低通数字滤波器的性能指标要求(通带截止频率 ω_s、阻带截止频率 ω_p、通带衰减 k_1、阻带衰减 k_2),设计低通数字滤波器的过程如下:

(1)首先选择从模拟滤波器映射为数字滤波器的变换方法;

(2)根据所选择的映射变换方法确定模拟滤波器的性能指标和临界频率;

①若选择冲激响应不变法,模拟滤波器和数字滤波器之间的频率关系为:

$$\Omega_k = \frac{\omega_k}{T} = \omega_k f_s$$

②若选择双线性变换法,模拟滤波器和数字滤波器之间的频率关系为:

$$\Omega_k = \frac{2}{T}\tan\frac{\omega_k}{2} = 2f_s\tan\frac{\omega_k}{2}$$

(3)设计模拟低通滤波器,即 $H_a(s)$;

(4)按照所选择的映射变换方法将 $H_a(s)$ 映射变换为 $H(z)$;

(5)检验频率响应 $H(e^{j\omega})$ 是否满足设计指标。

【例7.3.3】设计一个巴特沃什型数字低通滤波器,要求通带截止频率 $\omega_p = 0.2\pi\text{rad}$,阻带截止频率 $\omega_s = 0.3\pi\text{rad}$,通带最大衰减 $k_1 = 1\text{ dB}$,阻带最小衰减 $k_2 = 15\text{ dB}$。

【解1】选择冲激响应不变法映射

(1) 假设 $T = 1\text{s}$,频率变换关系如下:

$$\Omega_p = \frac{\omega_p}{T} = 0.2\pi \text{rad/s}$$

$$\Omega_s = \frac{\omega_s}{T} = 0.3\pi \text{rad/s}$$

(2) 设计模拟低通滤波器:将 4 个性能指标 $\Omega_p = 0.2\pi$、$\Omega_s = 0.3\pi$、$k_1 = 1\text{dB}$ 和 $k_2 = 15\text{dB}$ 代入式(7.2.11),可以得到模拟滤波器的阶数 N:

$$N \geqslant \frac{\log_{10}\frac{10^{0.1k_1}-1}{10^{0.1k_2}-1}}{2\log_{10}\frac{\Omega_p}{\Omega_s}} = \frac{\log_{10}\frac{10^{0.1}-1}{10^{1.5}-1}}{2\log_{10}\frac{0.2\pi}{0.3\pi}} = 5.8858$$

取 $N = 6$,代入式(7.2.12),可以求出截止频率 $\Omega_c = 0.7032$。

根据 $N = 6$,查附录 A,可以得到归一化模拟滤波器的系统函数:

$$H_a'(s) = \frac{1}{(1+0.517s+s^2)(1+\sqrt{2}s+s^2)(1+1.932s+s^2)}$$

因此

$$H_a(s) = H_a'(s)\big|_{s=\frac{s}{\Omega_c}}$$

$$= \frac{0.12093}{(s^2+0.3640s+0.4945)(s^2+0.9945s+0.4945)(s^2+1.3585s+0.4945)}$$

可以得到 S 左半平面的 3 对极点:

$$s_1, s_2 = -0.1820 \pm j0.6792$$

$$s_3, s_4 = -0.4972 \pm j0.4972$$

$$s_5, s_6 = -0.6792 \pm j0.1820$$

(3) 模拟滤波器的系统函数可以展开为一阶极点的部分分式之和的形式,并代入变换 $\frac{A_i}{s-s_i} \to \frac{TA_i}{1-e^{s_iT}z^{-1}}$,最终得到数字滤波器的系统函数:

$$H(z) = \sum_{i=0}^{5} \frac{A_i}{1-e^{s_iT}z^{-1}}$$

$$= \frac{0.2871-0.4466z^{-1}}{1-1.2970z^{-1}+0.6949z^{-2}} + \frac{-2.1428+1.1454z^{-1}}{1-1.0691z^{-1}+0.3699z^{-2}} + \frac{1.8558-0.6304z^{-1}}{1-0.9972z^{-1}+0.2572z^{-2}}$$

(4) 校验(略)。

【解2】选择双线性变换法映射

(1) 预畸变:假设 $T = 1\text{s}$,对频率预畸变得到模拟滤波器的频率:

$$\Omega_p = \frac{2}{T}\tan\frac{\omega_p}{2} = 2\tan(0.1\pi) = 0.6498$$

$$\Omega_s = \frac{2}{T}\tan\frac{\omega_s}{2} = 2\tan(0.15\pi) = 1.0191$$

（2）设计模拟低通滤波器：将4个性能指标 $\Omega_p = 0.6498$、$\Omega_s = 1.0191$、$k_1 = 1\text{dB}$ 和 $k_2 = 15\text{dB}$ 代入式(7.2.11)，可以得到模拟滤波器的阶数 N：

$$N \geqslant \frac{\log_{10}\frac{10^{0.1k_1}-1}{10^{0.1k_2}-1}}{2\log_{10}\frac{\Omega_p}{\Omega_s}} = \frac{\log_{10}\frac{10^{0.1}-1}{10^{1.5}-1}}{2\log_{10}\frac{0.6498}{1.0191}} = 5.0305$$

取 $N = 6$，代入式(7.2.12)，解得 $\Omega_c = 0.7662$。

根据 $N = 6$，查附录A，可以得到归一化模拟滤波器的系统函数：

$$H_a'(s) = \frac{1}{(1+0.517s+s^2)(1+\sqrt{2}s+s^2)(1+1.932s+s^2)}$$

因此

$$H_a(s) = H_a'(s)\Big|_{s=\frac{s}{\Omega_c}}$$

$$= \frac{0.20238}{(s^2+0.3690s+0.5871)(s^2+1.083s+0.5871)(s^2+1.4802s+0.5871)}$$

（3）对 $H_a(s)$ 做双线性变换，可以得到数字滤波器的系统函数 $H(z)$：

$$H(z) = H_a(s)\Big|_{s=\frac{2(1-z^{-1})}{T(1+z^{-1})}}$$

$$= \frac{0.0007378(1+z^{-1})^6}{(1-1.2686z^{-1}+0.7051z^{-2})(1-1.0106z^{-1}+0.3583z^{-1})(1-0.9044z^{-1}+0.2155z^{-2})}$$

（4）检验（略）。

7.4 MATLAB 仿真实例

【例7.4.1】已知模拟低通滤波器的系统函数为 $H_a(s) = \frac{1}{s^2+3s+2}$，利用冲激响应不变法设计数字低通滤波器。

MATLAB 仿真程序如下：

```
Syms s ht hs hz hrad shrad rad n;
% s 是拉普拉斯变量,ht 是模拟滤波器的单位冲激响应,hn 是抽样序列,
% hs 是模拟滤波器的系统函数,hz 是数字滤波器的 Z 变换,rad 是数字% 角频率,
hrad 是 hn 的幅频响应,shrad 表示数字滤波器的频率响应
hs = 1/(s*s+3*s+2);              % ilaplace()是拉普拉斯变量变换
T = 1;
ht = ilaplace(hs);                % ilaplace()是拉普拉斯变量反变换函数
hn = T*subs(ht,n*T);              %抽样并修正
```

hz = ztrans(hn);
hrad = subs(hs,i * rad);   % hs 的频幅响应
shrad = subs(hz,exp(i * rad));   % hz 的频幅响应
ezplot(abs(hrad),[-4 * pi,4 * pi]); % 画图
hold on;
ezplot(abs(shrad),[-4 * pi,4 * pi]);
grid on;

程序的运行结果如图 7.4.1 所示。

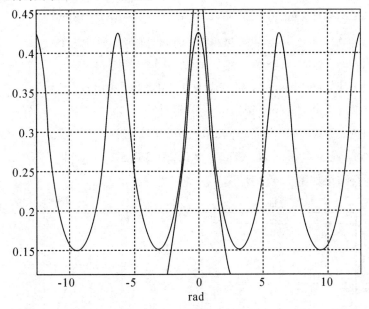

图 7.4.1 例 7.4.1 的图形显示

【例 7.4.2】设模拟低通巴特沃什滤波器,通带波纹为 R_p = 1dB,通带上限角频率 ω_p = 0.2π,阻带下限角频率 ω_s = 0.3π,阻带最小衰减 α_s = 15dB,根据该低通模拟滤波器,利用冲激响应不变法设计数字低通滤波器,并绘出设计后的数字滤波器的特性曲线。

MATLAB 仿真程序如下:

wp = 0.2 * pi;ws = 0.3 * pi;
Rp = 1; As = 15;T = 1;
Rip = 10^(- Rp/20);
Atn = 10^(- As/20);
OmgP = wp * T;
OmgS = ws * T;
[N,OmgC] = buttord(OmgP,OmgS,Rp,As,'s'); % 选取模拟滤波器的阶数
[cs,ds] = butter(N,OmgC,'s');   % 设计出所需的模拟低通滤波器
[b,a] = impinvar(cs,ds,T);% 应用冲激响应不变法进行转换

[db,mag,pha,grd,w] = freqz_m(b,a);
subplot(2,2,1);plot(w/pi,mag);title('幅频特性');
xlabel('w(/pi)');ylabel('|H(jw)|');axis([0 1 0 1.1]);
set(gca,'XTickMode','manual','XTick',[0 0.2 0.3 0.5 1]);
set(gca,'YTickMode','manual','YTick',[0 Atn Rip 1]);grid
subplot(2,2,2);plot(w/pi,db);title('幅频特性(db)');
xlabel('w(/pi)');ylabel('dB');axis([0 1 -40 5]);
set(gca,'XTickMode','manual','XTick',[0 0.2 0.3 0.5 1]);
set(gca,'YTickMode','manual','YTick',[-40 -As -Rp 0]);grid
subplot(2,2,3);plot(w/pi,pha/pi);title('相频特性');
xlabel('w(/pi)');ylabel('pha(/pi)');axis([0 1 -1 1]);
set(gca,'XTickMode','manual','XTick',[0 0.2 0.3 0.5 1]);grid
subplot(2,2,4);plot(w/pi,grd);title('群延时');
xlabel('w(/pi)');ylabel('Sample');axis([0 1 0 12]);
set(gca,'XTickMode','manual','XTick',[0 0.2 0.3 0.5 1]);grid

程序的运行结果如图7.4.2所示。

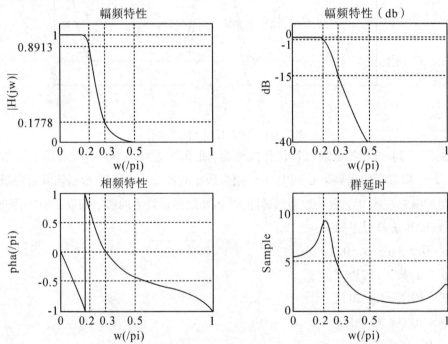

图7.4.2 利用冲激响应不变法设计的数字低通滤波器的特性曲线

7.5 本章小结

本章讨论了无限冲激响应数字滤波器的设计方法,重点是按频域技术指标为依据的滤波器设计,因为它是实际中最常用的。本章重点介绍了巴特沃什和切比雪夫模拟原型低通滤波器,以及将模拟原型滤波器映射为数字滤波器的两种方法:冲激响应不变法和双线性变换法。本章只介绍了数字低通滤波器的设计,对于数字高通滤波器、带通滤波器和带阻滤波器的设计,读者可以参阅附录 B 中无限冲激响应滤波器的频率变换设计法。附录 C 也给出了 IIR 滤波器的计算机辅助设计方法,可以参阅。

习 题

7.1 已知一个 IIR 滤波器的系统函数 $H(z) = \dfrac{0.9 + z^{-1}}{1 + 0.9z^{-1}}$,试判断滤波器的类型(低通、高通、带通、带阻或全通)。

7.2 假设某模拟滤波器 $H_a(s)$ 是一个低通滤波器,应用变换 $s = \dfrac{z+1}{z-1}$ 设计数字滤波器,得到系统函数 $H(z) = H_a(\dfrac{z+1}{z-1})$,确定数字滤波器的通带中心:

(1)位于 $\omega = 0$(低通);
(2)位于 $\omega = \pi$(高通);
(3)位于 $(0, \pi)$ 内的某一频率上。
试判断上述三个结论哪个是正确的。

7.3 已知模拟滤波器的系统函数为 $H_a(s) = \dfrac{s+a}{(s+a)^2 + b^2}$($a$ 和 b 为常数)。假设模拟滤波器因果稳定,试用冲激响应不变法将其转换成数字滤波器,求数字滤波器的系统函数 $H(z)$。

7.4 一个 IIR 数字低通滤波器满足如下技术指标:通带截止频率 $f_p = 1.2\text{kHz}$,通带最大衰减 $\delta_p = 0.5\text{dB}$,阻带截止频率 $f_s = 2.0\text{kHz}$,阻带最小衰减 $\delta_s = 40\text{dB}$,采样频率为 $f = 8.0\text{kHz}$。利用书中的设计公式,确定下列情况滤波器所需的阶数:

(1)数字巴特沃什滤波器
(2)数字切比雪夫滤波器

7.5 一个连续时间系统的单位阶跃响应是 $s_c(t)$,系统函数是:

$$H_c(s) = \sum_{k=1}^{M} \frac{A_k}{s - s_k}$$

一个离散时间系统的单位阶跃响应 $s(n)$ 与 $s_c(t)$ 的关系式为 $s(n) = T_d s_c(t)|_{t=nT_d}$。求

离散时间系统的系统函数 $H(z)$。

7.6 用双线性变换法设计一个三阶巴特沃什数字低通滤波器,采样频率是 1.2kHz,截止频率是 400Hz,求该数字滤波器的系统函数。

7.7 设计一个数字低通滤波器,要求 3dB 的截止频率 $f_c = \dfrac{1}{\pi}$ Hz,抽样频率 $f_s = 2$ Hz。

(1) 导出归一化的二阶巴特沃什低通滤波器的系统函数 $H_a'(s)$。

(2) 试用上述指标设计一个二阶巴特沃什低通滤波器,求其系统函数 $H_a(s)$,并画出其零极点图。

(3) 用双线性变换法将其转换为数字系统,求系统函数 $H(z)$。

7.8 设计一个 3dB 带宽为 0.2π 的单极点数字低通滤波器,要求其是利用对系统函数为 $H_a(s) = \dfrac{\Omega_c}{s + \Omega_c}$ 的模拟滤波器进行双线性变换得到,其中 Ω_c 为 3dB 带宽。

7.9 已知设计好的 IIR 数字滤波器的频率响应如图所示。

(1) 若采用冲激响应不变法,试求原型模拟滤波器的频率响应;

(2) 若采用双线性变换法时,试求原型模拟滤波器的频率响应。

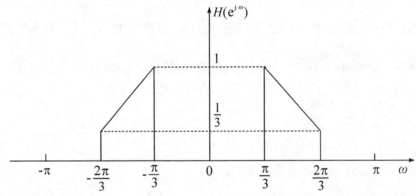

7.10 分别采用冲激响应不变法和双线性变换法设计一个巴特沃什数字低通滤波器,要求通带截止频率为 $\omega_p = 0.2\pi$ rad,通带最大衰减 $\delta_p = 1$dB,阻带截止频率 $\omega_s = 0.4\pi$ rad,阻带最小衰减 $\delta_s = 12$dB。

第 8 章 FIR 滤波器的设计

第 7 章讨论了 IIR 数字滤波器的设计方法。由于 IIR 滤波器设计指标由幅频特性确定,因此在设计 IIR 滤波器时,只要求幅频响应满足设计要求,而不用考虑它的相频特性。事实上,IIR 滤波器的相频特性一般是非线性的,因此会导致信号产生严重的相位失真。由于 IIR 系统不一定物理可实现,因此在设计时要特别注意因果性和稳定性问题。本章讨论的 FIR 滤波器设计可以有效地克服以上两方面的不足。

学习要求:掌握 FIR 滤波器存在线性相位的条件;掌握 FIR 滤波器的线性相位特性;掌握窗函数法设计 FIR 滤波器;掌握频率采样法设计 FIR 滤波器;了解 IIR 滤波器和 FIR 滤波器的设计优缺点及适应场合。

8.1 FIR 滤波器的线性相位

有限冲激响应系统,就是其单位冲激响应 $h(n)$ 在 $n = 0,1,\cdots,N-1$ 的有限 N 点上有值,其系统函数一般表示为:

$$H(Z) = \sum_{n=0}^{N-1} h(n) Z^{-n}$$

FIR 滤波器在幅频响应满足设计性能指标的同时,能够保证精确的线性相位特性,不存在相位失真。因为 FIR 滤波器冲击响应 $h(n)$ 有限长,所以满足条件 $\sum_{n=-\infty}^{\infty} |h(n)| < \infty$,即系统稳定。本书前面分析过,即使一个有限长序列是非因果的,也可以通过延时将其转变为因果序列,所以 FIR 滤波器一定是可以实现的。

1. FIR 滤波器的线性相位频率特性

令 FIR 滤波器的单位冲激响应为 $h(n)$ ($0 \leq n \leq N-1$),频率响应为:

$$H(e^{j\omega}) = F[h(n)] = |H(e^{j\omega})| e^{j\arg[H(e^{j\omega})]} \tag{8.1.1}$$

如果

$$\arg[H(e^{j\omega})] = \alpha\omega \tag{8.1.2}$$

则 $h(n)$ 具有线性相位频率特性。

离散时间信号 $x(n)$ 通过一个冲激响应为 $h(n)$ ($0 \leq n \leq N-1$) 的 FIR 线性移不变系统,输出为输入信号 $x(n)$ 和冲激响应 $h(n)$ 的卷积:

$$y(n) = \sum_{k=0}^{N-1} h(k)x(n-k) \qquad (8.1.3)$$

如果 $h(n)$ 的频率响应 $H(e^{j\omega})$ 在通频带内幅频特性接近于常数 α、相频特性是 ω 的线性函数,记作:

$$H(e^{j\omega}) = \alpha e^{-j\omega k}, |\omega| < \omega_c \qquad (8.1.4)$$

如果输入信号频谱 $X(e^{j\omega})$ 全在通频带范围内,那么输出信号的频谱为:

$$Y(e^{j\omega}) = X(e^{j\omega})H(e^{j\omega}) = \alpha e^{-j\omega k}X(e^{j\omega}) \qquad (8.1.5)$$

对式(8.1.5)进行傅里叶反变换,可以得到:

$$y(n) = \alpha x(n-k) \qquad (8.1.6)$$

式(8.1.6)表明:线性相位滤波器不会改变输入信号的形状,只是将信号在时域上延时了 k 个采样点。反之,若 $H(e^{j\omega})$ 为非线性相位系统,必然会导致输入信号 $x(n)$ 的形状发生变化。

2. 线性相位条件

若有限长序列 $h(n)$ ($0 \leqslant n \leqslant N-1$)满足关系式:

$$h(n) = h(N-1-n), 0 \leqslant n \leqslant N-1 \qquad (8.1.7)$$

则称 $h(n)$ 为偶对称序列。

若有限长序列 $h(n)$ ($0 \leqslant n \leqslant N-1$)满足关系式:

$$h(n) = -h(N-1-n), 0 \leqslant n \leqslant N-1 \qquad (8.1.8)$$

则称 $h(n)$ 为奇对称序列。

可以证明,只要 FIR 滤波器的单位冲激响应 $h(n)$ 满足奇偶对称性,则 FIR 具有线性相位。其中长度 N 有偶数和奇数两种情况,因此共有四种线性相位,如图 8.1.1 所示。

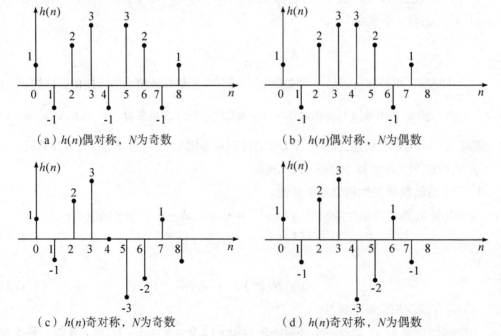

(a) $h(n)$ 偶对称,N 为奇数 (b) $h(n)$ 偶对称,N 为偶数

(c) $h(n)$ 奇对称,N 为奇数 (d) $h(n)$ 奇对称,N 为偶数

图 8.1.1 四种线性相位的单位序列响应

3. $H(e^{j\omega})$ 的对称特性

有限长序列 $h(n)$ ($0 \leq n \leq N-1$) 的傅里叶变换为:

$$H(e^{j\omega}) = \sum_{n=0}^{N-1} h(n)e^{-j\omega n} = |H(e^{j\omega})|e^{j\arg[H(e^{j\omega})]} \tag{8.1.9}$$

其中,$|H(e^{j\omega})|$ 为幅频响应,$\arg[H(e^{j\omega})]$ 为相频响应。

如果将傅里叶变换记作:

$$H(e^{j\omega}) = H(\omega)e^{j\theta(\omega)} \tag{8.1.10}$$

其中,$H(\omega)$ 为幅度响应,$\theta(\omega)$ 为相位响应。

比较式(8.1.9)和式(8.1.10),可以看出:

如果 $H(\omega) \geq 0$,则 $H(\omega) = |H(e^{j\omega})|$,$\theta(\omega) = \arg[H(e^{j\omega})]$。

如果 $H(\omega) < 0$,则 $H(\omega) = -|H(e^{j\omega})|$,$\theta(\omega) = \arg[H(e^{j\omega})] \pm \pi$。

下面根据 N 的奇偶性和 $h(n)$ 的奇偶对称性,分别讨论 $H(e^{j\omega})$ 的对称特性。

1) $h(n)$ 偶对称,N 为奇数

若有限长序列 $h(n)$ 偶对称,即 $h(n) = h(N-1-n)$,N 为奇数时,$h(n)$ 的傅里叶变换为:

$$\begin{aligned}H(e^{j\omega}) &= \sum_{n=0}^{N-1} h(n)e^{-j\omega n} \\ &= \sum_{n=0}^{\frac{N-3}{2}} h(n)e^{-j\omega n} + h\left(\frac{N-1}{2}\right)e^{-j\frac{N-1}{2}\omega} + \sum_{n=\frac{N+1}{2}}^{N-1} h(n)e^{-j\omega n}\end{aligned} \tag{8.1.11}$$

其中

$$\sum_{n=\frac{N+1}{2}}^{N-1} h(n)e^{-j\omega n} = \sum_{n=0}^{\frac{N-3}{2}} h(N-1-n)e^{-j\omega(N-1-n)} = \sum_{n=0}^{\frac{N-3}{2}} h(n)e^{-j\omega(N-1-n)} \tag{8.1.12}$$

式(8.1.11)可以简化为:

$$\begin{aligned}H(e^{j\omega}) &= \sum_{n=0}^{\frac{N-3}{2}} h(n)[e^{-j\omega n} + e^{-j\omega(N-1-n)}] + h\left(\frac{N-1}{2}\right)e^{-j\frac{N-1}{2}\omega} \\ &= e^{-j\frac{N-1}{2}\omega}\left[\sum_{n=0}^{\frac{N-3}{2}} 2h(n)\frac{e^{j(\frac{N-1}{2}-n)\omega} + e^{-j(\frac{N-1}{2}-n)\omega}}{2} + h\left(\frac{N-1}{2}\right)\right] \\ &= e^{-j\frac{N-1}{2}\omega}\left[\sum_{n=0}^{\frac{N-3}{2}} 2h(n)\cos\left(\frac{N-1}{2}-n\right)\omega + h\left(\frac{N-1}{2}\right)\right]\end{aligned} \tag{8.1.13}$$

若记 $H(e^{j\omega}) = H(\omega)e^{j\theta(\omega)}$,则有:

$$H(\omega) = \sum_{n=0}^{\frac{N-3}{2}} 2h(n)\cos\left(\frac{N-1}{2}-n\right)\omega + h\left(\frac{N-1}{2}\right) \tag{8.1.14}$$

$$\theta(\omega) = -\frac{N-1}{2}\omega \tag{8.1.15}$$

从式(8.1.15)可以看出,系统的频率响应具有线性相位。

令 $m = \dfrac{N-1}{2} - n$,则有:

$$H(\omega) = \sum_{m=1}^{\frac{N-1}{2}} 2h\left(\dfrac{N-1}{2} - m\right)\cos(m\omega) + h\left(\dfrac{N-1}{2}\right) \qquad (8.1.16)$$

再令 $a(0) = h\left(\dfrac{N-1}{2}\right)$,$a(n) = 2h\left(\dfrac{N-1}{2} - n\right)$,$n = 1,2,\cdots,\dfrac{N-1}{2}$,则有:

$$H(\omega) = \sum_{n=0}^{\frac{N-1}{2}} a(n)\cos(n\omega) \qquad (8.1.17)$$

图 8.1.1(a)所示的有限长序列,其幅度响应的系数 $a(n)$ 如图 8.1.2 所示。

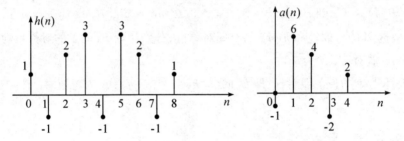

图 8.1.2 $h(n)$ 偶对称,N 为奇数时幅度响应系数

由于 $\cos(n\omega)$ 关于 $\omega = 0, \pi, 2\pi$ 偶对称,所以 $H(\omega)$ 也关于 $\omega = 0, \pi, 2\pi$ 偶对称,如图 8.1.3 所示。

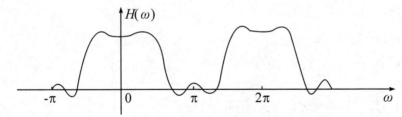

图 8.1.3 $h(n)$ 偶对称,N 为奇数时幅度响应曲线

注意 低通、高通、带通和带阻滤波器的频率响应都是关于 $\omega = 0, \pi, 2\pi$ 偶对称的,所以 $h(n)$ 偶对称,N 为奇数的线性相位,可以用于设计低通、高通、带通和带阻滤波器。

2) $h(n)$ 偶对称,N 为偶数

若有限长序列 $h(n)$ 偶对称,即 $h(n) = h(N-1-n)$,N 为偶数时,$h(n)$ 的傅里叶变换为:

$$H(e^{j\omega}) = \sum_{n=0}^{N-1} h(n)e^{-j\omega n} = \sum_{n=0}^{\frac{N}{2}-1} h(n)e^{-j\omega n} + \sum_{n=\frac{N}{2}}^{N-1} h(n)e^{-j\omega n}$$

$$= \sum_{n=0}^{\frac{N}{2}-1} h(n)e^{-j\omega n} + \sum_{n=0}^{\frac{N}{2}-1} h(N-1-n)e^{-j\omega(N-1-n)}$$

$$= \sum_{n=0}^{\frac{N}{2}-1} h(n)(e^{-j\omega n} + e^{-j\omega(N-1-n)})$$

$$= e^{-j\frac{N-1}{2}\omega} \sum_{n=0}^{\frac{N}{2}-1} 2h(n) \frac{e^{j(\frac{N-1}{2}-n)\omega} + e^{-j(\frac{N-1}{2}-n)\omega}}{2}$$

$$= e^{-j\frac{N-1}{2}\omega} \sum_{n=0}^{\frac{N}{2}-1} 2h(n) \cos\left[\left(\frac{N-1}{2}-n\right)\omega\right]$$

若记 $H(e^{j\omega}) = H(\omega)e^{j\theta(\omega)}$，则有：

$$H(\omega) = \sum_{n=0}^{\frac{N}{2}-1} 2h(n) \cos\left[\left(\frac{N-1}{2}-n\right)\omega\right] \tag{8.1.18}$$

$$\theta(\omega) = -\frac{N-1}{2}\omega \tag{8.1.19}$$

从式(8.1.19)可以看出，系统的频率响应具有线性相位。

令 $m = \frac{N}{2} - n$，则有：

$$H(\omega) = \sum_{m=1}^{\frac{N}{2}} 2h\left(\frac{N}{2} - m\right) \cos\left(m - \frac{1}{2}\right)\omega \tag{8.1.20}$$

再令 $b(n) = 2h(\frac{N}{2} - n)$，$n = 1, 2, \cdots, \frac{N}{2}$，则有：

$$H(\omega) = \sum_{n=1}^{\frac{N}{2}} b(n) \cos\left(n - \frac{1}{2}\right)\omega \tag{8.1.21}$$

图 8.1.1(b)所示的有限长序列，其幅度响应的系数 $b(n)$ 如图 8.1.4 所示。

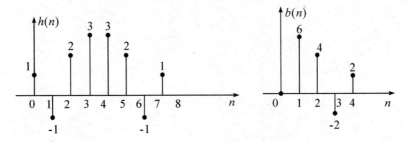

图 8.1.4　$h(n)$ 偶对称，N 为偶数时幅度响应系数

由于 $\cos\left(n - \frac{1}{2}\right)\omega$ 关于 $\omega = 0, 2\pi$ 偶对称，所以 $H(\omega)$ 也关于 $\omega = 0, 2\pi$ 偶对称；由于 $\cos\left(n - \frac{1}{2}\right)\omega$ 关于 $\omega = \pi$ 奇对称，所以 $H(\omega)$ 也关于 $\omega = \pi$ 奇对称；并且当 $\omega = \pi$ 时，$\cos\left(n - \frac{1}{2}\right)\omega = 0$，所以 $\omega = \pi$ 时，$H(\omega) = 0$，如图 8.1.5 所示。

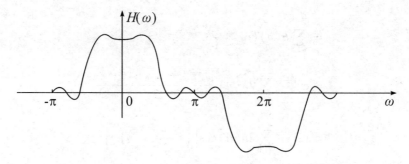

图 8.1.5 $h(n)$ 偶对称，N 为偶数时幅度响应曲线

注意 对于高通和带阻滤波器，当 $\omega = \pi$ 时，$H(\omega) \neq 0$。所以 $h(n)$ 偶对称，N 为偶数的线性相位只能用于设计低通和带通滤波器。

3) $h(n)$ 奇对称，N 为奇数

若有限长序列 $h(n)$ 奇对称，即 $h(n) = -h(N-1-n)$，N 为奇数时，必然存在以下关系：

$$h\left(\frac{N-1}{2}\right) = -h\left(N-1-\frac{N-1}{2}\right) = -h\left(\frac{N-1}{2}\right) = 0$$

$h(n)$ 的傅里叶变换为：

$$H(e^{j\omega}) = \sum_{n=0}^{N-1} h(n) e^{-j\omega n} = \sum_{n=0}^{\frac{N-3}{2}} h(n) e^{-j\omega n} + \sum_{n=\frac{N+1}{2}}^{N-1} h(n) e^{-j\omega n}$$

$$= \sum_{n=0}^{\frac{N-3}{2}} h(n) e^{-j\omega n} + \sum_{n=0}^{\frac{N-3}{2}} h(N-1-n) e^{-j\omega(N-1-n)}$$

$$= \sum_{n=0}^{\frac{N-3}{2}} h(n) \left(e^{-j\omega n} - e^{-j\omega(N-1-n)} \right)$$

$$= e^{-j\frac{N-1}{2}\omega} \sum_{n=0}^{\frac{N-3}{2}} 2jh(n) \frac{e^{j(\frac{N-1}{2}-n)\omega} - e^{-j(\frac{N-1}{2}-n)\omega}}{2j}$$

$$= e^{-j\frac{N-1}{2}\omega} \sum_{n=0}^{\frac{N-3}{2}} 2jh(n) \sin\left(\frac{N-1}{2}-n\right)\omega$$

$$= e^{j(\frac{\pi}{2}-\frac{N-1}{2}\omega)} \sum_{n=0}^{\frac{N-3}{2}} 2h(n) \sin\left(\frac{N-1}{2}-n\right)\omega$$

若记 $H(e^{j\omega}) = H(\omega) e^{j\theta(\omega)}$，则有：

$$H(\omega) = \sum_{n=0}^{\frac{N-3}{2}} 2h(n) \sin\left(\frac{N-1}{2}-n\right)\omega \tag{8.1.22}$$

$$\theta(\omega) = \frac{\pi}{2} - \frac{N-1}{2}\omega \tag{8.1.23}$$

从式(8.1.23)可以看出，系统的频率响应具有线性相位。

令 $m = \dfrac{N-1}{2} - n$,则有:

$$H(\omega) = \sum_{m=1}^{\frac{N-1}{2}} 2h\left(\frac{N-1}{2} - m\right)\sin(m\omega) \qquad (8.1.24)$$

再令 $c(n) = 2h\left(\dfrac{N-1}{2} - n\right), n = 1,2,\cdots,\dfrac{N-1}{2}$,则有:

$$H(\omega) = \sum_{n=0}^{\frac{N-1}{2}} c(n)\sin(n\omega) \qquad (8.1.25)$$

图 8.1.1(c) 所示的有限长序列,其幅度响应的系数 $c(n)$ 如图 8.1.6 所示。

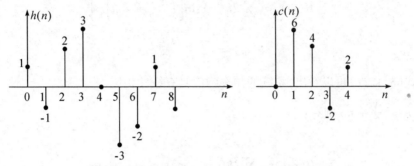

图 8.1.6　$h(n)$ 奇对称,N 为奇数时幅度响应系数

由于 $\sin(n\omega)$ 关于 $\omega = 0,\pi,2\pi$ 奇对称,所以 $H(\omega)$ 也关于 $\omega = 0,\pi,2\pi$ 奇对称,并且当 $\omega = 0,\pi,2\pi$ 时,$H(\omega) = 0$,如图 8.1.7 所示。

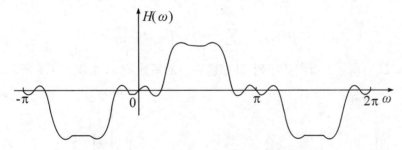

图 8.1.7　$h(n)$ 奇对称,N 为奇数时幅度响应曲线

注意　$h(n)$ 奇对称,N 为奇数的线性相位只能用于设计带通滤波器。

4) $h(n)$ 奇对称,N 为偶数

若有限长序列 $h(n)$ 奇对称,即 $h(n) = -h(N-1-n)$,N 为偶数时,$h(n)$ 的傅里叶变换为:

$$H(e^{j\omega}) = \sum_{n=0}^{N-1} h(n)e^{-j\omega n} = \sum_{n=0}^{\frac{N}{2}-1} h(n)e^{-j\omega n} + \sum_{n=\frac{N}{2}}^{N-1} h(n)e^{-j\omega n}$$

$$= \sum_{n=0}^{\frac{N}{2}-1} h(n)e^{-j\omega n} + \sum_{n=0}^{\frac{N}{2}-1} h(N-1-n)e^{-j\omega(N-1-n)}$$

$$= \sum_{n=0}^{\frac{N}{2}-1} h(n) [\,\mathrm{e}^{-\mathrm{j}\omega n} - \mathrm{e}^{-\mathrm{j}\omega(N-1-n)}\,]$$

$$= \mathrm{e}^{-\mathrm{j}\frac{N-1}{2}\omega} \sum_{n=0}^{\frac{N}{2}-1} 2\mathrm{j}h(n) \frac{\mathrm{e}^{\mathrm{j}(\frac{N-1}{2}-n)\omega} - \mathrm{e}^{-\mathrm{j}(\frac{N-1}{2}-n)\omega}}{2\mathrm{j}}$$

$$= \mathrm{e}^{\mathrm{j}(\frac{\pi}{2}-\frac{N-1}{2}\omega)} \sum_{n=0}^{\frac{N}{2}-1} 2h(n) \sin\left[\left(\frac{N-1}{2}-n\right)\omega\right]$$

若记 $H(\mathrm{e}^{\mathrm{j}\omega}) = H(\omega)\mathrm{e}^{\mathrm{j}\theta(\omega)}$,则有:

$$H(\omega) = \sum_{n=0}^{\frac{N}{2}-1} 2h(n) \sin\left[\left(\frac{N-1}{2}-n\right)\omega\right] \tag{8.1.26}$$

$$\theta(\omega) = \frac{\pi}{2} - \frac{N-1}{2}\omega \tag{8.1.27}$$

从式(8.1.27)可以看出,系统的频率响应具有线性相位。

令 $m = \dfrac{N}{2} - n$,则有:

$$H(\omega) = \sum_{m=1}^{\frac{N}{2}} 2h\left(\frac{N}{2}-m\right) \sin\left(m-\frac{1}{2}\right)\omega \tag{8.1.28}$$

再令 $d(n) = 2h\left(\dfrac{N}{2}-n\right)$,$n = 1,2,\cdots,\dfrac{N}{2}$,则有:

$$H(\omega) = \sum_{n=1}^{\frac{N}{2}} d(n) \sin\left(n-\frac{1}{2}\right)\omega \tag{8.1.29}$$

图 8.1.1(d)所示的有限长序列,其幅度响应的系数 $d(n)$ 如图 8.1.8 所示。

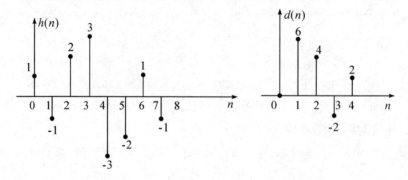

图 8.1.8　$h(n)$ 奇对称,N 为偶数时幅度响应系数

由于 $\sin\left(n-\dfrac{1}{2}\right)\omega$ 关于 $\omega = 0,2\pi$ 奇对称,所以 $H(\omega)$ 关于 $\omega = 0,2\pi$ 奇对称,并且当 $\omega = 0,2\pi$ 时,$\sin\left(n-\dfrac{1}{2}\right)\omega = 0$;由于 $\sin\left(n-\dfrac{1}{2}\right)\omega$ 关于 $\omega = \pi$ 偶对称,所以 $H(\omega)$ 也关于 $\omega = \pi$ 偶对称,如图 8.1.9 所示。

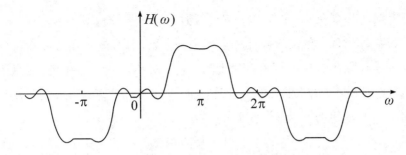

图 8.1.9 $h(n)$ 奇对称，N 为偶数时幅度响应曲线

注意 $h(n)$ 奇对称，N 为偶数的线性相位只能用于设计高通和带通滤波器。

表 8.1.1 给出了线性相位 FIR 滤波器在各种形式下的 N 点冲激响应的频率特性。由表 8.1.1 可以看出，按 1、2 模式设计 FIR 滤波器，便于形成低通特性，按 3、4 模式设计 FIR 滤波器便于形成高通特性。

表 8.1.1 线性相位 FIR 滤波器频率特性和序列对称的关系

1	N 为奇数，偶对称 $h(n) = h(N-1-n)$ $n = 0, 1, \cdots, \dfrac{N-3}{2}$ $h\left(\dfrac{N-1}{2}\right)$ 为任意值	$H(\mathrm{e}^{\mathrm{j}\omega}) = \mathrm{e}^{-\mathrm{j}\frac{N-1}{2}\omega}\left[\sum\limits_{n=0}^{\frac{N-3}{2}} 2h(n)\cos\left(\dfrac{N-1}{2}-n\right)\omega + h\left(\dfrac{N-1}{2}\right)\right]$
2	N 为偶数，偶对称 $h(n) = h(N-1-n)$ $n = 0, 1, \cdots, \dfrac{N}{2}-1$	$H(\mathrm{e}^{\mathrm{j}\omega}) = \mathrm{e}^{-\mathrm{j}\frac{N-1}{2}\omega}\left\{\sum\limits_{n=0}^{\frac{N}{2}-1} 2h(n)\cos\left[\left(\dfrac{N-1}{2}-n\right)\omega\right]\right\}$
3	N 为奇数，奇对称 $h(n) = -h(N-1-n)$ $n = 0, 1, \cdots, \dfrac{N-3}{2}$ $h\left(\dfrac{N-1}{2}\right) = 0$	$H(\mathrm{e}^{\mathrm{j}\omega}) = \mathrm{e}^{\mathrm{j}\left(\frac{\pi}{2}-\frac{N-1}{2}\omega\right)}\left[\sum\limits_{n=0}^{\frac{N-3}{2}} 2h(n)\sin\left(\dfrac{N-1}{2}-n\right)\omega\right]$
4	N 为偶数，奇对称 $h(n) = -h(N-1-n)$ $n = 0, 1, \cdots, \dfrac{N}{2}-1$	$H(\mathrm{e}^{\mathrm{j}\omega}) = \mathrm{e}^{\mathrm{j}\left(\frac{\pi}{2}-\frac{N-1}{2}\omega\right)}\left\{\sum\limits_{n=0}^{\frac{N}{2}-1} 2h(n)\sin\left[\left(\dfrac{N-1}{2}-n\right)\omega\right]\right\}$

4. 线性相位 FIR 系统的零点

对系统函数 $H(z)$ 做因式分解，可以发现，当 FIR 系统冲激响应系数为实数时，$H(z)$ 的零点成复共轭对形式出现，即：如果 z_1 是 $H(z)$ 的零点，那么 z_1^* 也是零点。当 FIR 系统冲激响应系数具有 $h(n) = \pm h(N-1-n)$ 关系时，$H(z)$ 的零点按反演镜像的关系出现，即：如果 z_1 是 $H(z)$ 的零点，那么 $1/z_1$ 也是零点。因此，零点的出现有四种情况：

(1)当零点 z_2 出现在实轴上时,$z_2 = z_2^*$,存在一对零点 z_2 和 $1/z_2$;

(2)当零点 z_3 出现在单位圆圆周上时,$z_3^* = 1/z_3$,存在一对零点 z_3 和 z_3^*;

(3)当零点 z_4 既在单位圆,又在实轴上时,$z_4 = -1$,$z_4 = z_4^* = 1/z_4$,零点单个存在;

(4)当零点 z_1 既不在单位圆,也不在实轴上时,存在4个零点:z_1、z_1^*、$1/z_1$ 和 $1/z_1^*$。

线性相位 FIR 系统的零点如图 8.1.10 所示。

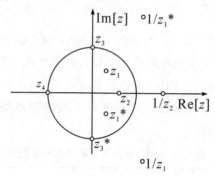

图 8.1.10 线性相位 FIR 系统的零点图

8.2 窗函数法设计 FIR 滤波器

有限冲激响应滤波器的设计,是以逼近离散时间滤波器的频率响应为基础,主要的设计方法有窗函数法、频率采样法和最佳逼近设计等。本节讨论最简单的窗函数法,下节讨论频率采样法,最佳逼近设计在附录 D 介绍。由于 FIR 数字滤波器很容易设计成线性相位,所以本书只讨论线性相位 FIR 滤波器的设计。

8.2.1 设计思想

若 $H(\mathrm{e}^{\mathrm{j}\omega})$ 是所设计 FIR 滤波器的频率响应,$H_d(\mathrm{e}^{\mathrm{j}\omega})$ 是理想 FIR 滤波器的频率响应,在前面的讨论中,已经知道理想滤波器的冲激响应 $h_d(n) = F^{-1}[H_d(\mathrm{e}^{\mathrm{j}\omega})]$ 为无限长非因果序列,是物理上不可实现的。为了使所设计滤波器的频率响应 $H(\mathrm{e}^{\mathrm{j}\omega})$ 按照给定的性能指标(通带截止频率、阻带截止频率、通带衰减和阻带衰减)逼近理想滤波器的频率响应 $H_d(\mathrm{e}^{\mathrm{j}\omega})$,也就是要得到因果的有限长的冲激响应 $h(n)$ ($0 \leq n \leq N-1$),必须将理想滤波器的单位冲激响应 $h_d(n)$ 移位,并截取有限长序列,即有如下关系:

$$h(n) = \begin{cases} h_d(n-m) & 0 \leq n \leq N-1 \\ 0 & \text{其他} \end{cases} \quad (8.2.1)$$

式(8.2.1)也可以写成:

$$h(n) = h_d(n-m)w(n), 0 \leq n \leq N-1 \quad (8.2.2)$$

其中,$w(n)$ 称为窗函数,必须满足如下条件:

(1)有限长:$w(n)$ 必须满足 $0 \leq n \leq N-1$;

(2)对称性:$w(n) = \pm w(N-1-n)$,保证设计滤波器的频率响应具有线性相位特性。

例如:矩形窗函数 $w_R(n) = R_N(n)$,则有:

$$h(n) = h_d(n)w_R(n) = \begin{cases} h_d(n) & 0 \leq n \leq N-1 \\ 0 & \text{其余 } n \end{cases} \quad (8.2.3)$$

加窗以后的序列 $h(n)$ 为有限长因果序列,$H(e^{j\omega})$ 为稳定的因果系统,且 $H(e^{j\omega})$ 具有线性相位特性。

【例 8.2.1】理想低通滤波器频率响应如图 8.2.1 所示,设计 FIR 滤波器 $h(n)$ 使之逼近于 $H_d(e^{j\omega})$。

$$H_d(e^{j\omega}) = \begin{cases} e^{-j\frac{N-1}{2}\omega} & |\omega| \leq \omega_c \\ 0 & \omega_c < |\omega| \leq \pi \end{cases} \quad (8.2.4)$$

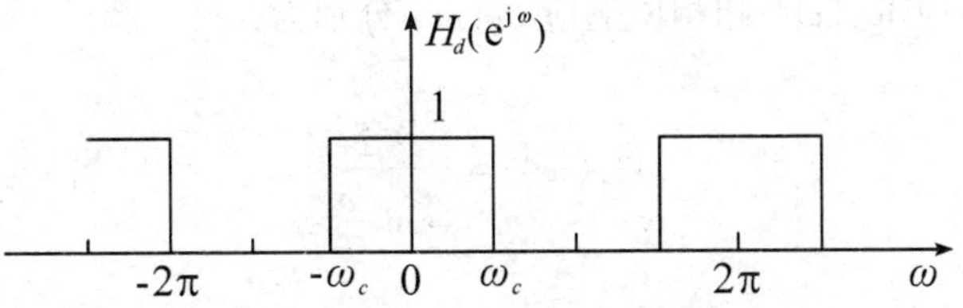

图 8.2.1 理想低通滤波器的频率响应

【解】(1)首先推导理想滤波器的冲激响应 $h_d(n)$:

$$\begin{aligned} h_d(n) &= \frac{1}{2\pi}\int_{-\pi}^{\pi} H_d(e^{j\omega}) e^{j\omega n} d\omega \\ &= \frac{1}{2\pi}\int_{-\omega_c}^{\omega_c} e^{-j\frac{N-1}{2}\omega} e^{j\omega n} d\omega \\ &= \frac{\sin\omega_c\left(n - \frac{N-1}{2}\right)}{\pi\left(n - \frac{N-1}{2}\right)} \end{aligned} \quad (8.2.5)$$

(2)对理想滤波器的冲激响应加窗截取

要使 FIR 滤波器具有线性相位特性,就必须使滤波器的冲激响应 $h(n)$ 具有对称性。只有当 $h(n) = h(N-1-n)$,满足偶对称时,才能用于设计低通滤波器。

取 N 为奇数,窗函数取矩形窗 $w_R(n) = R_N(n)$,则冲激响应为:

$$h(n) = h_d(n)w_R(n) = \frac{\sin\omega_c\left(n - \frac{N-1}{2}\right)}{\pi\left(n - \frac{N-1}{2}\right)} R_N(n) \quad (8.2.6)$$

(3)加窗截取的频率响应(矩形窗)。

若将理想滤波器的频率响应记作:

$$H_d(e^{j\omega}) = H_d(\omega) e^{j\theta_d(\omega)}$$

对于低通滤波器,有如下关系:

$$H_d(\omega) = \begin{cases} 1 & |\omega| \leq \omega_c \\ 0 & \omega_c < |\omega| \leq \pi \end{cases} \tag{8.2.7}$$

$$\theta_d(\omega) = -\frac{N-1}{2}\omega \tag{8.2.8}$$

矩形窗 $w_R(n) = R_N(n)$ 的频率响应为:

$$W_R(e^{j\omega}) = \sum_{n=0}^{N-1} w_R(n) e^{-j\omega n} = \sum_{n=0}^{N-1} e^{-j\omega n} = \frac{\sin\frac{N}{2}\omega}{\sin\frac{\omega}{2}} e^{-j\frac{N-1}{2}\omega} \tag{8.2.9}$$

若将矩形窗的频率响应 $W_R(e^{j\omega})$ 记作:

$$W_R(e^{j\omega}) = W_R(\omega) e^{j\theta_R(\omega)} \tag{8.2.10}$$

则矩形窗的幅度响应 $W_R(\omega)$ 和相位响应 $\theta_R(\omega)$ 分别为:

$$W_R(\omega) = \frac{\sin\frac{N}{2}\omega}{\sin\frac{\omega}{2}} \tag{8.2.11}$$

$$\theta_R(\omega) = -\frac{N-1}{2}\omega \tag{8.2.12}$$

因为 $h(n) = h_d(n) w_R(n)$,所以有如下关系:

$$\begin{aligned} H(e^{j\omega}) &= \sum_{n=-\infty}^{\infty} h(n) e^{-j\omega n} = \sum_{n=-\infty}^{\infty} h_d(n) w_R(n) e^{-j\omega n} \\ &= \frac{1}{2\pi} \int_{-\pi}^{\pi} H_d(e^{j\theta}) W_R[e^{j(\omega-\theta)}] d\theta \\ &= \frac{1}{2\pi} \int_{-\pi}^{\pi} H_d(\theta) e^{-j\frac{N-1}{2}\theta} W_R(\omega-\theta) e^{-j\frac{N-1}{2}(\omega-\theta)} d\theta \\ &= e^{-j\frac{N-1}{2}\omega} \frac{1}{2\pi} \int_{-\pi}^{\pi} H_d(\theta) W_R(\omega-\theta) d\theta \end{aligned} \tag{8.2.13}$$

若记 $H(e^{j\omega}) = H(\omega) e^{j\theta(\omega)}$,则有:

$$H(\omega) = \frac{1}{2\pi} \int_{-\pi}^{\pi} H_d(\theta) W_R(\omega-\theta) d\theta \tag{8.2.14}$$

$$\theta(\omega) = -\frac{N-1}{2}\omega \tag{8.2.15}$$

理想低通滤波器 $H_d(\omega)$ 和矩形窗的频率响应 $W_R(\omega)$ 如图 8.2.2 所示。

考虑矩形窗的幅度响应 $W_R(\omega)$:

主瓣:$-\frac{2\pi}{N} \leq \omega \leq \frac{2\pi}{N}$,峰值为 N,瓣宽为 $\frac{4\pi}{N}$,中心位置 $\omega = 0$;

旁瓣:宽度为 $\frac{2\pi}{N}$,两边对称,正负相同,峰值衰减;

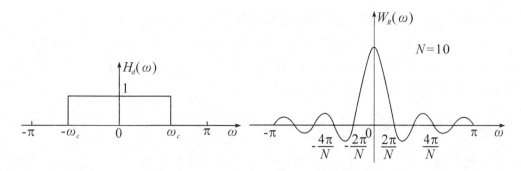

图 8.2.2　理想低通滤波器和矩形窗的频率响应

并且满足：$\dfrac{\text{第一旁瓣面积}}{\text{主瓣面积}} = $ 常数 0.0895（与 N 无关）。

加窗后的频率响应 $H(\omega) = \dfrac{1}{2\pi}\displaystyle\int_{-\pi}^{\pi} H_d(\theta) W_R(\omega - \theta)\mathrm{d}\theta$，如图 8.2.3 所示。

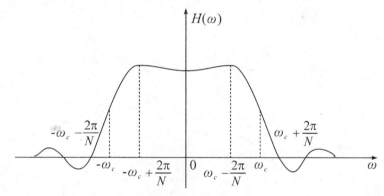

图 8.2.3　理想低通滤波器加矩形窗后的频率响应

由图 8.2.3 可以看出，窗函数法设计得到的因果 FIR 滤波器，由于单位冲激响应相对于中心点偶对称，所以是一个线性相位系统。

(1) 在临界频率 ω_c 附近形成过渡带，过渡带宽度与 $W_R(\omega)$ 主瓣宽度相同，即 $\Delta\omega = \dfrac{4\pi}{N}$；

(2) 通带和阻带内的幅度都有波动，越靠近 ω_c 处波动越明显。在 $\pm\omega_c \pm \dfrac{2\pi}{N}$ 出现肩峰，其幅值大小取决于加载的窗函数幅度函数旁瓣面积与主瓣面积之比（矩形窗比值为 0.0895）；

(3) FIR 阻带衰减的性能取决于肩峰值，增加窗函数的序列长度 N 可以减小过渡带的宽度 $\Delta\omega$，但肩峰的幅度保持不变。

肩峰的幅度取决于窗函数幅度函数旁瓣面积与主瓣面积之比，是一个常数，一旦窗函数确定下来，此常数不变，所以只有改变窗函数才有可能减小肩峰幅度。也就是说，只有选择性能比矩形窗好的窗函数，才能达到减小肩峰幅度的目的。

一般选择窗函数时，希望尽可能满足以下条件：

(1) 主瓣宽度尽可能窄，这样可以形成较窄的过渡带；

(2) 第一旁瓣面积与主瓣面积之比尽可能小，这样旁瓣峰值与主瓣峰值之比尽可能小,从而使得通带和阻带内误差尽可能小,即阻带衰减尽可能快。

但是上述两个条件不可能同时满足,只有根据实际需要加以权衡。适当地选择窗函数,使所设计滤波器的幅度响应在满足给定性能指标要求的前提下,加窗的宽度尽可能窄,从而在设计滤波器时,工作量也尽可能小。

8.2.2 常用窗函数

1. 矩形窗

$$w_R(n) = R_N(n) \tag{8.2.16}$$

$$|W_R(\omega)| = \frac{\sin\frac{N}{2}\omega}{\sin\frac{\omega}{2}} \tag{8.2.17}$$

其中,$|W_R(\omega)|$表示幅频响应函数。

2. 三角形窗

$$w(n) = \begin{cases} \dfrac{2n}{N-1} & 0 \leq n \leq \dfrac{N-1}{2} \\ 2 - \dfrac{2n}{N-1} & \dfrac{N-1}{2} < n \leq N-1 \end{cases} \tag{8.2.18}$$

$$|W(\omega)| = \frac{2}{N}\frac{\sin^2\dfrac{N\omega}{2}}{\sin^2\dfrac{\omega}{2}} \tag{8.2.19}$$

3. 汉宁窗(Hanning)

$$w(n) = \frac{1}{2}\left[1 - \cos\left(\frac{2\pi n}{N-1}\right)\right], 0 \leq n \leq N-1 \tag{8.2.20}$$

$$|W(\omega)| = \frac{1}{2}|W_R(\omega)| + \frac{1}{4}\left[\left|W_R\left(\omega - \frac{2\pi}{N-1}\right)\right| + \left|W_R\left(\omega + \frac{2\pi}{N-1}\right)\right|\right] \tag{8.2.21}$$

4. 海明窗(Hamming)

$$w(n) = 0.54 - 0.46\cos\left(\frac{2\pi n}{N-1}\right), 0 \leq n \leq N-1 \tag{8.2.22}$$

$$|W(\omega)| = 0.54|W_R(\omega)| + 0.23\left[\left|W_R\left(\omega - \frac{2\pi}{N-1}\right)\right| + \left|W_R\left(\omega + \frac{2\pi}{N-1}\right)\right|\right] \tag{8.2.23}$$

5. 勃莱克曼窗(Blackman)

$$w(n) = 0.42 - 0.5\cos\left(\frac{2\pi n}{N-1}\right) + 0.08\cos\left(\frac{4\pi n}{N-1}\right), 0 \leq n \leq N-1 \tag{8.2.24}$$

$$\begin{aligned}|W(\omega)| = {} & 0.42|W_R(\omega)| + 0.25\left[\left|W_R\left(\omega - \frac{2\pi}{N-1}\right)\right| + \left|W_R\left(\omega + \frac{2\pi}{N-1}\right)\right|\right] \\ & + 0.04\left[\left|W_R\left(\omega - \frac{4\pi}{N-1}\right)\right| + \left|W_R\left(\omega + \frac{4\pi}{N-1}\right)\right|\right]\end{aligned} \tag{8.2.25}$$

6. 凯泽窗函数族(Kaiser)

$$w(n) = \frac{I_0\left\{\omega_a \sqrt{\left(\frac{N-1}{2}\right)^2 - \left[n - \left(\frac{N-1}{2}\right)\right]^2}\right\}}{I_0\left[\omega_a\left(\frac{N-1}{2}\right)\right]}, 0 \leq n \leq N-1 \quad (8.2.26)$$

其中 $I_0[\cdot]$ 是第一类修正的零阶贝塞尔函数(Bessel)，参数 ω_a 可以用来调整主瓣和旁瓣的相对大小。凯泽(Kaiser)已经证明，当旁瓣幅度已知时，主瓣具有最大能量，这种窗函数族是最佳的。

常用的几个窗函数及其特性如表 8.2.1 所示。显然矩形窗的主瓣最窄，因此在相同长度的情况下，它在理想频率响应 $H_d(e^{j\omega})$ 的边缘上给出最为陡峭的过渡区域，但是由于它的第一旁瓣只比峰值低 13dB 左右，结果使频率响应 $H(e^{j\omega})$ 在 $H_d(e^{j\omega})$ 的边缘上产生较明显的吉布斯效应。其他窗函数因为沿窗两边平滑过渡到零，频率响应旁瓣可显著降低，但是付出的代价却是主瓣加宽，导致 $H(e^{j\omega})$ 的过渡区变宽。

表 8.2.1　窗函数性能表

窗函数	旁瓣峰值衰耗/dB	阻带最小衰耗/dB	主瓣过渡区宽度
矩形窗	−13	−21	$4\pi/N = 1 \times 4\pi/N$
三角窗	−25	−25	$8\pi/N = 2 \times 4\pi/N$
汉宁窗	−31	−44	$8\pi/N = 2 \times 4\pi/N$
海明窗	−41	−53	$8\pi/N = 2 \times 4\pi/N$
勃莱克曼窗	−57	−74	$12\pi/N = 3 \times 4\pi/N$
			$\Delta\omega = P \times 4\pi/N$

8.2.3　窗函数设计 FIR 滤波器的步骤

根据前面介绍的窗函数设计 FIR 滤波器的思想和常用窗函数的选择原则，可以归纳出利用窗函数设计 FIR 滤波器的步骤：

(1) 根据技术指标要求（在通带 Ω_p 处的衰减不大于 k_1；在阻带频率 Ω_s 处的衰减不小于 k_2），选择窗函数 $w(n)$，并根据采样周期 T，确定相应数字滤波器的数字频率 $\omega_p = \Omega_p T, \omega_s = \Omega_s T$；

(2) 根据过渡带宽确定序列长度：$N \geq \dfrac{p \times 4\pi}{\Delta\omega}$（$N$ 一般取奇数）。式中 $\Delta\omega = |\omega_s - \omega_p|$，为过渡带宽，$p$ 取决于所选择的窗函数；

(3) 确定理想滤波器的冲激响应 $h_d(n)$：

$$h_d(n) = \frac{1}{2\pi}\int_{-\pi}^{\pi} H_d(e^{j\omega}) e^{j\omega n} d\omega$$

(4) 加窗截取，确定所设计滤波器的单位冲激响应 $h(n)$：

$$h(n) = h_d(n)w(n)$$

(5)根据式 $H(e^{j\omega}) = \sum_{n=0}^{N-1} h(n)e^{-j\omega n}$,审核频率响应技术指标是否已经满足。如不满足,则重新选取较大的加窗宽度 N 进行(3)、(4)计算;如满足,则试选较小的 N 进行(3)、(4)计算。

利用上述步骤,采用窗函数设计 FIR 滤波器,虽不能得到滤波器的最佳设计,但方法简单,现举例说明。

【例8.2.1】用窗函数法设计一数字低通 FIR 滤波器,并满足以下技术指标:在通带 $\Omega_p = 30\pi\text{rad/s}$ 处的衰减不大于 -3dB;在阻带频率 $\Omega_s = 46\pi\text{rad/s}$ 处的衰减不小于 -40dB;对模拟信号进行采样的周期 $T = 0.01\text{s}$。

【解】(1)确定窗函数:由于阻带衰减 $k_2 \geq 40\text{dB}$,根据窗函数性能表 8.2.1,汉宁窗、海明窗和勃莱克曼窗均可以满足阻带衰减要求,为了使 $h(n)$ 尽可能短,以形成窄的过渡带,最好选择主瓣宽度较窄的汉宁窗或海明窗,又因为海明窗的阻带衰减更大,所以选择海明窗。对应数字滤波器的性能指标转化为:

$$\omega_p = \Omega_p T = 0.3\pi, \quad \omega_s = \Omega_s T = 0.46\pi$$

过渡带宽 $\Delta\omega$ 为:

$$\Delta\omega = 0.46\pi - 0.3\pi = 0.16\pi$$

(2)确定加窗宽度 N:海明窗宽系数 $P = 2$,可以得到加窗宽度 N 为:

$$N \geq \frac{2 \times 4\pi}{0.16\pi} = 50$$

选取 $N = 51$。

(3)确定理想滤波器的冲激响应 $h_d(n)$:理想频率响应的截止频率为:

$$\omega_c = \frac{\omega_p + \omega_s}{2} = \frac{0.3\pi + 0.46\pi}{2} = 0.38\pi$$

构造理想低通滤波器的频率响应为:

$$H_d(e^{j\omega}) = \begin{cases} e^{-j25\omega} & |\omega| \leq 0.38\pi \\ 0 & 0.38\pi < |\omega| \leq \pi \end{cases}$$

由式(8.2.5)知,理想低通滤波器的单位冲激响应为:

$$h_d(n) = \frac{\sin[0.38\pi(n-25)]}{\pi(n-25)}$$

(4)加窗截取,确定设计滤波器的单位冲激响应 $h(n)$:

$$h(n) = h_d(n)w(n) = \frac{\sin[0.38\pi(n-25)]}{\pi(n-25)}[0.54 - 0.46\cos(2\pi n/50)]$$

借助于 MATLAB 分析,得到滤波器的单位冲激响应如图 8.2.4 所示,幅度响应如图 8.2.5 所示。

(5)审核技术指标是否满足要求(略)。

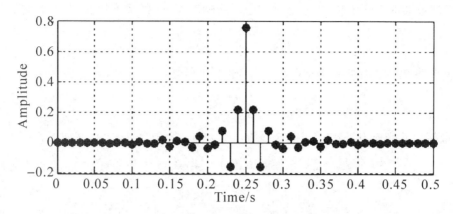

图 8.2.4　例 8.2.1 所设计滤波器的单位冲激响应

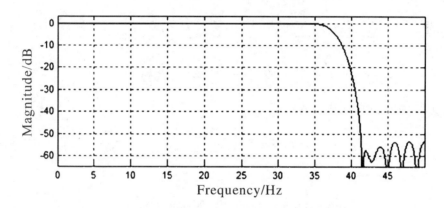

图 8.2.5　例 8.2.1 所设计滤波器的幅度响应

8.3　频率取样法设计 FIR 滤波器

窗函数法设计 FIR 滤波器时,通过将理想滤波器的单位冲激响应乘以窗函数,得到 FIR 滤波器系数,以达到预定的技术指标。显然,这样设计出来的滤波器不可能是最优的,对于设计一个满足任意频率响应指标的滤波器,也不存在普遍的解析方法。因此,更常用的设计方法是依靠计算机用迭代的方法完成逼近的过程,即计算机辅助设计。本节介绍频率取样法设计 FIR 滤波器。

1. 设计原理

根据频域采样定理,长度为 M 的有限长序列 $x(n)$,只要满足 $M \le N$,可以由其傅里叶变换 $X(e^{j\omega})$ 在一个周期 $(-\pi,\pi)$ 内的 N 点采样无失真的恢复出来。对理想系统的频率响应 $H_d(e^{j\omega})$ 做 N 点频率采样,可以得到离散点 $H(k)$ ($k=0,1,\cdots,N-1$),再求其离散傅里叶变换 $h(n) = \text{IDFT}[H(k)]$,得到 FIR 滤波器的冲激响应 $h(n)$ 和频率响应 $H(e^{j\omega})$,最终验证是否满足设计要求。下面来分析这个过程。

FIR 滤波器的系统函数 $H(z)$ 是其单位冲激响应 $h(n)$ 的 Z 变换，即有如下关系：

$$H(z) = \sum_{n=0}^{N-1} h(n)z^{-n} \tag{8.3.1}$$

如果长度为 N 的序列用 $\mathrm{IDFT}[H(k)]$ 表示，则可写成：

$$h(n) = \frac{1}{N}\sum_{k=0}^{N-1} H(k) W_N^{-nk} \tag{8.3.2}$$

离散傅里叶变换 $H(k)$，傅里叶变换 $H_d(\mathrm{e}^{\mathrm{j}\omega})$ 和系统函数 $H(z)$ 存在如下关系：

$$H(k) = H_d(\mathrm{e}^{\mathrm{j}\omega})\big|_{\omega=\frac{2\pi}{N}k} = H_d(z)\big|_{z=W_N^{-k}}, k=0,1,\cdots,N-1 \tag{8.3.3}$$

则有

$$\begin{aligned}
H(z) &= \sum_{n=0}^{N-1} h(n)z^{-n} = \sum_{n=0}^{N-1}\frac{1}{N}\sum_{k=0}^{N-1} H(k) W_N^{-kn} z^{-n} \\
&= \sum_{k=0}^{N-1}\frac{1}{N} H(k) \sum_{n=0}^{N-1} W_N^{-kn} z^{-n} = \sum_{k=0}^{N-1}\frac{1}{N} H(k) \frac{1-W_N^{-kN}z^{-N}}{1-W_N^{-k}z^{-1}} \\
&= \sum_{k=0}^{N-1}\frac{1}{N}\frac{1-z^{-N}}{1-W_N^{-k}z^{-1}} H(k) = \sum_{k=0}^{N-1}\varphi_k(z) H(k)
\end{aligned} \tag{8.3.4}$$

其中，$\varphi_k(z)$ 为内插函数，表示为：

$$\varphi_k(z) = \frac{1}{N}\frac{1-z^{-N}}{1-W_N^{-k}z^{-1}} \tag{8.3.5}$$

同理有：

$$H(\mathrm{e}^{\mathrm{j}\omega}) = H(z)\big|_{z=\mathrm{e}^{\mathrm{j}\omega}} = \sum_{k=0}^{N-1}\varphi_k(\mathrm{e}^{\mathrm{j}\omega}) H(k) \tag{8.3.6}$$

其中，$\varphi_k(\mathrm{e}^{\mathrm{j}\omega})$ 为内插函数，表示为：

$$\varphi_k(\mathrm{e}^{\mathrm{j}\omega}) = \varphi_k(z)\big|_{z=\mathrm{e}^{\mathrm{j}\omega}} = \frac{1}{N}\frac{\sin\frac{N}{2}\omega}{\sin\left[(\omega-\frac{2\pi}{N}k)/2\right]}\mathrm{e}^{-\mathrm{j}(\frac{N-1}{2}\omega+\frac{k\pi}{N})} \tag{8.3.7}$$

用 $H(\mathrm{e}^{\mathrm{j}\omega})$ 逼近 $H_d(\mathrm{e}^{\mathrm{j}\omega})$ 时，在频率取样点上，即 $\omega=\frac{2\pi}{N}k,k=0,1,\cdots,N-1$，有：

$$\varphi_k(\mathrm{e}^{\mathrm{j}\omega})\big|_{\omega=\frac{2\pi}{N}k} = 1 \tag{8.3.8}$$

且

$$\varphi_k(\mathrm{e}^{\mathrm{j}\omega})\big|_{\omega=\frac{2\pi}{N}j} = 0, j\neq k \tag{8.3.9}$$

所以

$$H(\mathrm{e}^{\mathrm{j}\omega})\big|_{\omega=\frac{2\pi}{N}k} = H(k) = H_d(\mathrm{e}^{\mathrm{j}\omega})\big|_{\omega=\frac{2\pi}{N}k} \tag{8.3.10}$$

即频率取样点上，$H(\mathrm{e}^{\mathrm{j}\omega})$ 和 $H_d(\mathrm{e}^{\mathrm{j}\omega})$ 严格相等。

在非取样点上，$H(\mathrm{e}^{\mathrm{j}\omega})$ 为 $H(k)$ 和 $\varphi_k(\mathrm{e}^{\mathrm{j}\omega})$ 的线性组合，即由各取样点的内插函数叠加而成，此时 $H(\mathrm{e}^{\mathrm{j}\omega})$ 和 $H_d(\mathrm{e}^{\mathrm{j}\omega})$ 存在误差，通过适当选择频率取样点数 N 以及过渡带的取样点数和取样值可以减小误差。

2. 频率采样法设计 FIR 滤波器的设计步骤

综上所述，可以利用理想滤波器频率响应 $H_d(e^{j\omega})$ 的频域采样和内插公式完成 FIR 滤波器的设计，具体步骤如下：

(1) 根据技术要求，确定通带容差 δ_p 和阻带容差 δ_s，即有如下关系：

$$\begin{cases} 1 - \delta_p < |H(e^{j\omega})| < 1 + \delta_p & |\omega| \leq \omega_c \\ |H(e^{j\omega})| < \delta_s & \omega_c < |\omega| \leq \pi \end{cases}$$

并且选择合适的 N；

(2) 在 $0 \leq \omega \leq 2\pi$ 内，对理想频响 $H_d(e^{j\omega})$ 作 N 点取样，得到 $H(k)$；

(3) 利用内插公式，求 $H(e^{j\omega}) = \sum_{k=0}^{N-1} \varphi_k(e^{j\omega}) H(k)$；

(4) 计算一组非取样点的离散频率 $\{\omega_i\}$ 的误差是否满足关系式：

$$|H(e^{j\omega}) - H_d(e^{j\omega})| < \delta_p, |\omega| \leq \omega_c$$
$$|H(e^{j\omega}) - H_d(e^{j\omega})| < \delta_s, \omega_c < |\omega| \leq \pi$$

如果不满足，修正临界频率 ω_c 附近的频率取样值 $H(k)$，重复(3)、(4)直至满足条件为止。

(5) 对于所确定的 $H(k)$ 作 N 点离散傅里叶反变换，得到所设计滤波器的单位冲激响应 $h(n) = \text{IDFT}[H(k)]$。

【例 8.3.1】 试用频率取样法，设计一个具有线性相位的低通 FIR 数字滤波器，其理想频率特性如下，取样点数 $N = 33$。

$$H_d(e^{j\omega}) = \begin{cases} 1 & |\omega| \leq 0.5\pi \\ 0 & 0.5\pi < |\omega| \leq \pi \end{cases}$$

【解】 根据前面讨论，能设计低通线性相位数字滤波器的只有 $h(n)$ 偶对称，N 为奇数或偶数两种选择，因 $N = 33$ 为奇数，所以只能选择第一种线性相位：$h(n)$ 偶对称，N 为奇数，即幅频特性关于 π 偶对称，也即 $H(k)$ 偶对称。

利用 $H(k)$ 的对称性，求 $[0, 2\pi]$ 区间频率响应的取样值。根据指标要求，在 $[0, 2\pi]$ 内有 33 个取样点，所以第 k 点对应频率为 $\frac{2\pi}{33}k$，截止频率 0.5π 位于 $\frac{2\pi}{33} \times 8$ 和 $\frac{2\pi}{33} \times 9$ 之间，所以 $k = 0 \sim 8$ 时，取样值为 1；根据对称性，$k = 25 \sim 32$ 时，取样值也为 1，$k = 33$ 在下一周期内，所以 $[0, \pi]$ 区间有 9 个值为 1 的取样点，$[\pi, 2\pi]$ 区间有 8 个值为 1 的取样点，即有：

$$H_k = \begin{cases} 1 & 0 \leq k \leq 8, 25 \leq k \leq 32 \\ 0 & 8 < k < 25 \end{cases}$$

如图 8.3.1 所示。

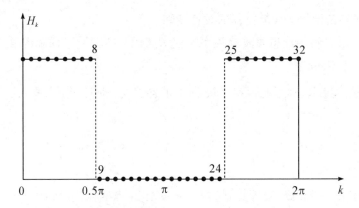

图 8.3.1 理想低通滤波器的 33 点取样值

相位约束条件为：

$$\theta_k = -k\pi\left(1 - \frac{1}{N}\right) = -\frac{32}{33}k\pi$$

将 $H(k) = H_k e^{j\theta_k} = e^{-j\frac{32}{33}k\pi}$ 代入式(8.3.6)，可以得到：

$$H(e^{j\omega}) = \frac{1}{33}\left\{\frac{\sin\frac{33}{2}\omega}{\sin\frac{1}{2}\omega} + \sum_{k=1}^{8}\left\{\frac{\sin\left[33\left(\frac{\omega}{2} - \frac{k\pi}{33}\right)\right]}{\sin\left(\frac{\omega}{2} - \frac{k\pi}{33}\right)} + \frac{\sin\left[33\left(\frac{\omega}{2} + \frac{k\pi}{33}\right)\right]}{\sin\left(\frac{\omega}{2} + \frac{k\pi}{33}\right)}\right\}\right\}$$

按式(8.3.6)求得的频率响应 $|H(e^{j\omega})|$，如图 8.3.2 所示。从图 8.3.2 可以看出，在频率取样点上可以完全符合理想特性 $|H_d(e^{j\omega})|$；在阻带取样点处衰减也很大，但在取样点之间的阻带衰减却只有 -20dB 左右。对大多数应用场合，阻带衰减如此小的滤波器是不能令人满意的。

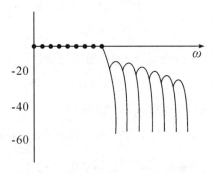

图 8.3.2 过渡带无采样时的频率响应

如果在临界频率 ω_c 之后，紧接着安排一个过渡点，使取样值在 0 和 1 之间，如图 8.3.3 所示。使 $H(9) = 0.5$ 或 0.3904，在阻带 $\frac{10}{16}\pi < |\omega| \leq \pi$ 内衰减增大，绝对误差达到最小。

在获得满意的频率取样值之后，就可以利用离散傅里叶反变换求得所设计 FIR 滤波器的单位冲激响应。

由以上论述可以看出，当选择的频率取样值是实对称函数时，即 $H(k) = H(N-k)$，该 FIR 滤波器的单位冲激响应也是实对称序列，即 $H(n) = H(N-n)$，因此用频率采样

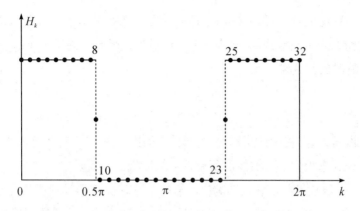

图 8.3.3 过渡带增加一个取样点

法设计的 FIR 滤波器,可以实现 0 相位滤波。

3. 增大阻带衰减三种方法

1) 增加过渡带宽

例如在上例中可在 $k = 9$ 和 $k = 24$ 处各增加一个过渡带采样点 $H_9 = H_{24} = 0.5$,使过渡带宽增加到两个频率采样间隔 $\frac{4\pi}{33}$,重新计算 $H(e^{j\omega})$,其阻带衰减增加到约 -40dB。

2) 过渡带的优化设计

根据 $H(e^{j\omega})$ 的表达式,可以利用线性最优化的方法确定过渡带采样点的值,得到理想滤波器的最佳逼近(而不是盲目地设定一个过渡带值)。

例如,本例中可以用简单的梯度搜索法选择 H_9、H_{24},使通带或阻带内的最大绝对误差最小化。要求使阻带内最大绝对误差达到最小(也即最小衰减达到最大),通过计算得到 $H_9 = 0.3904$。对应 $H(e^{j\omega})$ 的幅频特性,比 $H_9 = 0.5$ 时的阻带衰减有明显的改善,衰减约 -50dB。如果想要进一步改善阻带衰减,可以进一步增加过渡带宽,增加第二个甚至第三个不等于 0 的频率采样值,当然也可以采用线性最优化方法求取这些采样值。

3) 增加采样点数 N

如果要进一步增加阻带衰减,但又不增加过渡带宽,可增加采样点数 N。

例如,同样边界频率 $\omega_c = 0.5\pi$,以 $N = 65$ 采样,在 $k = 17$ 和 $k = 48$ 插入由阻带衰减最优化计算得到的采样值 $H_{17} = H_{48} = 0.5886$,在 $k = 18$ 和 $k = 47$ 处插入经阻带衰减最优化计算获得的采样值 $H_{18} = H_{47} = 0.1065$,这时得到的 $H(e^{j\omega})$,过渡带为 $\frac{6\pi}{65}$,阻带衰减达到 -60dB 以上。但是这种方法付出的代价是滤波器阶数增加,运算量增加。

8.4 IIR 和 FIR 数字滤波器比较

前面分别介绍了 IIR 和 FIR 数字滤波器的设计方法。在实际应用中,到底选择哪种滤波器系统?或者说哪种滤波器的设计方法更好一些呢?

没有任何一种滤波器,也没有任何一种设计方法在所有情况下都是最优的。为了使读者在实际工作中能正确地选用,现将这两类滤波器的优缺点总结如下。

1. IIR 滤波器的优缺点

1)优点

(1)可以利用一些现成的设计公式和系数表设计各类选频滤波器。一旦确定了采用哪种类型的滤波器,只要将设计指标代入设计方程组,就可以设计出原型滤波器,然后利用相应的变换公式求得数字滤波器的所有系数或零极点位置。

(2)在满足一定技术要求和幅频响应的情况下,IIR 滤波器设计成具有递归运算的环节,它的阶数一般比 FIR 滤波器低,所用存储单元少,相应的滤波器体积也小。

2)缺点

(1)只能设计出有限频段的低通、高通、带通和带阻等选频滤波器。除幅频特性能够满足技术要求外,它们的相频特性往往是非线性的,这会使信号产生失真。

(2)由于 IIR 滤波器采用了递归型结构,系统存在极点,因此设计系统函数时,必须把所有的极点置于单位圆之内,否则系统不稳定。同时,有限长字效应带来的运算误差,有时会使系统产生寄生振荡。

2. FIR 滤波器的优缺点

1)优点

(1)可以设计出具有线性相位的 FIR 滤波器,保证信号在传输过程中不会产生失真。

(2)由于 FIR 滤波器没有递归运算,因此不论在理论上还是在实际应用中,都不会因为有限字长效应带来运算误差而使系统不稳定。

(3)FIR 滤波器可以采用快速傅里叶变换实现快速卷积运算,在相同阶数的条件下运算速度快。

2)缺点

(1)虽然可以采用加窗方法或频率采样等简单方法设计 FIR 滤波器,但往往过渡带和阻带衰减难以满足要求,因此不得不采用多次迭代或者采用计算机辅助设计,从而使设计过程变得复杂。

(2)在相同的频率特性情况下,FIR 滤波器阶数较高,因而所需要的存储单元多,提高了硬件设计成本。

从以上的简单比较可以看出,IIR 和 FIR 滤波器各有优缺点,因此在设计数字滤波器时,必须从工程角度出发,权衡考虑诸多因素,如是否可以用公式表述滤波器参数和指标的关系、滤波器的实现方法、现有设备的能力等问题。例如,对一些检测信号和语言通信信号,它们对信号的相位不十分敏感,这时选用 IIR 比较合适;对于图像信号、数据传输等以波形携带信息的信号,在处理或滤波时不应该有波形失真,这时选用具有线性相位特性的 FIR 滤波器比较合适。

8.5 MATLAB 仿真实例

【例 8.5.1】用 MATLAB 编程绘制各种窗函数的形状,窗函数的长度为 20。

其 MATLAB 程序代码如下:

```
N = 20;n = 0:N - 1;
w1 = boxcar(N);stext1 = '矩形窗';
w2 = hanning(N);stext2 = '汉宁窗';
w3 = hamming(N);stext3 = '海明窗';
w4 = bartlett(N);stext4 = '勃莱克曼窗';
subplot(221);stem(n,w1);hold on;plot(n,w1,'r');
xlabel('n');ylabel('w1(n)');
title(stext1);hold off;grid on;
subplot(222);stem(n,w2);hold on;plot(n,w2,'r');
xlabel('n');ylabel('w2(n)');
title(stext2);hold off;grid on;
subplot(223);stem(n,w3);hold on;plot(n,w3,'r');
xlabel('n');ylabel('w3(n)');
title(stext3);hold off;grid on;
subplot(224);stem(n,w4);hold on;plot(n,w4,'r');
xlabel('n');ylabel('w4(n)');
title(stext4);hold off;grid on;
```

程序运行结果如图 8.5.1 所示。

【例 8.5.2】试用窗函数法设计一线性相位 FIR 滤波器,并满足技术指标如下:在通带截止频率 $\omega_p = 0.3\pi$ 处的衰减不大于 -3dB;在阻带截止频率 $\omega_s = 0.46\pi$ 处的衰减不小于 -40 dB。

分析:根据窗函数最小阻带衰减的特性,采用海明窗和勃莱克曼窗,可以提供大于 40dB 的衰减。本例选用海明窗,其过渡带宽为 $8\pi/N$,因此具有较小的阶数。

MATLAB 仿真程序如下:

```
% 选用海明窗
wp = 0.3 * pi;ws = 0.46 * pi;tr_width = ws - wp;
M = ceil(8 * pi/tr_width) + 1;n = [0:1:M - 1];
wc = (ws + wp)/2;hd = ideal_lp(wc,M);
w_ham = (hamming(M))';h = hd. * w_ham;
[db,mag,pha,w] = freqz_m2(h,[1]);delta_w = 2 * pi/1000;
```

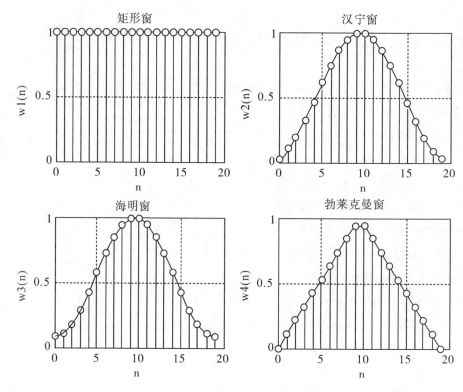

图 8.5.1 各种窗函数的时间域形状

```
Rp = -(min(db(1:1:wp/delta_w+1)));              % 通带波动
As = -round(max(db(ws/delta_w+1:1:501)));       % 最小阻带衰减
subplot(2,2,1);stem(n,hd);title('理想脉冲响应');
axis([0 M-1 -0.1 0.3]);ylabel('hd(n)');text(M+1,-0.1,'n');
subplot(2,2,2);stem(n,w_ham);title('海明窗');
axis([0 M-1 0 1.1]);ylabel('w(n)');text(M+1,0,'n');
subplot(2,2,3);stem(n,h);title('实际脉冲响应');
axis([0 M-1 -0.1 0.3]);xlabel('n');ylabel('h(n)');
subplot(2,2,4); plot(w/pi,db);title('幅度响应(单位:dB)');grid
axis([0 1 -100 10]);xlabel('频率(单位:pi)');ylabel('分贝');
set(gca,'XTickMode','manual','XTick',[0,0.2,0.3,1]);
set(gca,'YTickMode','manual','YTick',[-50,0]);
set(gca,'YTickLabelMode','manual','YTickLabels',['50';'0']);
```

程序的运行结果如图 8.5.2 所示。

【例 8.5.3】 试用频率采样法设计一线性相位 FIR 高通滤波器,并满足技术指标如下:在通带截止频率 $\omega_p = 0.8\pi$ 处的衰减不大于 -1 dB;在阻带 $\omega_s = 0.7\pi$ 截止频率处的衰减不小于 -40 dB。

分析:选择 $N = 62$,则 ω_p 位于 $k = 24$,ω_s 位于 $k = 21$,并令 $T_1 = 0.1095$,$T_2 =$

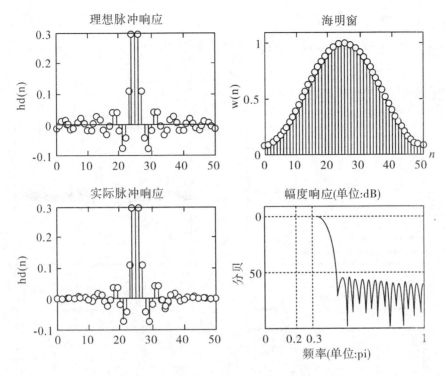

图 8.5.2　海明窗设计 FIR 滤波器

0.598。选择 $h(n)$ 奇对称，N 为偶数设计 FIR 线性相位高通滤波器。

MATLAB 仿真程序如下：

N = 62;T1 = 0.1095;T2 = 0.598;
alpha = N/2;m = 0:N - 1;
w1 = (2 * pi/N) * m;
Hrs = [zeros(1,22),T1,T2,ones(1,14),T2,T1,zeros(1,21)];　%理想振幅采样响应
Hdr = [0,0,1,1];
wd1 = [0,0.75,0.75,1];
k1 = 0:floor(N/2);
k2 = floor(N/2) + 1:N - 1;
angH = [- alpha * (2 * pi)/N * k1,alpha * (2 * pi)/N * (N - k2)];　%相位约束条件
Hdk = Hrs. * exp(j * angH);
h = real(iffl(Hdk,N));　　　　%实际单位冲激响应
[db,mag,pha,w] = freqz_m2(h,m);
[Hr,ww,a,L] = hr_type1(h);　　%实际振幅响应
subplot(2,2,1);plot(w1/pi,Hrs,'.',wd1,Hdr);title('频率样本 Hd(k):N=61');
axis([0 1 -0.1 1.2]);
subplot(2,2,2);stem(m,h);title('实际脉冲响应 h(n)');
subplot(2,2,3);plot(ww/pi,Hr,w1/pi,Hrs,'.');title('实际振幅响应 H(w)');

axis([0 1 -0.1 1.2]);
subplot(2,2,4);plot(w/pi,db);title('幅度响应(dB)');
axis([0 1 -80 10]);

程序的运行结果如图 8.5.3 所示。

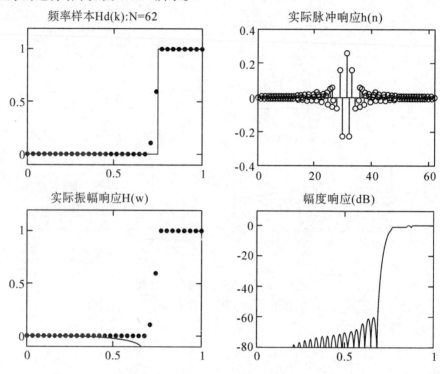

图 8.5.3　频率采样法设计 FIR 滤波器

8.6　本章小结

本章首先讨论了 FIR 滤波器具有线性相位需要满足的条件,当 $h(n) = \pm h(N-1-n)$ 时,$H(e^{j\omega})$ 具有线性相位特性,并且幅度函数 $H(\omega)$ 的对称性对于滤波器设计具有如下限制:

$h(n)$ 偶对称,N 为奇数,可以用于设计低通、高通、带通和带阻滤波器;

$h(n)$ 偶对称,N 为偶数,可以用于设计低通和带通滤波器;

$h(n)$ 奇对称,N 为奇数,可以用于设计带通滤波器;

$h(n)$ 奇对称,N 为偶数,可以用于设计高通和带通滤波器。

接下来讨论了有限冲激响应滤波器的窗函数设计方法和频率采样设计方法。数字滤波器的计算机辅助设计是目前正在发展和完善的方法,请读者参阅附录 D。

本章最后讨论了 IIR 滤波器和 FIR 滤波器的各自性能和特点,以便读者根据实际需要灵活选用。

习 题

8.1 一线性相位 FIR 滤波器,其单位冲激响应 $h(n)$ 为实序列,且当 $n < 0$ 或 $n > 4$ 时 $h(n) = 0$。系统函数 $H(z)$ 在 $z = j$ 和 $z = 2$ 各有一个零点,并且已知系统对直流分量无畸变,即在 $\omega = 0$ 处的频率响应为 1,求 $H(z)$ 的表达式。

8.2 设 $H(z)$ 是线性相位 FIR 系统,已知 $H(z)$ 中的 3 个零点分别为 1、0.8 和 $1 + j$,该系统至少为几阶系统?

8.3 已知序列 $x(n) = \{-1, 2, -3, 2, -1\}$,$n = 0, 1, \cdots, 4$。
(1) 该序列是否可以作为线性相位 FIR 滤波器的单位冲激响应?为什么?
(2) 该序列通过一单位取样响应 $h(n) = \delta(n) + \delta(n-1) + \delta(n-2)$ 的线性移不变系统,求 $x(n)$ 与 $h(n)$ 的 4 点圆周卷积。
(3) 请问(2)中圆周卷积的结果是系统的输出么?如是,说明原因。如不是,写出正确的输出结果,并写出如何通过圆周卷积(DFT 算法)求系统输出的步骤。

8.4 已知一个长度为 $N = 4$ 的线性相位 FIR 滤波器在 $w = 0$ 和 $w = \dfrac{\pi}{2}$ 的频率响应分别为 $H(e^{j0}) = 1$ 和 $H(e^{j\frac{\pi}{2}}) = \dfrac{1}{2}$。试确定其单位冲激响应 $h(n)$。

8.5 已知有限长单位冲激响应(FIR)滤波器的输入输出方程为:
$$y(n) = x(n) - 2x(n-1) + 2x(n-2) - x(n-3)$$
(1) 判断此滤波器属于哪一类线性相位滤波器。
(2) 求对应的频率响应幅度函数 $H(\omega)$ 与频率响应相位函数 $\theta(\omega)$。

8.6 设 FIR 滤波器的系统函数为 $H(z) = 1 + 0.9z^{-1} + 2.1z^{-2} + 0.9z^{-3} + z^{-4}$。
(1) 写出该系统的差分方程;
(2) 求出该滤波器的单位冲激响应;
(3) 判断是否具有线性相位,若有,属于哪一类?
(4) 求对应的频率响应幅度函数 $H(\omega)$ 与频率响应相位函数 $\theta(\omega)$。

8.7 采用窗函数法设计 FIR 数字滤波器时,现需要设计满足下列特性的低通滤波器,通带截至频率 $f_p = 1\text{kHz}$,阻带截止频率 $f_{st} \leq 2\text{kHz}$,抽样频率 $f_s = 16\text{kHz}$,阻带衰减 $\alpha_s \geq 30\text{dB}$。试回答下列问题:
(1) 选择什么窗函数?为什么?
(2) 窗函数长度 N 如何选择?

8.8 假设有一滤波器满足下述技术指标: $\Omega \leq 30\pi\text{rad/s}$ 处衰减不大于 -3dB,$\Omega \geq 40\pi\text{rad/s}$ 处衰减不小于 -40dB,对模拟信号的采样频率为 100Hz。试分别设计一个 IIR 和一个 FIR 滤波器。

8.9 用矩形窗设计一个线性相位高通滤波器,逼近滤波器的频率响应 $H_d(e^{j\omega})$ 为:

$$H(e^{j\omega}) = \begin{cases} e^{-j\tau\omega} & \omega_p \leq |\omega| \leq \pi \\ 0 & 其他 \end{cases}$$

(1)求出该理想高通滤波器的单位取样响应 $h_d(n)$;

(2)写出所设计滤波器的单位冲激响应 $h(n)$ 的表达式,确定 τ 和 N 的关系;

(3)N 的取值有什么限制?为什么?

8.10 如图所示,两个长度为 8 的有限长序列 $h_1(n)$ 和 $h_2(n)$ 是圆周移位关系。试问:

(1)它们的 8 点离散傅里叶变换的幅度是否相等?

(2)设计一个低通 FIR 数字滤波器,要求 $h_1(n)$ 或 $h_2(n)$ 之一作为其冲激响应,说明下列哪种说法正确,为什么?

(a)用 $h_1(n)$ 比 $h_2(n)$ 好;

(b)用 $h_2(n)$ 比 $h_1(n)$ 好;

(c)两者相同。

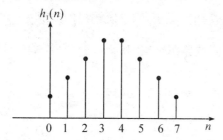
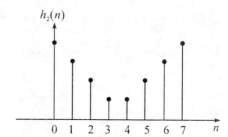

第9章 离散时间系统的实现

前面已经讨论过,系统的输入输出关系可以用差分方程或系统函数来表示。例如一个线性移不变系统,可以用差分方程表示为:

$$y(n) = \sum_{k=1}^{N} a_k y(n-k) + \sum_{k=0}^{M} b_k x(n-k)$$

相应的系统函数表示为:

$$H(z) = \frac{Y(z)}{X(z)} = \frac{\sum_{k=0}^{M} b_k z^{-k}}{1 - \sum_{k=1}^{N} a_k z^{-k}}$$

以上差分方程和系统函数所表示的离散时间系统,要在计算机或专用硬件上实现时,必须把以上关系变换为计算机上的算法。所谓算法,本质上是由一组基本运算或基本单元定义,用来解决问题的清晰指令,也就是说,能够对一定规范的输入,在有限时间内获得所要求的输出。一般选择网络结构来实现常系数线性差分方程所描述的系统。

学习要求:掌握三种基本的运算单元及系统的信号流图表示;掌握离散时间系统的网络结构;掌握 IIR 和 FIR 滤波器的系统结构。

9.1 系统的信号流图表示

9.1.1 三种基本运算单元

一般网络的信号流图用三种基本的信号处理单元来表示,分别是加法器、常数乘法器和延时单元。如图 9.1.1 所示。图 9.1.1(a)表示两个信号序列相加,图 9.1.1(b)表示将信号序列乘以常数 a,图 9.1.1(c)表示信号的延时,也即前一次信号取样值输出。流图中的节点既是求和点也是分支点。

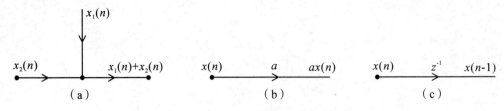

图9.1.1 信号流图常用符号

9.1.2 系统的信号流图表示

信号流图是连接节点的有向支路构成的网络。以上三种基本的信号处理单元就是以信号流图的形式给出的,和节点相联系的是变量(节点值),连接两个节点之间的线段叫支路,支路上的箭头表明信号的流向,从某个节点流向另一个节点。每个支路都有一个输入信号和一个输出信号,箭头起始端节点上的变量值是输入信号,箭头指向端节点上的变量值是输出信号,输入和输出变量之间的关系由支路的变换法则确定。

例如:一个二阶系统的系统函数为:

$$H(z) = \frac{b_0 + b_1 z^{-1}}{1 - a_1 z^{-1} - a_2 z^{-2}} \qquad (9.1.1)$$

对应的差分方程为:

$$y(n) = a_1 y(n-1) + a_2 y(n-2) + b_0 x(n) + b_1 x(n-1) \qquad (9.1.2)$$

用加法器、常数乘法器和延时单元这三种基本运算单元可以将该二阶系统表示成信号流图,如图9.1.2所示。

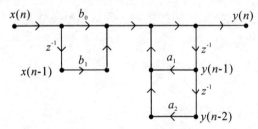

图9.1.2 二阶系统信号流图表示

注意

(1)信号流图中的节点既可以表示加法器,也可以表示分支点。所谓加法器是指节点上的输出变量值等于进入该节点的所有支路输入变量值之和;所谓分支点是指从某一节点引出的所有支路上的输入量都相等,即为该节点上的变量值。

(2)信号流图所表示的是系统的运算结构,而不是系统实现的具体电路。

9.1.3 信号流图的转置定理

实现数字网络,常常应用信号流图转置定理来改变网络结构形式,并保持系统函数不变。如果将一个系统的信号流图中所有的支路反向,并将输入和输出位置互换,那么倒转后的流图和原来的流图系统函数相同。

【例9.1.1】一个一阶系统,它的传递函数是 $H(z) = \dfrac{b}{1-az^{-1}}$,对应的差分方程为 $y(n) = ay(n-1) + bx(n)$,信号流图如图9.1.3(a)所示,将其转置后的信号流图如图9.1.3(b)所示,再按输入在左,输出在右的常规习惯,画成图9.1.3(c)所示的信号流图,显然和第一个图是等效的,且系统函数相同。

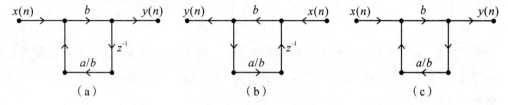

图9.1.3　一阶系统转置示意图

【例9.1.2】图9.1.2所示的二阶系统,按转置定理可以画出信号流图,如图9.1.4(a)所示,再按输入在左,输出在右的常规习惯,画成如图9.1.4(b)所示的信号流图。

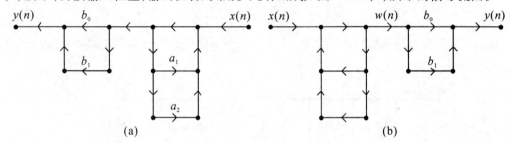

图9.1.4　二阶系统转置示意图

通过加入变量 $w(n)$,计算该系统的系统函数,可以得出与原系统相同的结果。

由以上例子可见,一个系统可以由不同的网络结构实现。在选择不同的网络结构时,需要权衡考虑诸多方面的因素,包括数字计算的复杂程度和硬件实现的开销。一般希望网络中乘法器和延时支路尽可能少,因为乘法运算花费的时间较长,减少乘法器意味着提高运算速度,一个延时单元相当于采用一个寄存器,减少延时单元意味着减少存储电路。另一方面,在用硬件实现数字滤波器时,有限寄存器长度(有限计算精度)和滤波器结构关系密切,所以有时候希望选用对有限字长效应影响敏感度较低的网络结构。下面讨论 FIR 系统和 IIR 系统的一些常用网络结构。

9.2　FIR 系统的网络结构

对于 FIR 系统而言,它的实现一般是非递归算法,其差分方程一般描述为:

$$y(n) = \sum_{n=0}^{N-1} b_k x(n-k)$$

对上式做 Z 变换,可以得到:

$$H(z) = \sum_{n=0}^{N-1} b_k z^{-n} \qquad (9.2.1)$$

FIR 的系统函数为:

$$H(z) = \sum_{n=0}^{N-1} h(n) z^{-n} \qquad (9.2.2)$$

比较式(9.2.1)和式(9.2.2),可知 FIR 系统的单位冲激响应与系数是相等的,即存在如下关系:

$$h(n) = b_n, 0 \leq n \leq N-1 \qquad (9.2.3)$$

也就是说,如果 FIR 的冲激响应长度为 N,那么 $H(z)$ 就是 z^{-1} 的 $N-1$ 次多项式,在 $z=0$ 处有一个 $N-1$ 阶极点,并有 $N-1$ 个零点。FIR 的实现结构有多种形式,下面介绍最重要的几种网络结构。

1. 直接形式

FIR 系统的差分方程为:

$$y(n) = \sum_{k=0}^{N-1} h(k) x(n-k) \qquad (9.2.4)$$

该式通常称为卷积和公式。由此,可以得到如图 9.2.1 所示的 FIR 直接形式的网络结构。

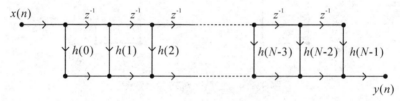

图 9.2.1　FIR 系统的直接型实现

当 FIR 系统具有线性相位时,单位冲激响应函数满足下面的对称条件:

$$h(n) = \pm h(N-1-n) \qquad (9.2.5)$$

直接形式的网络只需要 $N/2$(N 为偶数)或 $(N+1)/2$(N 为奇数)次乘法,相比于普通 FIR 直接形式结构的乘法次数 N 次减少了一半左右。当 $h(n) = h(N-1-n)$,N 为偶数时,FIR 系统的直接形式的网络结构如图 9.2.2(a)所示,N 为奇数时,FIR 系统的直接形式的网络结构如图 9.2.2(b)所示。

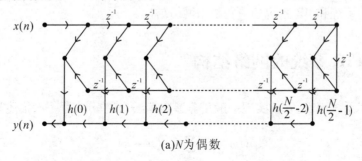

(a)N 为偶数

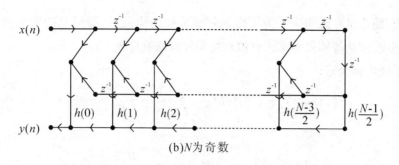

(b)N为奇数

图 9.2.2　线性相位 FIR 系统的直接型实现

当 $h(n) = -h(N-1-n)$ 时,只要在第二排的支路上乘以 -1 即可。

2. 级联形式

将系统函数做因式分解,可以得到:

$$H(z) = \prod_{k=1}^{L} H_k(z) \tag{9.2.6}$$

其中

$$H_k(z) = \beta_{0k} + \beta_{1k}z^{-1} + \beta_{2k}z^{-2} \tag{9.2.7}$$

可以画出如图 9.2.3 所示的级联网络结构。

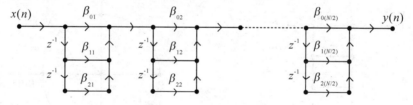

图 9.2.3　FIR 系统的级联型实现

采用级联的形式具有较大的灵活性,可以适当对极点进行配对,组合成子系统,以满足系统要求,并且通过调整系数可以减少有限字长效应的影响。对于组合好的子系统,其级联的顺序也可以随意选择,并且在用数字硬件或软件实现时,只要设计一个网孔(二阶子系统)程序,通过分时调用的方式就可以实现对其他子系统的处理。另外,注意到每个子系统都采用了最少存储单元的实现结构,因此采用级联的形式也有助于节省存储空间。

根据转置定理,可以得出与直接形式和级联形式等效的转置形式。以直接形式为例,图 9.2.1 所示的结构可以转置成如图 9.2.4 所示的结构。

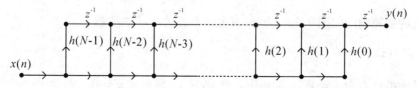

图 9.2.4　FIR 系统直接型转置

3. 频率采样结构

频率采样结构是 FIR 滤波器的另一种结构方式,其中描述滤波器的参数是所求的频率响应参数,而不是冲激响应。为了得到频率采样结构,通过等间隔的频率采样指定需要的频率响应,并从等间隔频率采样值求解单位冲激响应 $h(n)$。

对于下述内插公式：

$$H(z) = \sum_{k=0}^{N-1} \varphi_k(z) H(k) = \sum_{k=0}^{N-1} \frac{1}{N} \frac{1-z^{-N}}{1-W_N^{-k}z^{-1}} H(k) \tag{9.2.8}$$

记

$$H_c(z) = 1 - z^{-N}, H_k'(z) = \frac{H(k)}{1 - W_N^{-k}z^{-1}} \tag{9.2.9}$$

下面来分析频率采样的结构图。

(1) $H_c(z) = 1 - z^{-N}$

将 $H_c(z)$ 展开,可以得到：

$$H_c(z) = 1 - z^{-N} = \frac{z^N - 1}{z^N} \tag{9.2.10}$$

系统的极点为: $z = 0$ (N 阶),零点为 $z_i = W_N^{-i} = e^{j\frac{2\pi}{N}i}$, $i = 0,1,\cdots,N-1$, N 个一阶零点。系统信号流图如图 9.2.5(a) 所示,系统的零极点图如图 9.2.5(b) 所示。

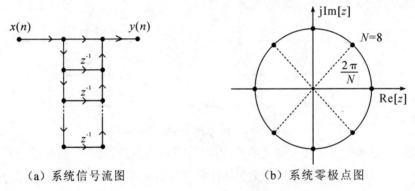

(a) 系统信号流图　　　　(b) 系统零极点图

图 9.2.5　$H_c(z)$ 的信号流图及零极点图

系统的频率响应为：

$$H_c(e^{j\omega}) = 1 - e^{-j\omega N} = 2j\sin\left(\frac{N}{2}\omega\right)e^{-j\frac{N}{2}\omega} = 2\sin\left(\frac{N}{2}\omega\right)e^{j\frac{1}{2}(\pi-N\omega)} \tag{9.2.11}$$

幅频响应为：

$$|H_c(e^{j\omega})| = 2\left|\sin\frac{N}{2}\omega\right| \tag{9.2.12}$$

系统的幅频响应如图 9.2.6 所示,可见该系统为梳状滤波器。

(2) $H_k'(z) = \dfrac{H(k)}{1-W_N^{-k}z^{-1}}$

该系统的极点为 $z = W_N^{-k}$, $k = 0,1,\cdots,N-1$；零点为 $z = 0$。

根据式(9.2.13),可以得到式(9.2.14)：

$$H_k'(e^{j\omega}) = \frac{H(k)}{1 - W_N^{-k}e^{-j\omega}} = \frac{H(k)}{1 - e^{j(\frac{2\pi}{N}k-\omega)}} \tag{9.2.13}$$

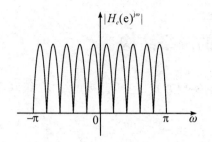

图 9.2.6　$H_c(z)$ 的幅频响应

$$\lim_{\omega \to \frac{2\pi}{N}k} H_k{'}(e^{j\omega}) = \infty \tag{9.2.14}$$

即 $H_k{'}(e^{j\omega})$ 相当于一个谐振器,谐振频率为 $\frac{2\pi}{N}k$。系统的信号流图如图 9.2.7(a)所示,系统的零极点图如图 9.2.7(b)所示。

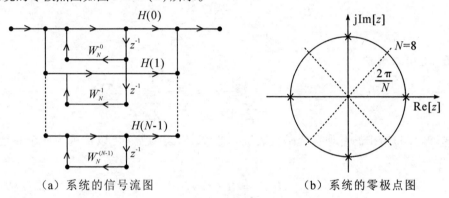

(a) 系统的信号流图　　　　　　　　(b) 系统的零极点图

图 9.2.7　$H_k^{'}(z)$ 的信号流图及零极点图

(3) $H(z) = \frac{1}{N} H_c(z) \sum_{k=0}^{N-1} H_k{'}(z)$

由式(9.2.8)可知,系统 $H(z)$ 由上述系统 $H_c(z)$ 和系统 $H_k^{'}(z)$ 级联而成。系统的频率采样结构信号流图如图 9.2.8 所示。

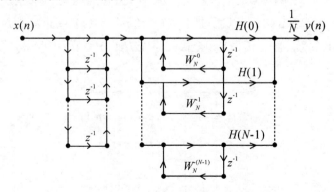

图 9.2.8　频率采样结构图

由图 9.2.8 可见,系统由梳状滤波器与 N 个并联谐振器组成,后者称为谐振柜,适用于窄带滤波器(使谐振柜相关频率点上 $H(k)$ 不为零,而其余频率点上 $H(k)$ 为零,即可实现)。

9.3 IIR 系统的网络结构

IIR 系统有多种不同的实现方式,包括直接型结构、级联型结构、并联型结构及相应结构的转置。

1. 直接形式

一个 IIR 线性移不变系统可以用差分方程表示为:

$$y(n) = \sum_{k=1}^{N} a_k y(n-k) + \sum_{k=0}^{M} b_k x(n-k) \tag{9.3.1}$$

对应的系统函数为:

$$H(z) = \frac{Y(z)}{X(z)} = \frac{\sum_{k=0}^{M} b_k z^{-k}}{1 - \sum_{k=1}^{N} a_k z^{-k}} \tag{9.3.2}$$

$H(z)$ 可以写成:

$$H(z) = \sum_{k=0}^{M} b_k z^{-k} \frac{1}{1 - \sum_{k=1}^{N} a_k z^{-k}} = \frac{1}{1 - \sum_{k=1}^{N} a_k z^{-k}} \sum_{k=0}^{M} b_k z^{-k} \tag{9.3.3}$$

式(9.3.3)给出的有理系统函数表征了一个 IIR 系统,它可以被视为两个系统的级联,记作:

$$H(z) = H_1(z) H_2(z) \tag{9.3.4}$$

$$H_1(z) = \sum_{k=0}^{M} b_k z^{-k} \tag{9.3.5}$$

$$H_2(z) = \frac{1}{1 - \sum_{k=1}^{N} a_k z^{-k}} \tag{9.3.6}$$

其中,$H_1(z)$ 包含 $H(z)$ 的零点,$H_2(z)$ 包含 $H(z)$ 的极点。

系统的直接型网络结构,可以通过将 $H_1(z)$ 级联 $H_2(z)$ 或正好相反来实现。因为 $H_1(z)$ 是一个 FIR 系统,通过 $H_1(z)$ 和全极点系统 $H_2(z)$ 级联,可以得到图 9.3.1 所示的直接 I 型实现。

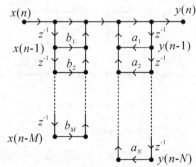

图 9.3.1 直接 I 型实现

如果全极点滤波器 $H_2(z)$ 位于全零点滤波器 $H_1(z)$ 之前,可以画出如图9.3.2(a)所示的滤波器实现结构。分析式(9.3.3),可以看出全极点滤波器的差分方程为:

$$w(n) = \sum_{k=1}^{N} a_k w(n-k) + x(n) \tag{9.3.7}$$

因为 $w(n)$ 是全零点系统的输入,其输出为:

$$y(n) = \sum_{k=0}^{M} b_k w(n-k) \tag{9.3.8}$$

式(9.3.7)和式(9.3.8)都包含了序列 $w(n)$ 的延迟形式,因此只需要一根延迟线就可以缩小存储空间,如图9.3.2(b)所示。这种结构称为直接 II 型。

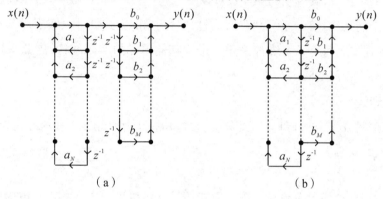

图9.3.2 直接 II 型实现

2. 级联形式

如果式(9.3.2)给出的是高阶 IIR 系统,不失一般性,假设 $N \geq M$。将系统函数的分子分母做因式分解如下:

$$H(z) = A \frac{\prod_{k=1}^{M_1}(1-g_k z^{-1}) \prod_{k=1}^{M_2}(1-h_k z^{-1})(1-h_k^* z^{-1})}{\prod_{k=1}^{N_1}(1-c_k z^{-1}) \prod_{k=1}^{N_2}(1-d_k z^{-1})(1-d_k^* z^{-1})} \tag{9.3.9}$$

其中, $M = M_1 + M_2, N = N_1 + N_2$

g_k 和 c_k 分别为 $H(z)$ 的一阶零点和一阶极点, h_k 和 h_k^* 表示一对共轭零点, d_k 和 d_k^* 表示一对共轭极点。当系统函数 $H(z)$ 的所有系数 a_k 和 b_k 都是实数时,以上的因式分解表示了一般的零极点分布,可以由一阶和二阶子系统级联的网络结构表示。如果将级联的实现看成如下表达式:

$$H(z) = A \prod_{k=1}^{L} \frac{1 + b_{1k} z^{-1} + b_{2k} z^{-2}}{1 - a_{1k} z^{-1} - a_{2k} z^{-2}} \tag{9.3.10}$$

那么对应的网络结构图如图9.3.3所示。

在图9.3.3中,假设 $L = 3$,将零点和极点分别两两配对构成二阶子系统,最后级联实现 $H(z)$。如果有奇数个零点,则系数 b_{2k} 有一个为零;如果有奇数个极点,则系数 a_{2k} 有一个为零。

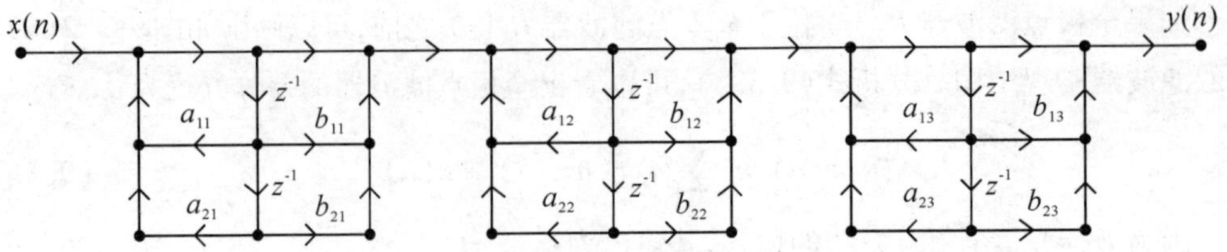

数字信号处理

```
x(n) ——————————————————————————————— y(n)
        a₁₁  z⁻¹  b₁₁       a₁₂  z⁻¹  b₁₂       a₁₃  z⁻¹  b₁₃
        a₂₁  z⁻¹  b₂₁       a₂₂  z⁻¹  b₂₂       a₂₃  z⁻¹  b₂₃
```

图 9.3.3　6 阶 IIR 滤波器级联实现

采用级联的形式具有相当大的灵活性,可以适当的对零极点进行配对组合成子系统,以满足系统要求,通过对系数 b_{1k},b_{2k},a_{1k} 和 a_{2k} 的调整来减少有限字长效应的影响。对于组合好的子系统,其级联的顺序也可以随意选择,并且在用数字硬件或软件实现时,只要设计一个网孔(二阶子系统)程序,通过分时调用的方式就可以实现对其他子系统的处理。另外,注意到每个子系统都采用了最少存储单元的实现结构,因此采用级联的形式也有助于节省存储空间。

3. 并联形式

对系统函数 $H(z)$ 的分母做因式分解,并将其展开为部分分式和的形式为:

$$H(z) = \sum_{k=1}^{N_1} \frac{A_k}{1-c_k z^{-1}} + \sum_{k=1}^{N_2} \frac{B_k(1-e_k z^{-1})}{(1-d_k z^{-1})(1+d_k * z^{-1})} + \sum_{k=0}^{M-N} C_k z^{-k} \quad (9.3.11)$$

如果 $N \geq M$,上式没有最后一项。由式(9.3.11)可见,$H(z)$ 可以分解为一阶和二阶系统的并联组合,如果部分分式展开为:

$$H(z) = \sum_{k=1}^{L} \frac{b_{0k}+b_{1k}z^{-1}}{1-a_{1k}z^{-1}-a_{2k}z^{-2}} \quad (9.3.12)$$

对应的网络结构图如图 9.3.4 所示。

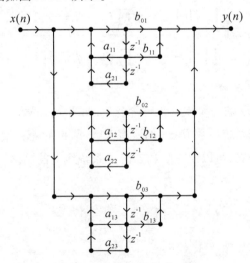

图 9.3.4　IIR 滤波器并联实现

在上图中,假设 $L=3$,将极点两两配对构成二阶子系统,最后采用并联的方式实现 $H(z)$。如果有奇数个极点,只需要再并入一个一阶子系统即可。与级联形式类似,采用并联的结构可以灵活地将极点进行两两配对组合成子系统,并且通过调整系数 b_{1k}, b_{2k}, a_{1k} 和 a_{2k} 来减少有限字长效应的影响。此外,可以用较少的存储单元实现。

根据转置定理,以上直接形式、级联形式和并联形式的 IIR 网络结构都有其对应的转置形式。以直接形式为例,如图 9.3.2(b)所示的直接 II 型可以转置为如图 9.3.5 所示的信号流图。

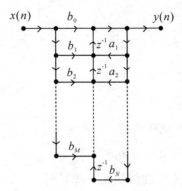

图 9.3.5　IIR 滤波器直接 II 型转置

9.4　本章小结

当某一线性移不变系统给定时,用来实现该系统的网络结构不是唯一的,有许多种结构都能实现输入输出之间的关系。

对于 IIR 系统:直接型结构的优点是简单、直观,其中直接 II 型结构具有最少延迟单元数,被级联和并联型的子系统所采用;级联型结构对有限字长效应最不敏感,通过调整子系统的系数来调整系统频率响应,是一种最常用的实现结构;并联型结构的优点是硬件实现速度快,但不能直接调整零点,不能用于对零点位置精度要求较高的滤波器。

对于 FIR 系统:直接型和级联型结构具有与 IIR 同样的特点;由于没有极点,所以不存在并联型结构;对于线性相位 FIR 滤波器,利用线性相位的条件选择相应的结构可以减少乘法的次数;若描述滤波器的参数是所求的频率响应参数而不是冲激响应,则可以采用频率采样结构来实现。

习　题

9.1　线性移不变系统为因果系统,其差分方程为:

$$y(n) - 0.5y(n-2) = 0.25x(n) + x(n-1)$$

画出系统的直接 II 型和转置型信号流图。

9.2 已经 IIR 滤波器的系统函数为：

$$H(z) = \frac{3 + 2z^{-1}}{1 + 0.1z^{-1} - 0.2z^{-2}}$$

(1)画出级联型实现结构信号流图,每个子系统均采用直接 II 型；

(2)画出并联型实现结构信号流图。

9.3 设 FIR 滤波器的系统函数为：

$$H(z) = \frac{1}{5}(1 + 3z^{-1} + 5z^{-2} + 3z^{-3} + z^{-4})$$

(1)写出该系统的差分方程；

(2)求该系统的冲激响应；

(3)画出该系统的直接型结构流图；

(4)画出该系统的线性相位型结构流图。

9.4 求如下系统函数描述的系统的级联和并联实现。

$$H(z) = \frac{2z^3 + 3z^2 - 2z}{(z^2 - z + 1)(z - 1)}$$

9.5 一个线性移不变系统的实现流图如图所示,试分析：

(1)这是什么类型具有什么特性的数字滤波器？

(2)写出差分方程和系统函数。

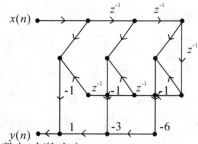

9.6 求图中系统的系统函数与冲激响应。

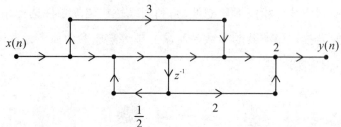

9.7 设某 FIR 数字滤波器的冲激响应 $h(n) = \{1,3,5,6,6,5,3,1\}$, $0 \leq n \leq 7$。试求 $H(e^{j\omega})$ 的幅频响应和相频响应的表示式,并画出该滤波器流图的线性相位结构形式。

9.8 求图中系统的系统函数与冲激响应。

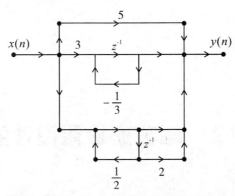

9.9 求题 9.8 图中系统的转置结构,并验证原系统与转置系统具有同样的系统函数。

9.10 求用 b_1, b_2 表示的 a_1, a_2, c_1, c_0,使得图中的两个系统等价。

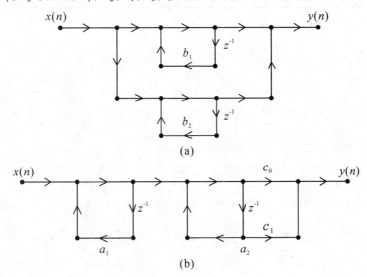

附录 A 模拟滤波器设计参数

表 1.a 各阶巴特沃什多项式 $B_N(s)$

$$B_N(s) = a_0 + a_1 s + a_2 s^2 + \cdots + a_{N-1} s^{N-1} + a_N s^N$$

N	a_0	a_1	a_2	a_3	a_4	a_5	a_6	a_7	a_8
1	1	1							
2	1	$\sqrt{2}$	1						
3	1	2	2	1					
4	1	2.612	3.414	2.612	1				
5	1	3.236	5.236	5.236	3.236	1			
6	1	3.864	7.464	9.141	7.464	3.864	1		
7	1	4.494	10.103	14.606	14.606	10.103	4.494	1	
8	1	5.126	13.138	21.848	25.691	21.848	13.138	5.126	1

表 1.b 各阶巴特沃什因式分解多项式

巴特沃什滤波器系统系数就是 $H_N(s) = 1/B_N(s)$

N	$B_N(s)$
1	$1 + s$
2	$1 + \sqrt{2}s + s^2$
3	$(1 + s)(1 + s + s^2)$
4	$(1 + 0.765s + s^2)(1 + 1.848s + s^2)$
5	$(1 + s)(1 + 0.618s + s^2)(1 + 1.618s + s^2)$
6	$(1 + 0.517s + s^2)(1 + \sqrt{2}s + s^2)(1 + 1.932s + s^2)$
7	$(1 + s)(1 + 0.445s + s^2)(1 + 1.246s + s^2)(1 + 1.802s + s^2)$
8	$(1 + 0.397s + s^2)(1 + 1.111s + s^2)(1 + 1.663s + s^2)(1 + 1.962s + s^2)$

表2　前8阶切比雪夫多项式

N	$T_N(x)$
0	$T_0(x) = 1$
1	$T_1(x) = x$
2	$T_2(x) = 2x^2 - 1$
3	$T_3(x) = 4x^3 - 3x$
4	$T_4(x) = 8x^4 - 8x^2 + 1$
5	$T_5(x) = 16x^5 - 20x^3 + 5x$
6	$T_6(x) = 32x^6 - 48x^4 + 18x^2 - 1$
7	$T_7(x) = 64x^7 - 112x^5 + 56x^3 - 7x$
8	$T_8(x) = 128x^8 - 256x^6 + 160x^4 - 32x^2 + 1$

表3　切比雪夫滤波器设计参数表

表3.1　当 $\varepsilon = 0.5, 1, 2$ 和 $3\mathrm{dB}$ 时,低通滤波器的切比雪夫多项式 $V_N(s)$

$$V_N(s) = b_0 + b_1 s + b_2 s^2 + \cdots + b_{N-1} s^{N-1} + s^N$$

切比雪夫滤波器传递函数 $H(s) = K/V_N(s)$, $K = \begin{cases} \dfrac{b_0}{(1+\varepsilon^2)^{\frac{1}{2}}} & N\text{偶} \\ b_0 & N\text{奇} \end{cases}$

表3.1.1　1/2 dB 波纹系数 $\varepsilon = 0.349$, $\varepsilon^2 = 0.122$

N	b_0	b_1	b_2	b_3	b_4	b_5	b_6	b_7	b_8	b_9
1	2.862									
2	1.516	1.425								
3	0.715	1.534	1.252							
4	0.379	1.025	1.716	1.197						
5	0.178	0.752	1.309	1.937	1.172					
6	0.094	0.432	1.171	1.589	2.171	1.159				
7	0.044	0.282	0.755	1.647	1.869	2.412	1.151			
8	0.023	0.152	0.583	1.148	2.184	2.149	2.656	1.146		
9	0.011	0.094	0.340	0.983	1.611	2.781	2.429	2.902	1.142	
10	0.005	0.049	0.237	0.626	1.527	2.144	3.440	2.709	3.149	1.140

表3.1.2　1dB 波纹系数 $\varepsilon = 0.508$，$\varepsilon^2 = 0.258$

N	b_0	b_1	b_2	b_3	b_4	b_5	b_6	b_7	b_8	b_9
(1)	1.965									
(2)	0.102	1.097								
(3)	0.491	1.238	0.988							
(4)	0.275	0.742	1.453	0.952						
(5)	0.122	0.580	0.974	1.688	0.936					
(6)	0.068	0.307	0.939	1.202	1.930	0.928				
(7)	0.030	0.213	0.548	1.357	1.428	2.176	0.923			
(8)	0.017	0.107	0.447	0.846	1.836	1.655	2.423	0.919		
(9)	0.007	0.070	0.244	0.786	1.201	2.378	1.881	2.670	0.917	
(10)	0.004	0.034	0.182	0.455	1.244	1.612	2.981	2.107	2.919	0.915

表3.1.3　2dB 波纹系数 $\varepsilon = 0.764$，$\varepsilon^2 = 0.584$

N	b_0	b_1	b_2	b_3	b_4	b_5	b_6	b_7	b_8	b_9
1	1.307									
2	0.636	0.803								
3	0.326	1.022	0.737							
4	0.205	0.516	1.256	0.716						
5	0.081	0.459	0.693	1.499	0.706					
6	0.051	0.210	0.771	0.867	1.745	0.701				
7	0.020	0.166	0.382	1.144	1.039	1.993	0.697			
8	0.012	0.072	0.358	0.598	1.579	1.211	2.242	0.696		
9	0.005	0.054	0.168	0.644	0.856	2.076	1.383	2.491	0.694	
10	0.003	0.023	0.144	0.317	1.038	1.158	2.636	1.555	2.740	0.693

表3.1.4　3dB 波纹系数 $\varepsilon = 0.997$，$\varepsilon^2 = 0.995$

N	b_0	b_1	b_2	b_3	b_4	b_5	b_6	b_7	b_8	b_9
1	1.002									
2	0.707	0.644								
3	0.250	0.928	0.597							
4	0.176	0.404	1.169	0.581						
5	0.062	0.407	0.548	1.414	0.574					
6	0.044	0.163	0.699	0.690	1.662	0.570				
7	0.015	0.146	0.300	1.051	0.831	1.911	0.568			
8	0.011	0.056	0.320	0.471	1.466	0.971	2.160	0.567		
9	0.003	0.047	0.131	0.583	0.678	1.943	1.112	2.410	0.565	
10	0.002	0.018	0.127	0.249	0.949	0.921	2.483	1.252	2.569	0.565

表 3.2 当 $\varepsilon = 0.5, 1, 2$ 和 3dB 时，切比雪夫多项式 $V_N(s)$ 的零点位置

切比雪夫滤波器传递函数 $H(s) = K/V_N(s)$, $K = \begin{cases} \dfrac{b_0}{(1+\varepsilon^2)^{\frac{1}{2}}} & N\text{ 偶} \\ b_0 & N\text{ 奇} \end{cases}$

表 3.2.1 1/2 dB 波纹系数 $\varepsilon = 0.34$, $\varepsilon^2 = 0.12$

N = 1	N = 2	N = 3	N = 4	N = 5	N = 6	N = 7	N = 8	N = 9	N = 10
−2.86	−0.71 ± j1.00	−0.62	−0.17 ± j1.01	−0.36	−0.07 ± j1.00	−0.25	−0.03 ± j1.00	−0.19	−0.02 ± j1.00
		−0.31 ± j1.02	−0.42 ± j0.42	−0.11 ± j1.01	−0.21 ± j0.73	−0.05 ± j1.00	−0.12 ± j0.85	−0.03 ± j1.00	−0.08 ± j0.90
				−0.29 ± j0.62	−0.28 ± j0.27	−0.15 ± j0.80	−0.18 ± j0.56	−0.09 ± j0.88	−0.12 ± j0.71
						−0.23 ± j0.44	−0.29 ± j0.19	−0.15 ± j0.65	−0.15 ± j0.46
								−0.18 ± j0.34	−0.17 ± j0.15

表 3.2.2 1dB 波纹系数 $\varepsilon = 0.50$, $\varepsilon^2 = 0.25$

N = 1	N = 2	N = 3	N = 4	N = 5	N = 6	N = 7	N = 8	N = 9	N = 10
−1.96	−0.54 ± j0.89	−0.49	−0.13 ± j0.98	−0.28	−0.06 ± j0.99	−0.20	−0.03 ± j0.99	−0.15	−0.02 ± j0.99
		−0.24 ± j0.96	−0.33 ± j0.40	−0.08 ± j0.99	−0.16 ± j0.72	−0.04 ± j0.99	−0.09 ± j0.84	−0.02 ± j0.99	−0.10 ± j0.71
				−0.23 ± j0.61	−0.23 ± j0.26	−0.12 ± j0.79	−0.14 ± j0.56	−0.07 ± j0.87	−0.04 ± j0.89
						−0.18 ± j0.44	−0.17 ± j0.19	−0.12 ± j0.65	−0.09 ± j0.45
								−0.14 ± j0.34	−0.10 ± j0.15

表3.2.3　2dB 波纹系数 $\varepsilon = 0.76, \varepsilon^2 = 0.58$

N = 1	N = 2	N = 3	N = 4	N = 5	N = 6	N = 7	N = 8	N = 9	N = 10
-1.30	-0.40	-0.36	-0.10	-0.21	-0.04	-0.15	-0.02	-0.12	-0.01
	± j0.68		± j0.95		± j0.98		± j0.98		± j0.99
		-0.18	-0.25	-0.06	-0.12	-0.03	-0.07	-0.02	-0.07
		± j0.92	± j0.39	± j0.97	± j0.71	± j0.98	± j0.83	± j0.99	± j0.71
				-0.17	-0.17	-0.09	-0.11	-0.06	-0.04
				± j0.60	± j0.26	± j0.79	± j0.56	± j0.87	± j0.89
						-0.13	-0.13	-0.02	-0.09
						± j0.43	± j0.19	± j0.64	± j0.45
								-0.11	-0.10
								± j0.34	± j0.15

表3.2.4　3dB 波纹系数 $\varepsilon = 0.99, \varepsilon^2 = 0.99$

N = 1	N = 2	N = 3	N = 4	N = 5	N = 6	N = 7	N = 8	N = 9	N = 10
1.00	-0.32	-0.29	-0.08	-0.17	-0.03	-0.12	-0.02	-0.09	-0.01
	± j0.77		± j0.94		± j0.97		± j0.98		± j0.99
		-0.14	-0.20	-0.05	-0.10	-0.02	-0.06	-0.01	-0.04
		± j0.90	± j0.39	± j0.96	± j0.71	± j0.98	± j0.83	± j0.98	± j0.89
				-0.14	-0.14	-0.07	-0.09	-0.04	-0.06
				± j0.59	± j0.26	± j0.78	± j0.55	± j0.87	± j0.70
						-0.11	-0.10	-0.07	-0.07
						± j0.43	± j0.19	± j0.64	± j0.45
								-0.09	-0.08
								± j0.34	± j0.15

附录 B　IIR 滤波器的频率变换设计法

第 7 章介绍了无限冲激响应低通滤波器的设计方法,但是在工程上经常要设计各种截止频率的低通、高通、带通和带阻滤波器,设计这些选频滤波器的传统方法是首先设计一个归一化截止频率的原型低通滤波器,然后利用频率变换,从原型低通滤波器推导出所要求的各种技术指标的低通、高通、带通和带阻滤波器。

频率变换主要有两种方法:一种方法是首先在模拟域进行频率变换,然后利用 s 平面到 z 平面的映射,将频率变换后的模拟滤波器转换成相应的数字滤波器;另一种方法是先将模拟滤波器转换成数字低通滤波器,然后利用数字变换将低通数字滤波器转换成所需要的数字滤波器。一般来说,除了双线性变换外,这两种方法会产生不同的结果,但在双线性变换的情况下所得到的滤波器是相同的。

B.1　模拟域频率变换

假设有一个通带截止频率为 Ω_p 的低通滤波器,希望将其转换成另一个通带截止频率为 Ω_p' 的低通滤波器。利用如下变换:

$$s \to \frac{\Omega_p}{\Omega_p'}s \tag{B.1.1}$$

得到一个系统函数为 $H_l(s) = H_p[(\Omega_p/\Omega_p')s]$ 的低通滤波器,其中 $H_p(s)$ 是通带截止频率为 Ω_p 的原型低通滤波器的系统函数。

如果希望把一个通带截止频率为 Ω_p 的低通滤波器转变成通带截止频率为 Ω_p' 的高通滤波器,所需变换为:

$$s \to \frac{\Omega_p \Omega_p'}{s} \tag{B.1.2}$$

高通滤波器的系统函数为 $H_h(s) = H_p(\Omega_p \Omega_p'/s)$。

如果希望把一个通带截止频率为 Ω_c 的低通模拟滤波器转换成频带下限截止频率为 Ω_l 和频带上限频率为 Ω_u 的带通滤波器,变换可分为两步完成:首先把低通滤波器转变成另一个截止频率为 $\Omega_p' = 1$ 的低通滤波器,然后完成变换:

$$s \to \frac{s^2 + \Omega_l \Omega_u}{s(\Omega_u - \Omega_l)} \tag{B.1.3}$$

等价地,利用如下变换在单步内得到相同结果:

$$s \to \Omega_p \frac{s^2 + \Omega_l \Omega_u}{s(\Omega_u - \Omega_l)} \qquad (B.1.4)$$

可以得到:

$$H_b(s) = H_p(\Omega_p \frac{s^2 + \Omega_l \Omega_u}{s(\Omega_u - \Omega_l)}) \qquad (B.1.5)$$

如果希望把一个频带截止频率为 Ω_p 的低通模拟滤波器转变成一个带阻滤波器,则变换仅仅是(B.1.3)的逆变换,另外加上一个用于归一化低通滤波器频带截止频率的因子 Ω_p。因此该变换为:

$$s \to \Omega_p \frac{s(\Omega_u - \Omega_l)}{s^2 + \Omega_l \Omega_u} \qquad (B.1.6)$$

可以得到:

$$H_{bs}(s) = H_p(\Omega_p \frac{s(\Omega_u - \Omega_l)}{s^2 + \Omega_l \Omega_u}) \qquad (B.1.7)$$

表 B.1.1 总结了式(B.1.1)、式(B.1.2)、式(B.1.3)和式(B.1.6)的映射。式(B.1.4)和式(B.1.6)的映射是非线性的,可能会导致低通滤波器频率响应特性失真。但是,频率响应的非线性影响是很小的,主要影响频率定标,但不会改变滤波器的幅度响应特性。因此,一个等纹低通滤波器被转换成一个等波纹带通、带阻或高通滤波器。

表 B.1.1　模拟滤波器的频率变换(频带截止频率为 Ω_p 的低通原型滤波器)

变换类型	变换	新滤波器的频带截止频率
低通	$s \to \frac{\Omega_p}{\Omega_p'}s$	Ω_p'
高通	$s \to \frac{\Omega_p \Omega_p'}{s}$	Ω_p'
带通	$s \to \Omega_p \frac{s^2 + \Omega_l \Omega_u}{s(\Omega_u - \Omega_l)}$	Ω_l, Ω_u
带阻	$s \to \Omega_p \frac{s(\Omega_u - \Omega_l)}{s^2 + \Omega_l \Omega_u}$	Ω_l, Ω_u

B.2　数字域频率变换

如同模拟域一样,对数字低通滤波器也可以实行频率变换,将其转变为带通、带阻或高通滤波器。该变换涉及到用一个有理函数 $g(z^{-1})$ 替换变量 z^{-1} 的过程,其中有理函数 $g(z^{-1})$ 必须满足下列性质:

(1)映射 $z^{-1} \to g(z^{-1})$ 必须将 z 平面单位圆内的点映射成它自己。

(2)单位圆也必须映射成 z 平面的单位圆。

条件(2)意味着对 $r = 1$,有如下关系:

$$e^{-j\omega} = g(e^{-j\omega}) \equiv g(\omega) = |g(\omega)| e^{j\arg[g(\omega)]} \tag{B.2.1}$$

很明显,对所有的 ω 必须有 $|g(\omega)| = 1$。也就是说,映射必须是全通的。因此它有形式:

$$g(z^{-1}) = \pm \prod_{k=1}^{n} \frac{z^{-1} - a_k}{1 - a_k z^{-1}} \tag{B.2.2}$$

其中,$|a_k| < 1$ 保证了变换将一个稳定的滤波器变成另一个稳定的滤波器。

从式(B.2.1)的通用形式,得到一组所希望的数字变换,它们将原型数字低通滤波器转换成带通、带阻、高通或另一个低通数字滤波器。表 B.2.1 列出了这些变换。

表 B.2.1　数字滤波器的频率变换(原型低通滤波器的频带截止频率为 ω_p)

变换类型	所用变换	参数
低通	$z^{-1} \to \dfrac{z^{-1} - a}{1 - a z^{-1}}$	$\omega_p' = $ 新滤波器的频带截止频率 $a = \dfrac{\sin[(\omega_p - \omega_p')/2]}{\sin[(\omega_p + \omega_p')/2]}$
高通	$z^{-1} \to -\dfrac{z^{-1} + a}{1 + a z^{-1}}$	$\omega_p' = $ 新滤波器的频带截止频率 $a = -\dfrac{\cos[(\omega_p + \omega_p')/2]}{\cos[(\omega_p - \omega_p')/2]}$
带通	$z^{-1} \to -\dfrac{z^{-2} - a_1 z^{-1} + a_2}{a_2 z^{-2} - a_1 z^{-1} + 1}$	$\omega_l = $ 下频带截止频率 $\omega_u = $ 上频带截止频率 $a_1 = 2\alpha K/(K+1)$ $a_2 = (K-1)/(K+1)$ $\alpha = \dfrac{\cos[(\omega_u + \omega_l)/2]}{\cos[(\omega_u - \omega_l)/2]}$ $K = \cot\dfrac{(\omega_u - \omega_l)}{2} \tan\dfrac{\omega_p}{2}$
带阻	$z^{-1} \to \dfrac{z^{-2} - a_1 z^{-1} + a_2}{a_2 z^{-2} - a_1 z^{-1} + 1}$	$\omega_l = $ 下频带截止频率 $\omega_u = $ 上频带截止频率 $a_1 = 2\alpha/(K+1)$ $a_2 = (1-K)/(1+K)$ $\alpha = \dfrac{\cos[(\omega_u + \omega_l)/2]}{\cos[(\omega_u - \omega_l)/2]}$ $K = \tan\dfrac{(\omega_u - \omega_l)}{2} \tan\dfrac{\omega_p}{2}$

因为频率变换可以在模拟域和数字域实现,所以滤波器设计时需要做出选择,特别

是必须慎重考虑所设计滤波器的类型。由于混叠问题,利用冲激响应不变映射方法设计高通滤波器和带通滤波器是不合适的。因此,不能利用模拟频率变换将其映射结果转变到数字域,而应该先将模拟低通滤波器映射成数字低通滤波器,然后在数字域内完成频率变换,这样可以避免出现混叠问题。

在双线性变换的情况下,不存在混叠问题,无论是在模拟域进行频率变换,还是在数字域进行频率变换,两种方法产生的数字滤波器都是相同的。

附录 C IIR 滤波器的计算机辅助设计方法

C.1 IIR 滤波器的频域最小均方误差设计

如果需要设计滤波器的幅频特性 $H_d(e^{j\omega})$ 比较复杂,很难用经典的模拟滤波器设计法,这时可用频域最小均方误差设计方法,使设计的幅频响应特性 $H(e^{j\omega})$ 逼近所希望的幅频特性 $H_d(e^{j\omega})$。即在一组离散的频率点 $\omega_1,\omega_2,\cdots,\omega_M$ 上,使其均方误差最小。

$$E = \sum_{i=1}^{M} \left[\,|H(e^{j\omega_i}) - H_d(e^{j\omega_i})|\,\right]^2 \tag{C.1.1}$$

假设滤波器的频率响应为:

$$H(e^{j\omega}) = A\prod_{k=1}^{K} \frac{1 + a_k e^{-j\omega} + b_k e^{-j2\omega}}{1 + c_k e^{-j\omega} + d_k e^{-j2\omega}} = AG(e^{j\omega}) \tag{C.1.2}$$

其中,a_k,b_k,c_k,d_k 为滤波器的待定参数,$k = 1,2,\cdots,K$。式(C.1.1)所表示的误差是 $(a_1,b_1,c_1,d_1,a_2,b_2,\cdots,d_K,A)$ 的函数。为使误差 E 最小,可取 E 对每一参数的偏导数,并使这些导数为零,从而得到含有 $4K+1$ 个未知数的 $4K+1$ 个方程。

求 A 的方程比较简单,因为:

$$\frac{\partial E}{\partial |a|} = \sum_{i=1}^{M} \{2[\,|a|\cdot|G(e^{j\omega})| - |H_d(e^{j\omega_i})|\,]\cdot|G(e^{j\omega_i})|\} = 0 \tag{C.1.3}$$

解此方程可以得到 $|a|$ 为:

$$|A| = \frac{\sum_{i=1}^{M}|G(e^{j\omega_i})|\cdot|H_d(e^{j\omega_i})|}{\sum_{i=1}^{M}|G(e^{j\omega_i})|^2} \tag{C.1.4}$$

再分别令 $\frac{\partial E}{\partial a_k} = 0, \frac{\partial E}{\partial b_k} = 0, \frac{\partial E}{\partial c_k} = 0, \frac{\partial E}{\partial d_k} = 0, k = 1,2,\cdots,K$,从而得到 $4K$ 个联立方程组,解得 $4K$ 个参数 a_k,b_k,c_k,d_k。

这里有两点需要注意:

(1)这种设计方法可能会使 $G(e^{j\omega})$ 的某些极点 Z_r 处于单位圆外,使滤波器不稳定。在此情况下,可以用 $1/Z_r^*$ 来代替 Z_r(其中 Z_r^* 为 Z_r 的复共轭)。这种代替不会影响滤波器的幅频特性。因为当 $\rho_r > 1$ 时,如:$Z_r = \rho_r e^{j\theta}$;则 $1/Z_r^* = \left(\dfrac{1}{\rho_r} e^{-j\theta}\right)^* = \dfrac{1}{\rho_r} e^{j\theta}$

$$\left|\dfrac{1}{1 - e^{-j\omega}\rho_r e^{j\theta}}\right| = \dfrac{1}{[1 - 2\rho_r^2\cos(\theta - \omega) + \rho_r^2]^{1/2}} \quad (\text{C.1.5})$$

$$\left|\dfrac{1}{1 - e^{-j\omega}\dfrac{1}{\rho_r} e^{j\theta}}\right| = \dfrac{\rho_r}{[1 - 2\rho_r^2\cos(\theta - \omega) + \rho_r^2]^{1/2}} \quad (\text{C.1.6})$$

由此可见二者的幅频响应只相差一个常数 ρ_r。

(2) 离散频率点 ω_i 之间可以是不相等的频率间隔。可以在幅频特性变化剧烈的区间内将频率间隔取得小一些以保证精度,在幅频特性变化平缓的区间内选取较大的频率间隔以减少计算工作量。

C.2 IIR 滤波器的最小平方逆设计

若是从频率响应 $H(e^{j\omega})$ 出发逼近希望的滤波器特性 $H_d(e^{j\omega})$,所得到的方程组常常是滤波器参数的非线性方程。最小平方逆设计方法可以得到滤波器参数的线性方程组,主要是利用系统函数的倒数实现的。

假定所希望的滤波器系统函数为 $H_d(z)$,其冲激响应 $h_d(n)$ 的前 L 个取样值为 $\{h_d(n)\}$,$n = 0,1,\cdots,L-1$。

所设计的 IIR 滤波器系统函数为:

$$H(z) = \dfrac{b_0}{1 - \sum\limits_{k=1}^{N} a_k z^{-k}} \quad (\text{C.2.1})$$

其中,a_k 为系统待求的 N 个未知参数。为了使 $H(z)$ 能逼近 $H_d(z)$,即当 $h_d(n)$ 作为系统 $H(z)$ 的逆系统 $1/H(z) = (1 - \sum\limits_{k=1}^{N} a_k z^{-k})/b_0$ 的输入序列时,其输出序列 $v(n)$ 将会逼近单位取样序列 $\delta(n)$。

上述含义用数学表达式可表示为:

$$V(z) = H_d(z)\dfrac{1}{H(z)} = H_d(z)\dfrac{1 - \sum\limits_{k=1}^{N} a_k z^{-k}}{b_0} \quad (\text{C.2.2})$$

将式(C.2.2)改写为:

$$b_0 V(z) = H_d(z) - \sum\limits_{k=1}^{N} a_k z^{-k} H_d(z) \quad (\text{C.2.3})$$

再将式(C.2.3)等号两边分别进行 Z 反变换后,可以得到:

$$b_0 v(n) = h_d(n) - \sum\limits_{k=1}^{N} a_k h_d(n - k) \quad (\text{C.2.4})$$

当系统 $H(z)$ 逼近 $H_d(z)$ 时,式(C.2.2)逼近于 1,式(C.2.4)中的 $v(n)$ 将逼近于单位取样序列 $\delta(n)$。这就意味着在式(C.2.4)中,

当 $n = 0$ $\quad b_0 = h_d(0)$

当 $n > 0$ $\quad v(n)$ 逼近于零

或有平方误差 $E = \sum_{n=1}^{\infty} [v(n)]^2$ 最小。

根据式(C.2.4),可以得到:

$$E = \frac{1}{b_0^2} \sum_{n=1}^{\infty} [h_d(n)]^2 - 2 \sum_{n=1}^{\infty} h_d(n) \sum_{k=1}^{N} a_k h_d(n-k)$$
$$+ \sum_{n=1}^{\infty} \left[\sum_{k=1}^{N} a_k [h_d(n-k)] \right]^2 \quad (C.2.5)$$

使平方误差 E 最小的系数 a_k 应满足如下方程:

$$\frac{\partial E}{\partial a_k} = 0 \quad k = 1,2,\cdots,N$$

将式(C.2.5)对 a_k 求偏导数,且令其为零,可以得到:

$$\sum_{k=1}^{N} a_k \sum_{n=1}^{\infty} h_d(n-k) h_d(n-i) = \sum_{n=1}^{\infty} h_d(n) h_d(n-k) \quad (C.2.6)$$

如果定义 $\varphi(i,k)$ 为:

$$\varphi(i,k) = \sum_{n=1}^{\infty} h_d(n-k) h_d(n-i) \quad (C.2.7)$$

则所设计滤波器的特定参数 a_k 满足线性方程组:

$$\sum_{k=1}^{N} a_k \varphi(i,k) = \varphi(i,0) \quad i = 1,2,\cdots,N \quad (C.2.8)$$

当 $h_d(n)$ 长度为 L 时,式(C.2.7)求和符号 $\sum_{n=1}^{\infty}$ 就可改为 $\sum_{n=1}^{L+N-1}$。将式(C.2.8)求得的全部 a_k 代入式(C.2.1)后就得到了该滤波器的系统函数 $H(z)$。由于在设计滤波器时,利用了 $H(z)$ 的倒数,所以称这种设计方法为滤波器逆设计。

附录 D FIR 滤波器的等波纹逼近设计方法

第 8 章讨论的窗函数法设计的 FIR 滤波器在理想频率响应间断点的两边误差最大，不能用最低阶次来满足给定指标，而且窗函数法要求通带、阻带最大误差必须相等；频率取样设计 FIR 滤波器的方法，虽然在频率取样点上的误差非常小，但是在非取样点处的误差沿频率轴并非均匀分布，并且截止频率的选择受到了不必要的限制。FIR 滤波器等波纹逼近计算机辅助设计法，不但能准确的指定通带和阻带的边缘，而且还能在一定意义上实现对所期望的频率响应 $H_d(e^{j\omega})$ 实现最佳逼近。当所希望的频率响应为：

$$H_d(e^{j\omega}) = \begin{cases} 1 & 0 \leq \omega \leq \omega_p \\ 0 & \omega_s \leq \omega \leq \pi \end{cases} \tag{D.1}$$

即所设计的频率响应 $H(e^{j\omega})$ 在逼近 $H_d(e^{j\omega})$ 时，通带波纹峰值为 δ_p，阻带波纹峰值为 δ_s，如图 D.1 所示，系统冲激响应 $h(n)$ 长度应为 N。为了保证 $H(e^{j\omega})$ 具有线性相位，$h(n)$ 应该满足奇偶对称的条件。例如当 N 为奇数偶对称时：

$$H(e^{j\omega}) = e^{-j\omega\frac{N-1}{2}} \cdot H_a(e^{j\omega}) \tag{D.2}$$

式中：

$$H_a(e^{j\omega}) = \sum_{n=0}^{M} a(n)\cos(n\omega), M = \frac{N-1}{2} \tag{D.3}$$

$$a(n) = \begin{cases} h(\frac{N-1}{2}) & n = 0 \\ 2h(\frac{N-1}{2} - n) & n = 1, 2, \cdots, \frac{N-1}{2} \end{cases} \tag{D.4}$$

如果在设计滤波器时要求通带和阻带具有不同的逼近精度，就要对误差函数进行加权，这种逼近称为加权切比雪夫一致逼近。

定义加权逼近误差函数为：

$$\begin{aligned} E(\omega) &= W(e^{j\omega})|H_a(e^{j\omega}) - H_d(e^{j\omega})| \\ &= W(e^{j\omega})\left|\sum_{n=0}^{M} a(n)\cos(n\omega) - H_d(e^{j\omega})\right| \end{aligned} \tag{D.5}$$

其中加权函数 $W(e^{j\omega})$ 可以假设为：

$$W(e^{j\omega}) = \begin{cases} 1/k & 0 \leq \omega \leq \omega_p, k = \delta_p/\delta_s \\ 1 & \omega_s \leq \omega \leq \pi \end{cases} \tag{D.6}$$

切比雪夫逼近法要求式(D.5)表示的加权误差的最大值为最小,即满足下式:

$$\delta = \min_{0 \leqslant \omega \leqslant \pi} \max |E(\omega)| = \min \max_{0 \leqslant \omega \leqslant \pi} \left[W(e^{j\omega}) \left| \sum_{n=0}^{M} a(n)\cos(n\omega) - H_d(e^{j\omega}) \right| \right] \quad (D.7)$$

为了求出符合条件的最佳逼近 FIR 滤波器,Parks 和 McClellan 将交错点定理应用于滤波器的设计中。

根据切比雪夫"交错点组定理",如果 $H_a(e^{j\omega})$ 是 M 个余弦函数的组合:

$$H_a(e^{j\omega}) = \sum_{n=0}^{M} a(n)\cos(n\omega)$$

那么 $H_a(e^{j\omega})$ 是 $H_d(e^{j\omega})$ 的最佳一致逼近多项式的充要条件: ω 在 $[0,\pi]$ 区间内至少应该存在 $M+1$ 个交错点, $0 \leqslant \omega_0 \leqslant \omega_1 < \omega_2 \cdots < \omega_M \leqslant \pi$,满足下式:

$$E(\omega_i) = -E(\omega_i), i = 1, 2, \cdots, M \quad (D.8)$$

$$|E(\omega_i)| = \max E(\omega), 0 \leqslant \omega \leqslant \pi \quad (D.9)$$

因此,交错点组定理本身就说明了切比雪夫最佳逼近的条件满足误差沿频率轴做等波纹分布,正如图 D.1 所示。

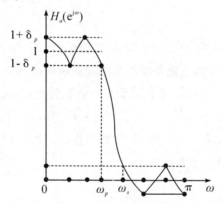

图 D.1　长度为 13 的滤波器频率响应及 8 个极限频率点

交错点组定理可以证明如下:

因为式(D.3)中的 $\cos(n\omega)$ 可以改写成 $\cos(\omega)$ 的 n 阶多项式,即

$$H_a(e^{j\omega}) = \sum_{n=0}^{M} a(n)\cos(n\omega) = \sum_{n=0}^{M} a(n)\cos(\omega)^n \quad (D.10)$$

将该式对 ω 求一阶导数,并令其为零,可以得到:

$$\frac{d}{d\omega} H_a(e^{j\omega}) = -\sin\omega \sum_{n=0}^{M} na(n)(\cos\omega)^{n-1} = 0 \quad (D.11)$$

其中当 $\omega = 0$ 和 π 时 $\sin\omega = 0$ 外,$M-1$ 阶 $\cos\omega$ 多项式可以有 $M-1$ 个根,因此上述一阶导数为零的次数为 $M-1+2 = M+1$,从而得证。

图 D.1 为长度 $N = 13$ 的滤波器频率响应,如果过渡带边缘 ω_p、ω_s 为两个交错点,则极值频率点为 8 个。

如果已知在 ω 轴上有 $M+2$ 个交错频率 $\omega_0, \omega_1, \omega_2, \cdots, \omega_M, \omega_{M+1}$,则由式(D.7)可以

得到:

$$\max_{0\leq\omega\leq\pi}\left[W(e^{j\omega_i})\left|\sum_{n=0}^{M+1}a(n)\cos(n\omega_i)-H_d(e^{j\omega_i})\right|\right]=-(-1)^i\delta \quad (D.12)$$

其中,$\delta=\max|E(\omega)|$,将式(D.12)改写成矩阵形式:

$$\begin{bmatrix} 1 & \cos(\omega_0) & \cos(2\omega_0) & \cdots & \cos(M\omega_0) & \frac{1}{W(\omega_0)} \\ 1 & \cos(\omega_1) & \cos(2\omega_1) & \cdots & \cos(M\omega_1) & \frac{-1}{W(\omega_1)} \\ 1 & \cos(\omega_2) & \cos(2\omega_2) & \cdots & \cos(M\omega_2) & \frac{1}{W(\omega_2)} \\ \cdots & \cdots & \cdots & \cdots & \cdots & \cdots \\ 1 & \cos(\omega_M) & \cos(2\omega_M) & \cdots & \cos(M\omega_M) & \frac{(-1)^M}{W(\omega_M)} \\ 1 & \cos(\omega_{M+1}) & \cos(2\omega_{M+1}) & \cdots & \cdots & \frac{(-1)^{M+1}}{W(\omega_{M+1})} \end{bmatrix} \begin{bmatrix} a(0) \\ a(1) \\ a(2) \\ \cdots \\ a(M) \\ \delta \end{bmatrix} = \begin{bmatrix} H_d(e^{j\omega_0}) \\ H_d(e^{j\omega_1}) \\ H_d(e^{j\omega_2}) \\ \cdots \\ H_d(e^{j\omega_M}) \\ H_d(e^{j\omega_{M+1}}) \end{bmatrix}$$

(D.13)

式(D.13)矩阵是一非奇异方阵。解此方程组,解得唯一的系数 $a(0),a(1),\cdots,a(M)$ 和误差 δ,按式(D.4)构成最佳滤波器的冲激响应序列 $h(n)$。

在实际求解式(D.13)时存在两个困难。一是交错点组 $\omega_0,\omega_1,\omega_2,\cdots,\omega_M$ 事先并不知道,二是直接求解方程并不容易。为此,J. H. MoClellan 等人利用数值分析中的 Remez 算法,利用一次次的迭代来求解交错频率组,而且在每一次迭代过程中,不必直接求解式(D.13)。该算法的步骤归纳如下:

第一步:

(1)在 $0\leq\omega\leq\pi$ 频率区间内等间隔地选取 $M+2$ 个频率点 $\omega_0,\omega_1,\omega_2,\cdots,\omega_{M+1}$ 作为交错点组的初始猜测位置,计算下式:

$$a_k=(-1)^k\prod_{M+1}\frac{1}{(\cos\omega_i-\cos\omega_k)} \quad (D.14)$$

(2)接着计算相对第一次指定的交错频率点处所产生的偏差:

$$\delta=\frac{\sum_{k=0}^{M+1}a_kH_d(e^{j\omega_k})}{\sum_{k=0}^{M+1}(-1)^ka_k/W(e^{j\omega_k})} \quad (D.15)$$

(3)在未求得 $a(0),a(1),\cdots,a(M)$ 的情况下,利用拉格朗日插值公式得到 $H_a(e^{j\omega})$:

$$H_a(e^{j\omega})=\frac{\sum_{k=0}^{M}\left[\frac{a_k}{\cos\omega-\cos\omega_k}\right]c_k}{\sum_{k=0}^{M}\frac{a_k}{\cos\omega-\cos\omega_k}} \quad (D.16)$$

式中：

$$c_k = H_d(e^{j\omega_k}) - (-1)^k \frac{\delta}{W(\omega_k)}, \quad k = 0,1,\cdots,M \tag{D.17}$$

(4) 把 $H_a(e^{j\omega})$ 代入式(D.5)，求得误差函数 $E(\omega)$。如果对所有频率 ω 都满足 $|E(\omega)| \leq |\delta|$，这说明初始猜定的 $\omega_0,\omega_1,\omega_2,\cdots,\omega_{M+1}$ 恰好是交错频率组，此时设计工作即可结束。如果在某些频率点处 $E(\omega)| > |\delta|$，说明初始猜定的频率点偏离了真正的交错频率点，需要修改，并进入第一次迭代计算。

第二步：

在所有 $E(\omega) > |\delta|$ 频率点附近选定新的极值频率，重复式(D.14)到式(D.17)的计算，分别得到新的 δ、$H_a(e^{j\omega})$、$E(\omega)$。由于这一次的频率点更接近极值频率点(即真正的交错频率组)，所以这次在交错点上求出的 δ 将有所增大，然后再检查所有频率 ω 处的 $E(\omega)$。

第三步：

如仍出现 $|E(\omega)| > |\delta|$，则利用和第二步相同的方法，把 $|E(\omega)| > |\delta|$ 的各频率点作为新的可能的极值频率做第二次迭代。

重复上述步骤。因为新的交错点组的选择更趋近极值频率，这样每次迭代计算的 $|\delta|$ 都可能递增，直至收敛到自己的上限，也即 $H_a(e^{j\omega})$ 最佳地一致逼近到 $H_d(e^{j\omega})$。若再一次迭代计算，误差曲线 $E(\omega)$ 的峰值将不会大于 $|\delta|$，从而迭代结束。将最后所得的 $H_a(e^{j\omega})$ 作傅里叶反变换(IFFT)，便可得到滤波器的冲激响应 $h(n)$。

附录 E 有限字长效应

E.1 实数的表示及运算

在数字设备中,实数采用有限位数的二进制数加以表示,复数将实部和虚部作为两个实数分别表示,本书中只讨论实数。实数有定点数和浮点数两种表示形式。无论哪种形式,它们中的每个部分都是采用原码、反码或补码表示的有限位数的实数,下面只涉及最常用的补码的情况。数字设备相应的也分为两种,数字信号处理器有定点型和浮点型两种,通用计算机是浮点型。定点型设备只能运行采用定点数格式编写的定点程序,浮点型设备既可以运行浮点程序,也可以运行定点程序。

1. 定点数的表示及运算

N 比特定点二进制补码可以表示为:

$$x_{N-1}x_{N-2}\cdots x_1 x_0 \tag{E.1.1}$$

其中,$x_i \in \{0,1\}$,$i = 0,1,\cdots,N-1$。令 $N = B + b$,B 是整数部分的编码比特数,b 是小数部分的编码比特数,其中最高比特 x_{N-1} 是符号位,"0"表示正数,"1"表示负数。小数点是隐含在某两个比特之间的,用 B、b 格式来表明整数和小数的位数。

如果最高位是"0",则式(E.1.1)表示的正数的真值就是各比特乘以不同的权值之和,记作:

$$\begin{aligned} Num &= x_{N-1}2^{B-1} + x_{N-2}2^{B-2} + \cdots + x_{b+1}2^1 + x_b 2^0 + x_{b-1}2^{-1} + \cdots + x_0 2^{-b} \\ &= 2^{-b}\sum_{i=0}^{N-1}2^i \end{aligned} \tag{E.1.2}$$

如果最高位是"1",则需要将式(E.1.1)各位取反加1,即求出其补码(正数),该补码的真值再乘以"-1",就是该负数的真值,记作:

$$Num = 2^{-b}\Big[\sum_{i=0}^{N-1}(1-x_i)2^i + 1\Big] = 2^{-b}\Big(-2^N + \sum_{i=0}^{N-1}2^i\Big) \tag{E.1.3}$$

将一个负数用补码表示的方法:先用二进制数表示其对应的正数,再将各位取反加1。例如:将 -12.5 用5.3格式的定点补码表示,先将12.5表示成"01100100B",再取反加1得到 -12.5 的补码"10011100B"。

可以看出,定点数只能表示 N 位有理数,对无理数、循环小数以及位数超过 N 的有理数的低位只能被处理掉,称为量化。量化包括"截尾"和"舍入"两种处理,前者是简单去除,后者相当于十进制的四舍五入。例如 1/3,用 1.15 定点格式(又称 Q15 格式)表示,采用截尾法是"0010101010101010B",采用舍入法则是"0010101010101011B"。量化引起的误差,称为量化误差,舍入引起的量化误差又称为舍入误差。舍入误差信号 $x(n)$ 的取值范围:

$$\frac{1}{2} \times 2^{-b} \leqslant x(n) \leqslant \frac{1}{2} \times 2^{b} \tag{E.1.4}$$

对于绝对值小于 1 的数,可以采用 1.15 格式表示,也可以用 2.14 格式表示。显然后者的精度不如前者高。但是当两个小于 1 的数都采用 1.15 格式表示进行相加时,可能出现进位占据符号位,出现错误,称为溢出。如果都采用 2.14 格式则不会溢出。那么当 N 确定后,B 和 b 应该如何分配呢? 一种做法是所有数据都采用 1.15 格式,当数据大于 1 时,首先将数据除以一个比例因子(同组数据比例因子相同)使其小于 1,再采用 Q15 表示,最后的运算结果需乘以同一比例因子。下面介绍的方法是根据数据的动态范围,不同的数组可以选择不同的格式即不同的小数点位置,在运算过程中小数点位置可能改变以保证较高的精度。

下面以编写定点程序为例介绍定点数的表示和运算。程序员首先将待处理的输入数据和处理中要用到的数据表格用定点数表示,即定义整型变量。所以需要先根据一组数据的最大绝对值 Num_{max} 确定小数点位置,依据是在保证不溢出的前提下达到尽可能高的精度。所以整数部分 B 由下式确定:

$$B = \lceil \log_2 Num_{max} \rceil + 1 \tag{E.1.5}$$

其中 [ ] 表示向上取整。然后将该组数据用 B 和 b 格式的补码表示,低位采用四舍五入处理,这一步的实际实现是将实数 Num 用整数 $round(Num \times 2^b)$ 代替,其中 $round(\ )$ 表示十进制的"四舍五入"到整数,计算机等设备会自动将该整数用补码表示。

对数据的处理有三种运算:延迟、乘法和加法。延迟不会因为有限字长效应造成误差,所以只需讨论乘法和加法运算。

在程序中,如果对定点数做乘法运算,则需考虑字长超长问题。设两个乘数的字长均为 N,整数位数分别为 B_1、B_2。定点乘法分两步:首先执行整数乘法指令,然后对乘积左移一位(如果工作在小数乘法模式,定点型 DSP 芯片在执行整数乘法指令时会自动实现左移运算)。乘积的小数点隐含在 $B = (B_1 + B_2 - 1)$ 高位后面,并且不可能溢出,小数部分位数 $b = (2N - B)$。例如 1.15 格式的数据与 3.13 格式的数据的乘积是 3.13 格式。因为乘积的字长扩展成了 $2N$ 位,一般需对低 N 比特进行舍入处理再放入 N 位存储器或寄存器,从而引入舍入误差。将每个定点乘法运算与一个加性噪声发生器联系起来建立舍入噪声模型,如图 E.1.1 所示。

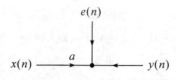

图 E.1.1 定点乘法的舍入噪声统计模型

假设图中的量化误差 $e(n)$ 具有如下特性:是广义平稳白噪声过程;在式(E.1.4)给出的范围内均匀分布;与输入及其他量化误差不相关。信号越复杂,字长越长,该统计模型的假设就越真实。后面提到的量化噪声均采用这些假设,不再另做说明。舍入误差的均值和方差分别是:

$$m_e = \int_{-\frac{1}{2} \times 2^{-b}}^{\frac{1}{2} \times 2^{-b}} e \times \frac{1}{2^b} de = 0 \tag{E.1.6}$$

$$\sigma_e^2 = \int_{-\frac{1}{2} \times 2^{-b}}^{\frac{1}{2} \times 2^{-b}} e^2 \times \frac{1}{2^b} de = \frac{2^{-2b}}{12} \tag{E.1.7}$$

在程序中,如果对定点数做加法运算,则需要考虑小数点位置是否相同以及溢出问题,无须考虑字长超长问题。定点加法的步骤:首先需要使参与运算的两组数据小数点位置相同,即将小数点位置靠左的那组数据右移(小数点也随之右移)。为了保证相加的结果不溢出,通常的做法是将两组数据均再右移一位(小数点位置也再右移一位),右移操作需舍入处理低位,所以会产生舍入误差。然后执行整数加法指令。

可以看出,定点程序中,数据表格、待处理数据、运算的中间结果以及最终结果全部是定点整数。最后根据需要取出最终结果的若干高位输出给用户。

定点数的主要缺点是表示动态范围较小,B 和 b 格式可以表示的数的绝对值范围是 $2^{-b} \leq |Num| \leq 2^{B-1} - 2^{-b}$。也就是说,如果 B 大而 b 小,则可表示的最大绝对值大(即范围大),表示的最小绝对值也大(即精度低);反之则精度高但范围小。另外,在定点运算中需要考虑乘法的超长问题和加法的溢出问题,小数点位置还可能发生改变,这增加了编程或系统结构的复杂性。定点格式的优点是计算速度快,硬件成本低。所以实际处理中定点运算及定点 DSP 芯片得到了广泛的应用。随着处理器速度的提高,还可以采用双精度表示(两个 16 位表示一个数)来弥补定点数动态范围小的缺点,所以定点 DSP 的应用将更加广泛。

2. 浮点数的表示及运算

在将一个数 Num 用浮点数表示时,首先将其表示成规格化小数 $Num = w \times 2^i$,其中尾数 w 是绝对值小于 1 的纯小数,指数 i 是整数。尾数和指数分别采用 N_1 比特和 N_2 比特二进制补码进行编码。尾数的编码采用 Q15 定点格式,可能会有舍入误差;对指数的编码又称为阶码,采用整数的补码表示。

在加法运算中,首先进行对阶,将阶小的尾数右移使两数的阶码相同;然后对尾数做加法运算,阶码不变;最后还要对结果进行规格化处理。在乘法运算中:先对尾数做乘法运算,阶码做加法运算;再对结果做规格化处理。

浮点数的优点:表示的动态范围大,既能保证宽的数据范围,又能提供高的精度;浮点运算基本上消除了溢出问题,并且如果尾数足够长的话,量化也不会成为一个问题,在输出端会得到高的信噪比,所以大大简化了系统的设计和实现。浮点制的缺点是硬件成本高,计算速度较慢。

E.2 模数转换中的量化误差

定义模数转换过程中的量化误差为量化器的输出与输入信号之差:

$$e(n) = \hat{x}(n) - x(n) \tag{E.2.1}$$

所以

$$\hat{x}(n) = x(n) + e(n) \tag{E.2.2}$$

即将量化误差 $e(n)$ 看成加性噪声。取值范围是:

$$-\Delta/2 < e[n] \leq \Delta/2 \tag{E.2.3}$$

所以 $e(n)$ 的均值是零,方差是:

$$\sigma_e^2 = \int_{-\frac{\Delta}{2}}^{\frac{\Delta}{2}} e^2 \times \frac{1}{\Delta} de = \frac{\Delta^2}{12} \tag{E.2.4}$$

可以得到:

$$\sigma_e^2 = \frac{2^{-2N} X_m^2}{3} \tag{E.2.5}$$

所以量化器的信噪比为:

$$SNR = 10\lg\left(\frac{\sigma_x^2}{\sigma_e^2}\right) = 10\lg\left(\frac{3 \cdot 2^{-2N} \cdot \sigma_x^2}{X_m^2}\right)$$

$$= 6.02N + 4.77 + 20\lg\left(\frac{\sigma_x}{X_m}\right) \tag{E.2.6}$$

设在 A/D 转换前通过设置滤波器和放大器的增益使 $\sigma_x = X_m/4$,则信噪比可用下式估算:

$$SNR \approx 6.02N - 7.27(\text{dB}) \tag{E.2.7}$$

可见编码比特数 N 越大,则信噪比越高,采样信号的质量越好。N 每增加 1,信噪比提高约 6dB。

E.3 FFT 实现中的有限字长效应

虽然 FFT 有很多不同的算法结构,但在不同的算法中由有限字长效应导致的舍入噪声的情况是非常相似的,本书只讨论基 2 时域抽选算法的情况。

考虑到图 6.2.4 中 $N = 8$ 时域抽选的算法流图。设输入信号 $x(n)$ 是白噪声复数序

列,其幅度在[-1,1]区间均匀分布,实部和虚部的编码均采用1.b的定点格式。根据基本的蝶形运算公式:

$$X_m(p) = X_{m-1}(p) + W_N^r X_{m-1}(q) \quad (E.3.1)$$

$$X_m(q) = X_{m-1}(p) - W_N^r X_{m-1}(q) \quad (E.3.2)$$

可以看出:

$$\max(|X_m(p)|, |X_m(q)|) \leq 2\max(|X_{m-1}(p)|, |X_{m-1}(q)|) \quad (E.3.3)$$

所以从前一级到后一级数据的最大幅度可能会增加,但最多增加一倍。为防止溢出,每一级需要先将输入缩小为1/2,总的输出就是实际输出的1/N。这样一来,1/2的衰减会引起舍入误差,而加法运算后没有溢出。另外,乘以旋转因子后为了保证数据占用的比特数不增加,也会有舍入操作。对蝶形运算建立舍入噪声模型如图E.3.1所示。

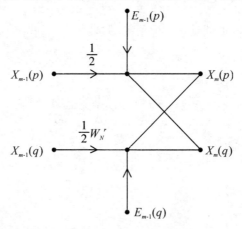

图E.3.1 蝶形运算的舍入噪声统计模型

一次复数乘法包含四次实数乘法,每个实数乘法舍入产生的噪声是 e_i, $i=0,1,2,3$,它们均是互不相关的白噪声随机变量,复数乘法产生的误差可以表示成 $= e_1 + e_3 + j(e_2 + e_4)$,假设 e_i 在区间 $[-2^{-b}/2, 2^{-b}/2]$ 上均匀分布,根据式(E.1.6)和式(E.1.7),得到其均值 $m_{ei}=0$,方差 $\sigma_{ei}^2 = 2^{-2b}/12$。所以每个复数噪声的均值 $m_E=0$,方差是:

$$\sigma_E^2 = E\{|e_1 + e_3 + j(e_2 + e_4)|^2\} = 4\sigma_{ei}^2 = \frac{1}{3} \times 2^{-2b} \quad (E.3.4)$$

该噪声经过各级蝶形传到最后一级的输出节点,所以输出节点 $X(k)$ 中的噪声等于传播到该节点的所有噪声之和。从图6.2.4可以看出,$N=8$ 时每个输出节点均与7个蝶形相联结,包括最后一级的1个蝶形,倒数第二级的2个蝶形,倒数第三级的4个蝶形等。设 $v = \log_2 N$ 是总级数,则起始于第 m ($m=0,1,\cdots,v-1$) 列与最终节点有关联的蝶形个数就是 2^{v-m-1},每个蝶形有两个噪声源,它们传播至输出的衰减是 0.5^{v-m-1}。所以,输出节点 $X(k)$ 中噪声 $F(k)$ 的均值为零,方差是这些蝶形引入的噪声方差的衰减之和:

$$\sigma_F^2 = \sigma_E^2 \sum_{m=0}^{v-1} 2^{v-m} 0.5^{2v-2m-2} = \frac{4}{3} \times 2^{-2b}(1 - 0.5^v) \quad (E.3.5)$$

当 N 较大时,0.5^v 可以忽略,方差为:

$$\sigma_F^2 = \frac{4}{3} \times 2^{-2b} \tag{E.3.6}$$

由于 1/2 的衰减,最终结果 $X(k)$ 需要乘以 N,所以 $F(k)$ 也被放大乘以 N,噪声方差应该乘以 N^2,为 $\frac{4}{3} \times 2^{-2b} \times N^2$。

因为输入信号是幅度在 $[-1,1]$ 区间均匀分布的白噪声复数序列,所以其均值为零,方差为:

$$\sigma_x^2 = \int_{-1}^{1} |x|^2 \mathrm{d}|x| = \frac{1}{3} \tag{E.3.7}$$

所以理想输出信号的均值为零,方差为:

$$\sigma_X^2 = E\{|X(k)|^2\} = E\{\left|\sum_{n=0}^{N-1} x(n) W_N^{kn}\right|^2\} = \sum_{n=0}^{N-1} \sigma_x^2 |W_N^{kn}|^2 = \frac{N}{3} \tag{E.3.8}$$

噪声信号比为:

$$\frac{\sigma_F^2}{\sigma_X^2} = \frac{N^2 \times \frac{4}{3} \times 2^{-2b}}{N/3} = 4N \times 2^{-2b} \tag{E.3.9}$$

所以噪声信号比正比于 FFT 点数 N,且随着编码比特数的增加而减小。噪声比随着 N 的增加而增加是信号电平逐级衰减的必然结果。

E.4 离散时间滤波器实现中的有限字长效应

第 9 章讨论了线性移不变离散时间滤波器的不同实现结构,当采用无限精度实现时它们是完全等效的,但当精度有限时,它们却有着各自不同的性能。下面分别从系数量化效应、运算中的舍入噪声效应,以及零输入极限环三个方面讨论离散时间系统定点实现中的有限字长效应,以指导如何正确选择滤波器的实现结构和字长。

1. 系数量化效应

首先看 IIR 系统,设其系统函数为:

$$H(z) = \frac{\sum_{k=0}^{M} b_k z^{-k}}{1 - \sum_{k=1}^{N} a_k z^{-k}} = \frac{B(z)}{A(z)} \tag{E.4.1}$$

其中,各系数 a_k 和 b_k 都是无限精度的,是由理论设计出来的。设实际系统中,它们分别被量化成 $\hat{a}_k$ 和 $\hat{b}_k$,所以实际的系统函数是:

$$\hat{H}(z) = \frac{\sum_{k=0}^{M} \hat{b}_k z^{-k}}{1 - \sum_{k=1}^{N} \hat{a}_k z^{-k}} = \frac{\hat{B}(z)}{\hat{A}(z)} \tag{E.4.2}$$

其中，$\hat{a}_k = a_k + \Delta a_k$，$\hat{b}_k = b_k + \Delta b_k$，$\Delta a_k$，$\Delta b_k$ 是量化误差。

多项式中的所有系统的量化误差都会影响每一个极点和零点，使它们移动到 Z 平面上新的位置。系统函数的零点和极点决定系统的频率响应，所以实际系统的频率响应会受到扰动而偏离原来设计的频率响应。如果偏差太大，就可能导致系统不满足设计指标，还可能导致极点移到单位圆以外，从而使系统不稳定。

下面讨论极点位置受系统量化的影响情况。设 $H(z)$ 的极点是 z_k，$k = 1,2,\cdots,N$，且全部是 1 阶极点，则式(E.4.1)的分母多项式可以表示为：

$$A(z) = 1 - \sum_{k=1}^{N} a_k z^{-k} = \prod_{k=1}^{N} (1 - z_k z^{-1}) \tag{E.4.3}$$

设 $\hat{H}(z)$ 的极点是 $z_k + \Delta z_k$，$k = 1,2,\cdots,N$，则某个极点 z_k 的位置误差 Δz_k 与各系数的误差 Δa_j 的关系是：

$$\Delta z_k = \sum_{j=1}^{N} \frac{\partial z_k}{\partial a_j} \Delta a_j, k = 1,2,\cdots,N \tag{E.4.4}$$

$\frac{\partial z_k}{\partial a_j}$ 的大小决定了系数的偏差 Δa_j 对极点偏差 Δz_k 的影响程度。所以定义 $\frac{\partial z_k}{\partial a_j}$ 为极点 z_k 对系数 a_j 量化的灵敏度，它可以通过式(E.4.3)的 $A(z)$ 计算得到：

$$\frac{\partial z_k}{\partial a_j} = \frac{\partial A(z)}{\partial a_j} \Big/ \frac{\partial A(z)}{\partial z_k} \Big|_{z=z_k} = \frac{z_k^{N-j}}{\prod_{i=1,i\neq k}^{N} (z_k - z_i)} \tag{E.4.5}$$

将式(E.4.5)带入式(E.4.4)，得到 Δz_k 与各极点 z_i 及各误差 Δa_j 的关系为：

$$\Delta z_k = \sum_{j=1}^{N} \frac{z_k^{N-j}}{\prod_{i=1,i\neq k}^{N} (z_k - z_i)} \Delta a_j \tag{E.4.6}$$

式(E.4.6)的分母是其他所有极点指向极点 z_k 的矢量之积。这些矢量越长，即极点彼此间的距离越远，分母系数的误差引起极点的偏移越小；反之极点越密集，极点位置的灵敏度越高，即分母系数很小的误差就会引起极点很大的偏移。另外密集的极点(零点)数量越多，极点的偏差越大，即灵敏度越高。也就是说，高阶直接型滤波器比低阶直接型滤波器的极点数多且密集程度高，所以对系数量化误差更敏感。同理，零点位置的灵敏度与零点的密集度有关。

由此可以断定，对于级联型结构，由于其子系统是二阶直接型系统，每对复数共轭极点(零点)都是独立于其他极点(零点)而实现的，系数量化后每对极点(零点)的误差与其他极点(零点)到该极点(零点)的密集程度。所以二阶子系统对系数量化不是非常灵敏。因此级联型对系数量化的灵敏度一般比直接型实现要小得多。

对于并联型的结构，系统函数的极点也可以得到和上面同样的结论。零点是隐含出现的，每个零点受全部二阶子系统的分子和分母的系数量化误差的影响。然而，根据经验发现，大多数实际滤波器的并联型对系数量化的灵敏度比直接型也要小得多。所以，除了二阶系统外,直接型很少采用。

下面讨论 FIR 系统,设其系统函数为:

$$H(z) = \sum_{n=0}^{M} h(n)z^{-n} \quad (\text{E.4.7})$$

其中,各系数 $h(n)$ 是由理论设计出来的无限精度的数。设实际系统中,它们被量化成 $\hat{h}(n) = h(n) + \Delta h(n)$,则实际的系数函数是:

$$\hat{H}(z) = \sum_{n=0}^{M} \hat{h}(n)z^{-n} = \sum_{n=0}^{M} [h(n) + \Delta h(n)]z^{-n} = H(z) + \Delta H(z) \quad (\text{E.4.8})$$

其中

$$H(z) = \sum_{n=0}^{M} \Delta h(n)z^{-n} \quad (\text{E.4.9})$$

所以量化后的系统是原始系统与一个误差系统的并联。

因为除了 $z = 0$,FIR 没有其他极点,所以直接型实现结构的系数量化不会导致系统不稳定,但会影响零点位置,从而引起频率响应的偏差。与 IIR 同样分析可以得出 FIR 系统对系数量化的灵敏度也取决于零点的密集程度。

当字长较小,或对零点紧靠在一起的高阶 FIR 系统,需要考虑采用级联型结构以减小量化效应。为了保持整个系统的线性相位,每个子系统也必须有限性相位。所以 $z = \pm 1$ 的零点可以用 1 阶子系统 $H_1(z) = 1 \pm z^{-1}$ 实现。单位圆上的每对互为共轭的零点采用二阶子系统 $H_2(z) = 1 \pm az^{-1} + z^{-2}$ 实现,系统量化后,零点仍然在单位圆上且互相共轭,所以不会破坏线性相位。对于互为共轭反演 4 个零点组,可以采用 $H_4(z) = 1 \pm az^{-1} + bz^{-2} + az^{-3} + z^{-4}$ 四阶子系统实现,以使系数量化后保持线性相位。也可以采用两个二阶子系统实现,为了量化后保持线性相位,两个子系统的系统函数应具有如下形式:

$$H_{41}(z) = 1 - cz^{-1} + dz^{-2} \quad (\text{E.4.10})$$

$$H_{41}(z) = \frac{1}{d}(d - cz^{-1} + z^{-2}) \quad (\text{E.4.11})$$

2. 运算中的舍入噪声效应

考虑具有式(E.4.1)给出的系统函数 IIR 系统,该系统的差分方程为:

$$y(n) = \sum_{k=0}^{M} b_k x(n-k) + \sum_{k=0}^{N} a_k y(n-k) \quad (\text{E.4.12})$$

为了避免加法运算中的溢出,一种解决方法是将系统函数 $H(z)$ 乘以一个加权因子 $s(s < 1)$,可以得到:

$$H'(z) = \frac{\sum_{k=0}^{M} sb_k z^{-k}}{1 - \sum_{k=1}^{N} a_k z^{-k}} = \frac{sB(z)}{A(z)} \quad (\text{E.4.13})$$

对应的差分方程为:

$$y'(n) = \sum_{k=0}^{M} sb_k x(n-k) + \sum_{k=1}^{N} a_k y'(n-k) \tag{E.4.14}$$

该新系统的直接Ⅰ型结构流图如图 E.4.1(a)所示,图中输出信号 $y'(n)$ 被缩小成原系统输出信号 $y(n)$ 的 s 倍。

选择比例因子 s 的一种依据是,使输出信号的总能量小于输入信号的总能量:

$$\sum_{k=-\infty}^{\infty} |sy(n)|^2 \leqslant \sum_{k=-\infty}^{\infty} |x(n)|^2 \tag{E.4.15}$$

利用施瓦茨不等式和帕斯瓦尔定理,可以得到:

$$\begin{aligned}\sum_{k=-\infty}^{\infty} |sy(n)|^2 &= \frac{1}{2\pi}\int_{-\pi}^{\pi} |sH(e^{j\omega})X(e^{j\omega})|^2 d\omega \leqslant \sum_{k=-\infty}^{\infty} |x(n)|^2 \\ &= \frac{1}{2\pi}\int_{-\pi}^{\pi} |X(e^{j\omega})|^2 d\omega\end{aligned} \tag{E.4.16}$$

所以只要 s 满足以下不等式,则(E.4.15)成立:

$$s^2 \leqslant \frac{1}{\frac{1}{2\pi}\int_{-\pi}^{\pi} |X(e^{j\omega})|^2 d\omega} = \frac{1}{\sum_{n=-\infty}^{\infty} |h(n)|^2} \tag{E.4.17}$$

在考虑乘法运算中的舍入噪声,得到噪声统计模型如图 E.4.1(b)所示,其中 $e_i(n)$, $i = 0,1,\cdots,M+N$,为量化误差。设乘积采用 $B.b$ 格式,所以各舍入误差的取值范围、均值 m_{ei} 和方差 σ_{ei}^2 分别由式(E.1.4)、式(E.1.6)和式(E.1.7)给出。

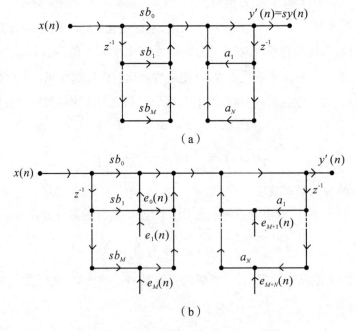

图 E.4.1 无限精度模型和线性噪声模型

下面再用图 E.4.2 所示的联合噪声模型来等效图 E.4.1(b)的独立噪声模型。其中联合噪声 $e(n)$ 是各个乘法运算引入的舍入误差之和:

$$e(n) = \sum_{i=0}^{M+N} e_i(n) \tag{E.4.18}$$

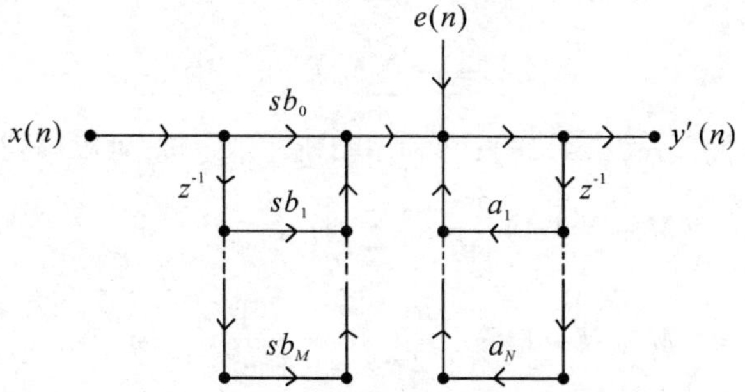

图 E.4.2 联合噪声模型

所以根据式(E.1.6),可以得到 $e(n)$ 的均值为:

$$m_e = E[e(n)] = \sum_{i=0}^{M+N} E[e_i(n)] = \sum_{i=0}^{M+N} m_{ei} = 0 \tag{E.4.19}$$

由于假设各误差互相独立,可以得到 $e(n)$ 的方差为:

$$\sigma_e^2 = E[|e(n)|^2] = \sum_{i=0}^{M+N} E[|e_i(n)|^2] \tag{E.4.20}$$

将式(E.1.7)代入式(E.4.20),可以得到:

$$\sigma_e^2 = (M+N+1)\frac{2^{-2b}}{12} \tag{E.4.21}$$

图 E.4.2 中的 $\hat{y}'(n)$ 是 $H'(n)$ 系统考虑了舍入口噪声后对输入 $x(n)$ 的响应,令

$$\hat{y}'(n) = y'(n) + f(n) \tag{E.4.22}$$

根据图 E.4.2,可以得到 $\hat{y}'(n)$ 与 $x(n)$ 的关系为:

$$\hat{y}'(n) = \sum_{k=0}^{M} sb_k x(n-k) + \sum_{k=0}^{M} a_k \hat{y}'(n-k) + e(n) \tag{E.4.23}$$

将式(E.4.22)代入式(E.4.23),可以得到:

$$y'(n) + f(n) = \sum_{k=0}^{M} sb_k x(n-k) + \sum_{k=0}^{M} a_k \hat{y}'(n-k) + \sum_{k=1}^{N} a_k f(n-k) + e(n) \tag{E.4.24}$$

对比式(E.4.14)和式(E.4.24),可以得到:

$$f(n) = \sum_{k=1}^{N} a_k f(n-k) + e(n) \tag{E.4.25}$$

所以 $f(n)$ 是误差信号 $x(n)$ 经过以下系统的输出:

$$H_e(z) = \frac{1}{1 - \sum_{k=1}^{N} a_k z^{-1}} = \frac{1}{A(z)} \tag{E.4.26}$$

设该系统的单位脉冲响应是 $h_e(n)$, $-\infty < n < \infty$,根据式(E.4.19),可以得到 $f(n)$ 的均值为:

$$m_f = m_e H_e(e^{j\omega})|_{\omega=0} = 0 \quad (E.4.27)$$

$f(n)$ 的方差与 $e(n)$ 的方差及系统特性的关系为：

$$\sigma_f^2 = \sigma_e^2 \sum_{-\infty}^{\infty} |h_e(n)|^2 \quad (E.4.28)$$

将式（E.4.21）代入式（E.4.28），并利用帕斯瓦尔定理，可以得到：

$$\sigma_f^2 = (M+N+1)\frac{2^{-2b}}{12}\sigma_e^2 \sum_{-\infty}^{\infty} |h_e(n)|^2$$

$$= (M+N+1)\frac{2^{-2b}}{12}\frac{1}{2\pi}\int_{-\pi}^{\pi}\frac{1}{|A(e^{j\omega})|^2}d\omega \quad (E.4.29)$$

可见系统阶数越高，$h_e(n)$ 的能量越高，小数位数越少，即字长越少，输出信号的噪声方差就越大。

因为最后的输出信号 $y(n)$ 应该是 $y'(n)$ 除以 s，在信号被放大的同时，其所含噪声也同时被放大，所以估计输出信号的信噪比时，信号能量如果采用 $y(n)$ 的能量，则式（E.4.29）给出的噪声方差也应除以 s^2。

下面讨论 IIR 级联实现结构中，运算误差受零点、极点配对方式以及级联顺序的影响情况。以 6 阶 IIR 系统为例，系统函数分解为：

$$H(z) = s_1 H_1(z) s_2 H_2(z) s_3 H_3(z) \quad (E.4.30)$$

其中，$s = s_1 s_2 s_3$ 是 $H(z)$ 的总增益，通过恰当地分配给 3 个子系统的增益 s_1、s_2 和 s_3，可以使每级的输出都避免溢出。考虑每个子系统用 2 阶直接 II 型的转置结构，该系统的联合噪声统计模型如图 E.4.3 所示。

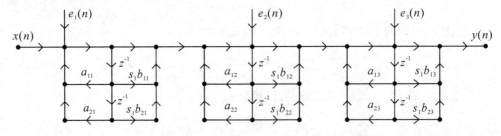

E.4.3　6 阶 IIR 系统级联型结构的联合噪声统计模型

先看噪声源 $e_1(n)$，与直接 I 型情况相同，它是由 5 个独立噪声合成的联合噪声，其均值和方差分别满足（E.4.19）和（E.4.21）。$e_1(n)$ 对第一个子系统的输出节点产生加性噪声，即 $\hat{w}_1(n) = w_1(n) + f_1(n)$。根据式（E.4.27）可知 $f_1(n)$ 的均值为零，根据式（E.4.29），可以得到 $f_1(n)$ 的方差及平均功率为：

$$\sigma_{f_1}^2 = E[|f_1(n)|^2] = 5 \times \frac{2^{-2b}}{12}\frac{1}{2\pi}\int_{-\pi}^{\pi}\frac{1}{|A(e^{j\omega})|^2}d\omega \quad (E.4.31)$$

$f_1(n)$ 的功率谱密度为：

$$p_{f_1} = 5 \times \frac{2^{-2b}}{12} \times \frac{1}{|A(e^{j\omega})|^2} \quad (E.4.32)$$

$f_1(n)$ 依次经过第 2 和第 3 个子系统,到达输出节点时其功率谱密度为:

$$p_{f_1} = 5 \times \frac{2^{-2b}}{12} \times \frac{1}{|A(e^{j\omega})|^2} \times s_2^2 |H_2(e^{j\omega})|^2 \times s_3^2 |H_3(e^{j\omega})|^2 \quad (E.4.33)$$

同理,噪声源 $e_2(n)$ 对第 2 子系统的输出产生的加性噪声也会经过第 3 子系统到达输出节点,还有噪声源 $e_3(n)$ 对第 3 个子系统的输出产生的加性噪声直接到达输出节点。这 3 个输出噪声相互独立,所以功率谱密度相加得到总的输出噪声的功率谱密度为:

$$P_{f_1}(e^{j\omega}) = p'_{f_1}(e^{j\omega}) + p'_{f_2}(e^{j\omega}) + p'_{f_3}(e^{j\omega})$$

$$= 5 \times \frac{2^{-2b}}{12} \times \frac{s_2^2 |H_2(e^{j\omega})|^2 \times s_3^2 |H_3(e^{j\omega})|^2}{|A_1(e^{j\omega})|^2} \times + \frac{3^2 |H_3(e^{j\omega})|^2}{|A_2(e^{j\omega})|^2} s + \frac{1}{|A_3(e^{j\omega})|^2}$$

$$(E.4.34)$$

所以总的输出噪声的方差,即平均功率为:

$$\sigma_{f_1}^2 = 5 \times \frac{2^{-2b}}{12} \frac{1}{2\pi} \int_{-\pi}^{\pi} \frac{s_2^2 |H_2(e^{j\omega})|^2 s_3^2 |H_3(e^{j\omega})|^2}{|A_1(e^{j\omega})|^2} d\omega$$

$$+ 5 \times \frac{2^{-2b}}{12} \frac{1}{2\pi} \left[\int_{-\pi}^{\pi} \frac{s_3^2 |H_3(e^{j\omega})|^2}{|A_2(e^{j\omega})|^2} d\omega + \int_{-\pi}^{\pi} \frac{1}{|A_3(e^{j\omega})|^2} d\omega \right] \quad (E.4.35)$$

可见输出总噪声方差取决于子系统的零点和极点的配对方式,以及级联的顺序。由于可选用的配对和级联方式太多,因此找到一种方差最小的系统非常困难。Jackson 发现应用下面的简单规则可以得到好的结果:

(1)将靠近单位圆的极点与靠近它的零点配对。这样可使零矢量和极矢量接近,以避免高的峰值增益;

(2)重复应用规则(1)直到全部零点与极点配对完毕;

(3)二阶子系统按照极点靠近单位圆的程度级联,以靠近单位圆递增程度或递减程度作为级联次序。

并联型结构要简单一些,没有配对和级联顺序问题。Jackson 的研究结果:并联型总输出噪声功率一般可与级联型最好的配对和级联顺序结构相媲美。但级联型还是最常用,因为常用的 IIR 滤波器的零点在单位圆上,级联型可用较少的乘法器,并对零点位置有更好的控制。比如点阻滤波器要求零点位置非常精确,则级联型比并联型更有优势。

关于 FIR 系统的直接型实现,由于它是直接 I 型 IIR 的特殊情况,所以令式(E.4.29)的 $N = 0$, $h_e(n) = \delta(n)$,就得到其总输出噪声方差为:

$$\sigma_f^2 = (M+1) \frac{2^{-2b}}{12} \quad (E.4.36)$$

与 IIR 系统相同,如果采用对单位脉冲响应加权以避免溢出,则信噪比会随之下降。

关于 FIR 的级联型实现,不存在配对问题,Chan 和 Rabiner 指出:一个好的级联顺序就是从每个噪声源到输出的频率响应是相对平坦的,并且峰值增益最小的那种级联次序。

由上述讨论可以看到,定点运算中的舍入误差取决于具体的实现结构和具体的系统参数，对于级联型结构还取决于零点、极点、极点配对方式和级联的顺序。

3. IIR 数字滤波器定点实现中的零输入极限环

对于用无限精度运算实现的稳定的 IIR 离散时间系统，若 n 大于某个 n_0，输入信号变成零且一直保持为零，那么在 $n > n_0$ 的输出一定渐进地衰减到零。采用有限精度运算实现时，输出可能会产生周期性持续无限的振荡，这种效应常称为零输入极限环现象，它是由系统反馈回路中乘法运算的舍入误差或加法运算的溢出造成的。该问题的一般性分析非常复杂，只针对两个具体例子说明极限环现象是如何发生的。

1) 由于舍入引起的极限环

考虑如下差分方程表示的 IIR 系统：

$$y(n) = x(n) + 0.5y(n-1)$$

设 $y(-1) = 0$，输入 $x(n) = 0.5\delta(n)$。所有信号和系统参数均采用 1.3 格式，则系数 0.5 表示成 0100b，输入和输出信号如表 E.4.1 所示。其中 $a\hat{y}(n-1)$ 是两个 4 位整数相乘再左移 1 位得到的 8 位整数，再采用舍入去掉后面 4 位就得到 $Q[a\hat{y}(n-1)]$。可见当输入变成零后，系统达到稳定状态后输出信号周期性地出现 1/8，本例周期是 1。该稳定周期性的输出就称为极限环。极限环的幅度区间被限制在 $-2^{-b} \leq \hat{y}(n) \leq 2^{-b}$ 范围内，b 是小数的位数。该幅度区间称为死带。

表 E.4.1 舍入极限环的产生

n	$\hat{x}(n)$	$0.5\hat{y}(n-1)$	$Q[a\hat{y}(n-1)]$	$\hat{y}(n) = \hat{x}(n) + 0.5\hat{y}(n-1)$	输出
0	0100	0000 0000	0100	0100	1/2
1	0000	0010 0000	0010	0010	1/4
2	0000	0001 0000	0001	0001	1/8
3	0000	0000 1000	0001	0001	1/8

2) 由于溢出而产生的极限环

由于溢出能产生一种更严重的极限环形式，称为溢出振荡。

考虑如下差分方程表示的 IIR 系统：

$$y(n) = x(n) + 0.75y(n-1) - 0.75y(n-2)$$

设 $y(-1) = 0, y(-2) = 0$，输入 $x(n) = \frac{3}{4}\delta(n) + \frac{5}{8}\delta(n-1)$。采用 1.3 格式，则系数 0.75 表示成 0110b，-0.75 表示成 1010b，输入和输出信号如表 E.4.2 所示。其中 $n = 1$ 时，0101b + 0101b = 1010b，产生溢出，正数变成了负数。另外需要说明的是，负数乘以正数时先对绝对值做乘法，然后再取补得到积的补码，对负数舍入时采用 1 被简单去掉，0 则将前面 4 位减 1 的做法。

表 E.4.2 溢出振荡的产生

n	$\hat{x}(n)$	$0.75\hat{y}(n-1)$	$Q[0.75\hat{y}(n-1)]$	$-0.75\hat{y}(n-2)$	$Q[0.75\hat{y}(n-2)]$	$\hat{y}(n)$	输出
0	0110	0000 0000	0000	0000 0000	0000	0110	3/4
1	0101	0100 1000	0101	0000 0000	0000	1010	-3/4
2	0000	1011 1000	1011	1011 1000	1011	0110	3/4
3	0000	0100 1000	0101	0100 1000	0101	1010	-3/4

3) 消除极限环

当一个数字滤波器处于连续运行的情况下,当输入为零时,一般总希望输出趋近于零。消除极限环一般有两种途径。一种途径是寻求不支持极限环振荡的各种结构,但是这种结构一般都比等效的级联或并联型实现要求更多的计算。另一种途径是增加字长。因为舍入极限环通常是限制在二进制字的最低有效位上,所以增加位数可以减小极限环的有效幅度,并减少溢出的可能。采用双倍长累加器,使得量化发生在乘积的累加之后,那么在二阶系统中由于舍入而发生极限环的可能性很小。

因此,对于极限环问题需要在字长和计算算法复杂性之间做出折中。

溢出和舍入所产生的零输入极限环仅存在于 IIR 系统中。FIR 系统没有反馈,也不可能产生这种现象。当输入变成零且一直保持为零后,FIR 系统的输出在不迟于 $M+1$ 个样本后也一定为零。在不能容许极限环振荡的应用场合,这是 FIR 系统的一个主要优点。

附录 F 离散余弦变换(DCT)

DFT 的变换核 $e^{j2\pi kn/N}$ 是一组相互正交的复周期序列。与 DFT 相关且采用实数序列作为变换核的变换有离散余弦变换(DCT)、离散正弦变换(DST)以及改进的离散余弦变换(MDCT),它们广泛应用在声音和图像压缩等信号处理中。其中 DCT 有 8 种变换形式,分别称为 DCT-1,DCT-2,……,DCT-8。下面介绍最常用的 DCT-2。

1. 定义

对一个长度为 N 的实数序列 $x(n)$,N 点 DCT-2 定义如下:

$$X^c(k) = \sqrt{\frac{2}{N}} c_k \sum_{n=0}^{N-1} x(n) \cos\left[\frac{\pi k(2n+1)}{2N}\right], 0 \leq k \leq N-1 \quad (F.1)$$

$$x(n) = \sqrt{\frac{2}{N}} \sum_{n=0}^{N-1} c_k X^c(k) \cos\left[\frac{\pi k(2n+1)}{2N}\right], 0 \leq n \leq N-1 \quad (F.2)$$

其中

$$c_k = \begin{cases} \dfrac{1}{\sqrt{2}} & k = 0 \\ 1 & 1 \leq k \leq N-1 \end{cases} \quad (F.3)$$

2. DCT 与 DFT 的关系及能量压缩性质

定义一个 $2N$ 点的序列:

$$y(n) = \begin{cases} x(n) & 0 \leq n \leq N-1 \\ X(2N-1-n) & N \leq n \leq 2N-1 \end{cases} \quad (F.4)$$

对 $y(n)$ 做 $2N$ 点 DFT,可以得到:

$$Y(k) = \sum_{n=0}^{2N-1} y(n) W_{2N}^{kn} = \sum_{n=0}^{2N-1} x(n) W_{2N}^{kn} + \sum_{n=N}^{2N-1} x(2N-1-n) W_{2N}^{kn} \quad (F.5)$$

其中,$k = 0,1,\cdots,2N-1$。

对第二项做变量代换,令 $2N-n-1 = m$,式(F.5)可化为:

$$Y(k) = \sum_{n=0}^{N-1} x(n) W_{2N}^{kn} + \sum_{m=0}^{N-1} x(m) W_{2N}^{k(2N-1-m)}$$

$$= \sum_{n=0}^{N-1} x(n) (W_{2N}^{kn} + W_{2N}^{-k} W_{2N}^{-kn}) \quad (F.6)$$

$$= 2 W_{2N}^{-k/2} \sum_{n=0}^{N-1} x(n) \cos\left[\frac{(2n+1)\pi k}{2N}\right]$$

比较式(F.1)和式(F.6),可以得到 N 点 DCT - 2 与 $2N$ 点 DFT 之间的关系为:

$$X^c(k) = Y(k)W_{2N}^{k/2}c_k\sqrt{1/(2N)}, 0 \leq k \leq N-1 \quad (F.7)$$

3. 基于 DFT 的快速算法

DCT 的快速算法有很多,本书主要介绍两种利用 FFT 进行计算的快速算法。

1) 快速算法 1

根据式(F.4)、式(F.5) 和式(F.7) 计算,主体部分是一个 $2N$ 点的 DFT。考虑到 $y(n)$ 是实序列,因此只需要一个 N 点 FFT 的运算量。

2) 快速算法 2

将式(F.1) 按照 n 的奇偶性分成两部分,可以得到:

$$X^c(k) = \sqrt{\frac{2}{N}}c_k\left\{\sum_{n=0}^{N/2-1}x(2n)\cos\left[\frac{\pi k(4n+1)}{2N}\right] + \sum_{n=0}^{N/2-1}x(2n+1)\cos\left[\frac{\pi k(4n+3)}{2N}\right]\right\} \quad (F.8)$$

定义一个 N 点的序列如下:

$$\begin{cases} y(n) = x(2n) & n = 0,\cdots,N/2-1 \\ y(N-1-n) = x(2n+1) & n = 0,\cdots,N/2-1 \end{cases} \quad (F.9)$$

将式(F.9) 代入(F.8),可以得到:

$$X^c(k) = \sqrt{\frac{2}{N}}c_k\left\{\sum_{n=0}^{N/2-1}y(n)\cos\left[\frac{\pi k(4n+1)}{2N}\right] + \sum_{n=0}^{N/2-1}y(N-n-1)\cos\left[\frac{\pi k(4n+3)}{2N}\right]\right\} \quad (F.10)$$

对第二项做变量代换,令 $N - n - 1 = m$,式(F.10) 化为:

$$\begin{aligned} X^c[k] &= \sqrt{\frac{2}{N}}c_k\left\{\sum_{n=0}^{N/2-1}y(n)\cos\left[\frac{\pi k(4n+1)}{2N}\right] + \sum_{m=N/2}^{N-1}y(m)\cos\left[\frac{\pi k(4m+1)}{2N}\right]\right\} \\ &= \sqrt{\frac{2}{N}}c_k\sum_{n=0}^{N-1}y(n)\cos\left[\frac{\pi k(4n+1)}{2N}\right] \\ &= \sqrt{\frac{2}{N}}c_k\sum_{n=0}^{N-1}y(n)\text{Re}\{e^{-j\frac{4n+1}{2N}k\pi}\} \\ &= \sqrt{\frac{2}{N}}c_k\text{Re}\left\{\sum_{n=0}^{N-1}y(n)e^{-j\frac{4n}{2N}k\pi}e^{-j\frac{1}{2N}k\pi}\right\} \\ &= \sqrt{\frac{2}{N}}c_k\text{Re}\left\{e^{-j\frac{1}{2N}k\pi}\sum_{n=0}^{N-1}y(n)e^{-j\frac{2n}{N}k\pi}\right\} \\ &= \sqrt{\frac{2}{N}}c_k\text{Re}\{e^{-j\frac{1}{2N}k\pi}Y(k)\} \end{aligned} \quad (F.11)$$

从式(F.11) 可以看出,求出 $y(n)$ 的 N 点 DFT 就可以得到 $x(n)$ 的 N 点 DCT。这种快速算法的主体部分是一个 N 点 DFT(即 $N/2$ 点 FFT),比算法 1 几乎少一半的计算量。

附录 G　离散时间随机信号

对于过去、当前和未来的值都是确知的确定性信号,可以用 Z 变换或者傅里叶变换来分析其频谱。但是实际工程问题中的离散时间信号或数据,往往无法用确定的数学解析式或数据链表表示,这类信号称为随机信号。不同于确定性信号,可以用统计方法描述随机信号,即它的特征由一组概率密度函数来描述。在随机信号广义平稳的条件下,可以利用自相关序列和自协方差序列来描述随机信号的性质,这两个序列都是确定性的,且自协方差序列的 Z 变换和傅里叶变换通常是存在的,其傅里叶变换可以解释为信号功率的频域分布。这种解释使得离散随机信号可以在频域进行分析和处理,而且离散随机信号通过线性系统以后的输出也可以用自协方差序列描述。

G.1　平稳随机信号分析

一. 平稳随机信号的数字特征

对于平稳随机信号来说,常用来描述随机信号统计特性的特征有:数学期望、均方差、方差、自协方差和自相关。

1. 数学期望(平均值) μ

设 $\{x_1, x_2, \cdots, x_i\}$ 为一随机信号,随机变量 x_i 的概率密度为 $p(x,t)$,其数学期望或均值一般同过程样本 x_t 有关,并把随机变量 x 的一阶原点矩定义为数学期望,记作:

$$\mu_{xt} = E[x_t] = \int_{-\infty}^{\infty} x p(x,t) \mathrm{d}x \quad (\mathrm{G}.1.1)$$

式中,$E[*]$ 表示期望值(求平均)的运算符号。

2. 均方值

把随机变量 x 的二阶原点矩定义为均方值,记作:

$$E[(x_t - 0)^2] = E[x_t^2] = \int_{-\infty}^{\infty} x^2 p(x,t) \mathrm{d}x \quad (\mathrm{G}.1.2)$$

均方值表示了随机信号 $x(n)$ 在各时刻的平均功率。

3. 方差 σ^2

把随机变量 x 的二阶中心矩称为方差,记作:

$$\sigma^2 = E[(x_t - \mu_{x_t})^2] = E[x_t^2] - \mu_{x_t}^2 = 均方 - (均值)^2 \quad (G.1.3)$$

方差的平方根 σ 称为随机信号 $x(n)$ 的均方差。它表示了随机信号 $x(n)$ 在时刻 n 对于均值 μ_{x_t} 的偏差程度。

4. 自相关序列

设 x_n 和 x_m 是随机过程 x_t 在任意两个时间 n 和 m 为起始点的信号幅度,定义自相关序列,记作:

$$\varphi_{xx}(n,m) = E[x_n x_m^*] = \int_{-\infty}^{\infty}\int_{-\infty}^{\infty} x_n x_m^* p(x_n,x_m,t_n,t_m) dx_n dx_m \quad (G.1.4)$$

自相关序列反映了随机过程 x_t 在任意两个时间 n,m 为起始点的取值之间的相关程度。如果取时间间隔为 0,即 $n = m$,可以得到:

$$\varphi_{xx}(0) = E[x_t^2] \quad (G.1.5)$$

5. 自协方差

类似地可以定义 x_n, x_m 的二阶中心矩,记作:

$$\gamma_{xx}(n,m) = E[(x_n - \mu_{x_n})(x_m - \mu_{x_m})^*] \quad (G.1.6)$$

二阶中心矩是随机信号 $x(n)$ 的自协方差序列。式(G.1.6)展开后可以得到:

$$\gamma_{xx}(n,m) = \varphi_{xx}(n,m) - \mu_{x_n}\mu_{x_m} \quad (G.1.7)$$

当均值 μ_{x_n}, μ_{x_m} 为 0 时,自相关序列 $\varphi_{xx}(n,m)$ 就等于自协方差序列 $\gamma_{xx}(n,m)$。对一个不是各态历经的平稳随机过程来说,自相关和自协方差序列都是二维序列。

6. 互相关、互协方差序列

描述两个不同随机信号之间的相关性,可以用互相关序列。如果 $\{x_t\}, \{y_t\}$ 表示两个随机信号,它们的互相关定义为:

$$\varphi_{xy}(n,m) = E[x_n \cdot y_m^*] = \int_{-\infty}^{\infty}\int_{-\infty}^{\infty} x_n \cdot y_m^* p(x_n,y_m,t_n,t_m) dx_n dy_m \quad (G.1.8)$$

互协方差序列定义为:

$$\gamma_{xy}(n,m) = E[(x_n - \mu_{xn})(y_m - \mu_{ym})^*] = \varphi_{xy}(n,m) - \mu_{xn}\mu_{ym} \quad (G.1.9)$$

二. 各态历经随机信号的数字特征

从信号处理的角度看,如果按照式(G.1.1)到式(G.1.7)计算平稳随机信号 x_t 的数字特征,需要预先确定 x_t 的样本序列以及随机变量的概率密度,这在实际上很难做到。但是在平稳随机信号中有一类各态历经随机信号,它的统计特性和时间原点的选取无关。这类随机信号的统计平均可以用一个样本序列在一个较长时间内的平均值来代替,也就是说,随机信号 x_t 用一个样本的取样值 $x(n)$ 代替。

1. 均值

式(G.1.1)的数学期望及运算符号 $E[*]$ 可用时间平均 $<*>$ 代替。均值和时间平均定义为:

$$< x(n) > = \lim_{N \to \infty} \frac{1}{2N+1} \sum_{n=-N}^{N} x(n) = \mu_x \qquad (G.1.10)$$

或用估值

$$< \hat{x}(n) > = \frac{1}{N} \sum_{n=0}^{N-1} x(n) = \hat{\mu}_x \qquad (G.1.11)$$

2. 自相关序列

式(G.1.4)可用时间自相关代替,时间自相关定义为:

$$\varphi_{xx}(m) = < x(n)x(n+m) > = \lim_{N \to \infty} \frac{1}{2N+1} \sum_{n=-N}^{N} x(n)x^*(n+m) \qquad (G.1.12)$$

或用估值

$$\hat{\varphi}_{xx}(n,m) = < x(n)x(n+m) >_N = \frac{1}{N} \sum_{n=0}^{N-1} x(n)x^*(n+m) \qquad (G.1.13)$$

由于各态历经平稳随机过程的统计特性与时间原点的选取无关,因此 n 为任意值时自相关序列都一样。所以当 $n = 0$ 时,可以只用两序列时间差 m 来表示,即用 $\varphi_{xx}(m)$ 来表示相关序列 $\varphi_{xx}(n,m)$,用 $\gamma_{xx}(m)$ 表示协方差序列 $\gamma_{xx}(n,m)$。

相关序列和协方差序列有些重要特性,现介绍如下:

特性1:

$$\gamma_{xx}(m) = \varphi_{xx}(m) - \mu_x^2 \qquad (G.1.14)$$

$$\gamma_{xy}(m) = \varphi_{xy}(m) - \mu_x \mu_y \qquad (G.1.15)$$

特性2:

$$\varphi_{xx}(0) = E[x_t^2] = 均方值 \qquad (G.1.16)$$

$$\gamma_{xx}(0) = E[x_t^2] - \mu_x^2 = \sigma_x^2 = 方差 = 随机信号平均功率 \qquad (G.1.17)$$

特性3:

$$\varphi_{xx}(m) = \varphi_{xx}(-m) \qquad (G.1.18)$$

$$\gamma_{xx}(m) = \gamma_{xx}(-m) \qquad (G.1.19)$$

特性4:

$$\varphi_{xx}(m) \leq \varphi_{xx}(0) \qquad (G.1.20)$$

$$\gamma_{xx}(m) \leq \gamma_{xx}(0) \qquad (G.1.21)$$

特性5:

$$\lim_{m \to \infty} \varphi_{xx}(m) = \mu_x^2 \qquad (G.1.22)$$

$$\lim_{m \to \infty} \gamma_{xx}(m) = 0 \qquad (G.1.23)$$

当随机信号的均值为0时,自协方差序列就等于自相关序列。随机信号的相关性随着间隔时间的增大而减小。当间隔时间间距 m 很大时,两序列基本上不相关。

在工程上有时还用相关系数这一术语来说明随机信号的统计特性。对离散序列来说,自相关系数就是归一化自相关序列,它定义为:

$$\rho_{xx}(m) = \frac{\varphi_{xx}(m)}{\varphi_{xx}(0)} \tag{G.1.24}$$

归一化自相关序列具有下述特性:

$$\rho_{xx}(0) = 1 \tag{G.1.25}$$

$$\rho_{xx}(m) < 1 \tag{G.1.26}$$

$$\rho_{xx}(m) = \rho_{xx}(-m) \tag{G.1.27}$$

三. 正弦离散随机信号的数字特征

脉冲调相正弦信号的数学表达式为:

$$x(n) = A\cos(\omega_0 n + \theta), \quad -\infty < n < \infty$$

其中,振幅 A 和频率 ω_0 为正弦信号 $x(n)$ 的确定实数参变量,相位 θ 是在 $-\pi$ 和 π 区间呈均匀分布的随机变量。

1. 均值

根据式(G.1.1)可以得到:

$$\begin{aligned}\mu_\theta = E[x(n)] &= \int_{-\pi}^{\pi} x(n)p(\theta)\mathrm{d}\theta = \int_{-\pi}^{\pi} A\cos(\omega_0 n + \theta) \cdot \frac{1}{2\pi}\mathrm{d}\theta \\ &= \frac{A}{2\pi}\int_{-\pi}^{\pi}\cos(\omega_0 n + \theta)\mathrm{d}\theta = 0\end{aligned} \tag{G.1.28}$$

因此,在随机变量 θ 的一个周期内,信号均值为 0。

2. 相关序列

根据式(G.1.4)可以得到:

$$\begin{aligned}\varphi_{xx}(m) &= E[x(n)x^*(n+m)] = \int_{-\pi}^{\pi} A\cos(\omega_0 n + \theta) \cdot A\cos(\omega_0(n+m) + \theta) \cdot \frac{1}{2\pi}\mathrm{d}\theta \\ &= \frac{A^2}{4\pi}\left\{\int_{-\pi}^{\pi}\cos(\omega_0(2n+m) + 2\theta)\mathrm{d}\theta + \int_{-\pi}^{\pi}\cos(m\omega_0)\mathrm{d}\theta\right\} \\ &= \frac{A^2}{4\pi}\cos(m\omega_0) \cdot 2\pi = \frac{A^2}{2}\cos(m\omega_0)\end{aligned}$$

$$\tag{G.1.29}$$

由式(G.1.29)可以看出,该随机信号的自相关序列与两取样序列的时间差 $(n-m)$ 有关,与各时间取样位置 n,m 无关。

仿照上述信号的分析方法,可以进一步推证出下列信号序列的统计特性。如信号为:

$$x(n) = \sum_{k=1}^{P} A_k\cos(\omega_k n + \theta_k), \quad -\infty < n < \infty \tag{G.1.30}$$

其中,振幅 A_k 和频率 ω_k 分别为信号的确定实数参变量,相位 θ_k 都是在 $-\pi$ 和 π 区间呈均匀分布的随机变量,均值为:

$$E[x(n)] = 0, \quad -\infty < n < \infty \tag{G.1.31}$$

自相关序列为

$$\varphi_{xx}(m) = \frac{1}{2}\sum_{k=1}^{P} A_k \cos(\omega_k m) \tag{G.1.32}$$

G.2 离散随机信号的频谱

1. 自相关序列 $\varphi_{xx}(m)$ 和自协方差序列 $\gamma_{xx}(m)$

假设平稳离散随机过程 $x(n)$ 是实序列,则其自相关序列 $\varphi_{xx}(m)$ 和自协方差序列 $\gamma_{xx}(m)$ 定义为:

$$\varphi_{xx}(m) = E[x(n)x(n+m)] \tag{G.2.1}$$

$$\gamma_{xx}(m) = E\{[x(n)-\mu_x][x(n+m)-\mu_x]\} = \varphi_{xx}(m) - \mu_x^2 \tag{G.2.2}$$

式中,$E\{x(n)\} = \mu_x$。

具有如下性质:

(1) $\varphi_{xx}(0) = E\{x^2(n)\}, \gamma_{xx}(0) = \sigma_x^2$;

(2) $\varphi_{xx}(m) = \varphi_{xx}(-m), \gamma_{xx}(m) = \gamma_{xx}(-m)$;

(3) $|\varphi_{xx}(m)| \leq \varphi_{xx}(0), |\gamma_{xx}(m)| \leq \gamma_{xx}(0)$;

(4) 对于大多数随机过程,随机变量在时间上间隔越远,相关性就越弱,当时间间隔趋于无穷远时,随机变量之间就趋于独立,即

$$\lim_{m \to \infty}\varphi_{xx}(m) = \mu_x^2, \quad \lim_{m \to \infty}\gamma_{xx}(m) = 0$$

2. $\varphi_{xx}(m)$ 与 $\gamma_{xx}(m)$ 的 Z 变换和傅里叶变换

如果一个平稳随机过程的数学期望 μ_x 为 0,自相关序列将同自协方差序列一样是有限能量序列。该随机信号的自相关和自协方差序列的 Z 变换存在,它们的 Z 变换分别为:

$$\Phi_{xx}(z) = Z[\varphi_{xx}(m)] = \sum_{m=-\infty}^{\infty} \varphi_{xx}(m)z^{-m} \tag{G.2.3}$$

$$\Gamma_{xx}(z) = Z[\gamma_{xx}(m)] = \sum_{m=-\infty}^{\infty} \gamma_{xx}(m)z^{-m} \tag{G.2.4}$$

同时相应的 Z 反变换为:

$$\gamma_{xx}(m) = \frac{1}{2\pi j}\oint_c \Gamma_{xx}(z) \cdot z^{m-1}\mathrm{d}z \tag{G.2.5}$$

当 $m = 0$ 时

$$\gamma_{xx}(0) = \frac{1}{2\pi j}\oint_c \Gamma_{xx}(z) \cdot z^{-1}\mathrm{d}z \tag{G.2.6}$$

当 $\mu_x = 0$ 时,$\gamma_{xx}(0)$ 等于随机信号的平均功率或方差 σ^2。而且当 $m \to \infty$ 时,$\gamma_{xx}(m) \to 0$,所以自协方程的傅里叶变换也存在,只要将式(G.2.4)中的 Z 用 $z = e^{j\omega}$ 代

入,可以得到:

$$\Gamma_{xx}(e^{j\omega}) = \sum_{-\infty}^{\infty} \gamma_{xx}(m)(e^{j\omega})^{-m} \tag{G.2.7}$$

傅里叶反变换式为:

$$\gamma_{xx}(m) = \frac{1}{2\pi}\int_{-\pi}^{\pi}\Gamma_{xx}(e^{j\omega})e^{j\omega m}d\omega \tag{G.2.8}$$

3. 功率谱密度函数 $P_{xx}(\omega)$

当 $m = 0$ 时,式(G.2.8)变为:

$$\gamma_{xx}(0) = \frac{1}{2\pi}\int_{-\pi}^{\pi}\Gamma_{xx}(e^{j\omega})d\omega = 平均功率 \tag{G.2.9}$$

因为 $\Gamma_{xx}(e^{j\omega})$ 在整个频率域中的积分等于随机信号的平均功率,所以积分式中 $\Gamma_{xx}(e^{j\omega})$ 相当于随机信号的功率谱密度,用符号 $P_{xx}(\omega)$ 表示。当 $\mu_x = 0$ 时, $\varphi_{xx}(m) = \gamma_{xx}(m)$,同时有:

$$\Phi_{xx}(e^{j\omega}) = \Gamma_{xx}(e^{j\omega}) = P_{xx}(\omega) \tag{G.2.10}$$

平稳随机信号的自相关序列 $\varphi_{xx}(m)$ 绝对可积时,自相关序列 $\varphi_{xx}(m)$ 和随机信号的功率谱密度 $P_{xx}(\omega)$ 是一傅里叶变换对,即

$$P_{xx}(\omega) = \sum_{m=-\infty}^{\infty}\varphi_{xx}(m)e^{-j\omega m} \tag{G.2.11}$$

$$\varphi_{xx}(m) = \frac{1}{2\pi}\int_{-\pi}^{\pi}P_{xx}(\omega)e^{j\omega m}d\omega \tag{G.2.12}$$

$$\varphi_{xx}(0) = \frac{1}{2\pi}\int_{-\pi}^{\pi}P_{xx}(\omega)d\omega = 平均功率 \tag{G.2.13}$$

常见的随机过程自相关函数和功率谱密度函数,如表 G.2.1 所示。

表 G.2.1 常见随机过程、自相关和谱密度函数

时间序列 $x(n)$	自相关序列 $\varphi_{xx}(m)$	功率谱密度 $P_{xx}(\omega)$
常数	μ_x^2	$2\pi\mu_x^2\delta(\omega)$
白噪声	$\sigma_x^2\delta(m)$	σ_x^2
带限白噪声	$\rho_0\dfrac{\sin(\omega_1 m)}{\pi m}$	$\sigma_x^2[u(\omega+\omega_1) - u(\omega-\omega_1)]$
一阶指数序列	$\sigma_x^2 a^{\|n\|}$	$\sigma_x^2\dfrac{1-a^2}{1+a^2-2a\cos\omega}$
实正弦	$\dfrac{1}{2}\sum_{k=1}^{P}A_k^2\cos(\omega_k n)$	$\pi\sum_{k=1}^{P}A_k^2[\delta(\omega+\omega_k)+\delta(\omega-\omega_k)]$
复正弦	$\sum_{k=1}^{P}\|A_k\|^2 e^{j\omega_k n}$	$2\pi\sum_{k=1}^{P}\|A_k\|^2\delta(\omega-\omega_k)$

4. 修正

前面讨论的随机信号自相关序列和功率谱密度,都是假定随机信号的均值 $\mu_x = 0$。但在工程实践中存在的广义平稳随机信号,通常均值 $\mu_x \neq 0$,这时自相关序列并不收敛到0。为了使这一类广义平稳随机信号也具有自相关序列的傅里叶变换,就有必要进行修正。

若 $\mu_x \neq 0$,定义:

$$\dot{x}(n) = x(n) - \mu_x \tag{G.2.14}$$

显然 $E[\dot{x}(n)] = 0$,并且有:

$$\varphi_{\dot{x}\dot{x}}(m) = E[\dot{x}(n) \cdot \dot{x}(n+m)] = E[(x(n) - \mu_x)(x(n+m) - \mu_x)] = \varphi_{xx}(m) - \mu_x^2 \tag{G.2.15}$$

可见去平均后的随机序列的自相关 $\varphi_{\dot{x}\dot{x}}(m)$ 同原随机序列自相关 $\varphi_{xx}(m)$ 之间只差一常数 μ_x^2。因此可得原随机序列的功率谱密度为:

$$P_{xx}(\omega) = F[\varphi_{xx}(m)] = P_{\dot{x}\dot{x}}(\omega) + \mu_x^2 \delta(\omega) \tag{G.2.16}$$

式(G.2.16)表明,有均值随机信号的功率谱密度和去均值后的随机信号功率谱密度,除在 $\omega = 0$ 处差 μ_x^2 外,其他频率处的功率谱密度是一样的。

G.3 线性系统对随机信号的响应

前面章节讨论了确定信号序列 $x(n)$ 通过线性移不变系统 $h(n)$ 后的输出为:

$$y(n) = \sum_{k=-\infty}^{\infty} h(k)x(n-k)$$

如果输入序列 $x(n)$ 是一个平稳随机信号的时域取样序列,仍可用上式来定义线性系统的输出,输出 $y(n)$ 仍然是一个平稳随机信号。为了描述输出随机信号 $y(n)$ 的特点,将继续利用诸如均值、方差和自相关等数字特征。现在假设输入 $x(n)$ 的均值和自相关序列为已知。

1. 输出信号 $y(n)$ 的均值

$$\mu_y = E[y(n)] = E\left[\sum_{k=-\infty}^{\infty} h(k)x(n-k)\right]$$

$$= \sum_{k=-\infty}^{\infty} h(k)E[x(n-k)] = \mu_x \sum_{k=-\infty}^{\infty} h(k) \tag{G.3.1}$$

这里利用了概率论中的"和的均值"等于"均值的和"定理。如果给式(G.3.1)乘上 $1 = e^{j0k}$,可以得到:

$$\mu_y = \mu_x \sum_{k=-\infty}^{\infty} h(k)e^{-j0k} = \mu_x H(e^{j0}) \tag{G.3.2}$$

由此可见,一个均值为常数的广义平稳随机信号输入一个线性系统,其输出仍为均值是常数的广义平稳随机信号,只是输出均值按线性系统的直流增益 $H(e^{j0})$ 增减一个倍数。

2. 输出信号 $y(n)$ 的自相关序列

根据定义,线性系统输出的自相关序列为:

$$\begin{aligned}\varphi_{yy}(m) &= E[y(n) \cdot y(n+m)] \\ &= E\Big[\sum_{k=-\infty}^{\infty} h(k)x(n-k) \sum_{r=-\infty}^{\infty} h(r)x(n+m-r)\Big] \\ &= \sum_{k=-\infty}^{\infty} h(k) \sum_{r=-\infty}^{\infty} h(r) E[x(n-k)x(n+m-r)]\end{aligned} \quad (G.3.3)$$

式中, $(n-k)$ 和 $(n+m-r)$ 的时间差为 $n+m-r-(n-k) = m+k-r$,上式中:

$$E[x(n-k)x(n+m-r)] = \varphi_{xx}(m+k-r)$$

因此

$$\varphi_{yy}(m) = \sum_{k=-\infty}^{\infty} h(k) \sum_{r=-\infty}^{\infty} h(r) \varphi_{xx}(m+k-r) \quad (G.3.4)$$

如果令上式中的 $r = l + k$,则上式可写成:

$$\varphi_{yy}(m) = \sum_{l=-\infty}^{\infty} \varphi_{xx}(m-l) \cdot \sum_{k=-\infty}^{\infty} h(k) \cdot h(l+k) \quad (G.3.5)$$

如果考虑到式中 $\sum_{k=-\infty}^{\infty} h(k) \cdot h(l+k)$ 是时间差为 l 的系统冲激响应的自相关序列 $\varphi_{hh}(l)$,则式(G.3.5)可化为:

$$\varphi_{yy}(m) = \sum_{l=-\infty}^{\infty} \varphi_{xx}(m-l)\varphi_{hh}(l) = \varphi_{xx}(m) * \varphi_{hh}(m) \quad (G.3.6)$$

由式(G.3.6)可以看出:线性系统输出 $y(n)$ 的自相关序列是输入自相关和系统冲激响应的自相关序列的卷积。如输入为白噪声序列,因其自相关序列为 $\delta(m)$,所以其输出自相关序列就是系统自相关序列。

当输入平稳随机信号的均值 $\mu_x = 0$,输出均值 $\mu_y = 0$,所以式(G.3.6)的 Z 变换存在,因此对式(G.3.6)进行 Z 变换,可以得到:

$$\Phi_{yy}(z) = \sum_{m=-\infty}^{\infty} \varphi_{yy}(m) z^{-m} \quad (G.3.7)$$

将式(G.3.6)代入,适当推证后,可以得到:

$$\begin{aligned}\Phi_{xx}(z) &= \sum_{m=-\infty}^{\infty} \sum_{k=-\infty}^{\infty} h(k) \sum_{r=-\infty}^{\infty} h(r) E[x(n-k)x(n+m-r)] z^{-m} \\ &= \sum_{k=-\infty}^{\infty} h(k) z^k \cdot \sum_{r=-\infty}^{\infty} h(r) z^{-r} \cdot \sum_{m=-\infty}^{\infty} \varphi_{xx}(m-r+k) z^{-m} \cdot z^{-k} \cdot z^{r} \\ &= H(z^{-1}) H(z) \Phi_{xx}(z) \\ &= |H(z)|^2 \Phi_{xx}(z)\end{aligned} \quad (G.3.8)$$

令 $z = e^{j\omega}$,并代入式(G.3.8)后,可以得到:

$$\Phi_{yy}(e^{j\omega}) = |H(e^{j\omega})|^2 \cdot \Phi_{xx}(e^{j\omega}) \tag{G.3.9}$$

根据式(G.2.10),式(G.3.9)可化为:

$$P_{yy}(\omega) = |H(e^{j\omega})|^2 \cdot P_{xx}(\omega) \tag{G.3.10}$$

由此可以得出结论:线性系统输出功率谱密度等于输入信号功率谱密度乘以系统的"功率因子"$|H(e^{j\omega})|^2$。

3. 输入和输出之间的互相关序列和互谱密度

一个线性系统的输出必定以某种关系依赖于输入,因此有必要讨论一下线性系统的输出和输入随机信号之间的互相关序列和互谱密度。

根据定义有:

$$\begin{aligned}\varphi_{xy} &= E[x(n)y(n+m)] \\ &= E\left[x(n) \cdot \sum_{k=-\infty}^{\infty} h(k)x(n+m-k)\right] \\ &= \sum_{k=-\infty}^{\infty} h(k) \cdot \varphi_{xx}(m-k) \\ &= h(m) * \varphi_{xx}(m)\end{aligned} \tag{G.3.11}$$

由此可见:输入和输出之间的互相关序列等于输入自相关序列和线性系统单位取样响应的卷积。

当随机信号的均值$\mu_x = \mu_y = 0$时,它们的傅里叶变换存在,根据式(G.2.11)相关序列的傅里叶变换就是功率谱密度的概念,对式(G.3.11)作傅里叶变换,可以得到:

$$P_{xy}(\omega) = H(e^{j\omega}) \cdot P_{xx}(\omega) \tag{G.3.12}$$

由此可见:输入和输出随机信号的互谱密度等于输入信号的功率谱密度和线性系统的频率响应的乘积。

如果输入系统的信号是一白噪声,因为$\mu_x = 0$,$\varphi_{xx}(m) = \sigma_x^2 \delta(m)$,$P_{xx}(\omega) = \sigma_x^2$,根据式(G.3.11)和(G.3.12),输入输出之间的互相关序列和互谱密度分别为:

$$\varphi_{xy} = h(m) * \sigma_x^2 \delta(m) = \sigma_x^2 \cdot h(m)$$

$$\rho_{xy}(\omega) = H(e^{j\omega}) \cdot \sigma_x^2$$

或可写成

$$h(m) = \varphi_{xy}(m)/\sigma_x^2 \tag{G.3.13}$$

$$H(e^{j\omega}) = \rho_{xy}(\omega)/\sigma_x^2 \tag{G.3.14}$$

在工程实践中,这是一个很有用的结论。当一个系统的动态特性未知时,可通过测量系统的输入和输出信号的互相关序列或互谱密度,然后分别由式(G.3.13)和式(G.3.14)来确定线性系统的单位取样响应和频率响应。

G.4 随机信号的谱估计

在很多时候需要估计随机信号各种频率分量的功率分布,也就是所谓"功率谱估计",本书主要介绍经典谱估计和近代谱估计方法。

G.4.1 经典谱估计

经典谱估计有周期图法和相关图法两种,它们都是建立在 DFT 基础上的。

1. 周期图法

周期图法又称直接法,它是直接将信号采样数据 $x(n)$ 进行傅里叶变换得到的。具体实现步骤是:首先将离散随机信号 $x(n)$ 乘以数据窗 $w_N(n)$ 得到信号 $v(n)$,即

$$v(n) = x(n)w_N(n), n = 0, \cdots, N-1 \tag{G.4.1}$$

其中,$w_N(n)$ 是长度为 N 的矩形窗,用加窗后的信号 $v(n)$ 估计 $x(n)$ 的统计自相关,可以得到:

$$\varphi_{xx}(m) = \frac{1}{N} \sum_{n=0}^{N-1-|m|} v(n)v(n+m), |m| \leqslant N-1 \tag{G.4.2}$$

也可以简单地认为:

$$\varphi_{xx}(m) = \frac{1}{N} \sum_{n=0}^{N-1} v(n)v(n+m), |m| \leqslant N-1 \tag{G.4.3}$$

其功率谱估计为上述自相关序列估计的傅里叶变换:

$$\hat{P}_{xx}(\omega) = \sum_{m=0}^{N-1} \varphi_{xx}(m) e^{-j\omega m} \tag{G.4.4}$$

将式(G.4.3)代入式(G.4.4),可以得到:

$$\begin{aligned}
\hat{P}_{xx}(\omega) &= \sum_{m=0}^{N-1} \frac{1}{N} \sum_{n=0}^{N-1} v(n)v(n+m) e^{-j\omega m} \\
&= \frac{1}{N} \sum_{n=0}^{N-1} v(n) e^{j\omega n} \sum_{m=0}^{N-1} v(n+m) e^{-j\omega(n+m)} \\
&= \frac{1}{N} V^*(e^{j\omega}) V(e^{j\omega}) \\
&= \frac{1}{N} |V(e^{j\omega})|^2
\end{aligned} \tag{G.4.5}$$

如果用 $I_N(\omega)$ 表示周期图,从而得到计算周期图的通式为:

$$I_N(\omega) = \frac{1}{N} |V(e^{j\omega})|^2 \tag{G.4.6}$$

如果计算周期图 I_N 时不通过自相关序列,而是直接由随机信号 $x(n)$ 的 N 点取样作离散傅里叶变换,则可得到计算离散周期图的通式为:

$$I_N(k) = \frac{1}{N} |V(k)|^2 \tag{G.4.7}$$

其中,k 是 ω 在 2π 区间中的等间隔取样点 $\omega = 2\pi k/N$。因为 $X(k)$ 具有周期性,周期为 N,因此称 $I_N(k)$ 为实平稳随机信号 $x(n)$ 的 N 点周期图。

由于周期图法得到的谱估计值实际上是 $x(n)$ 的统计自相关的谱估计值的离散傅里

叶变换,因此周期图功率谱估计与真实功率谱估计之间存在误差,这种偏差是由加窗导致的,主要体现在谱线展宽、频率分辨率降低、谱泄露等。

2. 相关图法

相关图法又称间接法,BT 法。具体实现步骤:首先将离散随机信号 $x(n)$ 乘以数据窗 $w_N(n)$ 得到信号 $v(n)$,即

$$v(n) = x(n)w_N(n), n = 0,\cdots,N-1 \tag{G.4.8}$$

其中,$w_N(n)$ 是长度为 N 的矩形窗,然后用加窗后的信号 $v(n)$ 估计 $x(n)$ 的统计自相关,可以得到:

$$\begin{aligned}\varphi_{xx}(m) &= \frac{1}{N}\sum_{n=0}^{N-1}v(n)v(n+m) \\ &= \frac{1}{N}\sum_{n=0}^{N-1-|m|}v(n)v(n+m), |m| \leq N-1\end{aligned} \tag{G.4.9}$$

最后对自相关的估值加长度为 $(2M+1)$ 的平滑窗 $v_{2M+1}(n)$,窗形状任意且 $M \leq N-1$,再用 DFT 计算其傅里叶变换,作为 $x(n)$ 的功率密度谱的估值,可以得到:

$$\hat{P}_{xx}(\omega) = \sum_{m=-M}^{M}\hat{\varphi}_{xx}(m)v_{2M+1}(n)e^{-j\omega m}, M \leq N-1 \tag{G.4.10}$$

由于自相关序列 $\varphi_{xx}(m)$ 的估值只利用了 $x(n)$ 的 N 个有限值,因此估值 $\varphi_{xx}(m)$ 和平稳随机信号的真实自相关序列之间存在误差,从而影响了谱估计 $\hat{P}_{xx}(\omega)$ 的精度。

G.4.2 近代谱估计

近代谱估计是非线性的,有参量法和非参量法。其中参量法中的自回归(AR)模型法因为只需求解线性方程组,计算方便,所以用得最多。本书只介绍 AR 模型法。

1. AR 模型法谱估计的基本思想

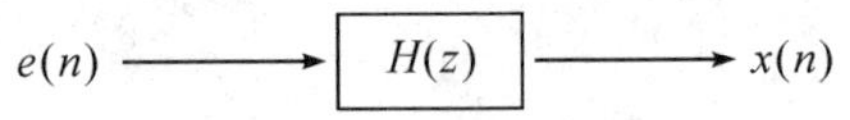

$$e(n) \longrightarrow \boxed{H(z)} \longrightarrow x(n)$$

图 G.4.1 AR 模型

如图 G.4.1 所示的 AR 模型中,$e(n)$ 是均值为 0,方差为 σ_e^2 的高斯白噪声。$H(z)$ 是一个全极点型因果离散时间系统的系统函数,表达式如下:

$$H(z) = \frac{1}{1+\sum_{k=1}^{P}a_k z^{-k}} \tag{G.4.11}$$

输出信号 $x(n)$ 是谱估计的对象。其功率谱密度是输入信号 $e(n)$ 的功率谱密度,即方差与系统频率响应的平方的乘积,记作:

$$p_x(e^{j\omega}) = |H(e^{j\omega})|^2 p_e(e^{j\omega}) = \sigma_e^2|H(e^{j\omega})|^2 \tag{G.4.12}$$

其中,频率响应具有如下形式:

$$H(e^{j\omega}) = \frac{1}{1 + \sum_{k=1}^{P} a_k e^{-j\omega k}} \qquad (G.4.13)$$

一旦模型参数 a_k 和 σ_e^2 确定，$x(n)$ 的功率谱密度就可以确定。

2. 模型参数的估计方法

由式(G.4.11)写出系统的差分方程为：

$$x(n) = e(n) - \sum_{k=1}^{P} a_k x(n-k) \qquad (G.4.14)$$

设 $x(n)$ 是实数信号，式(G.4.14)两边乘以 $x(n-k)$，统计平均，可以得到：

$$E\{x(n)x(n-m)\} = E\{e(n)x(n-m)\} - \sum_{k=1}^{P} a_k E\{x(n-k)x(n-m)\} \qquad (G.4.15)$$

所以

$$\varphi_{xx}(m) = \varphi_{xe}(m) - \sum_{k=1}^{P} a_k \varphi_{xx}(m-k) \qquad (G.4.16)$$

设系统的单位脉冲响应是 $h(n)$，$n = 0,1,\cdots,\infty$，有如下关系式：

$$\begin{aligned}
\varphi_{xe}(m) &= E[e(n)x(n-m)] \\
&= E\left[e(n)\sum_{k=0}^{\infty} h(k)e(n-m-k)\right] \\
&= \sum_{k=0}^{\infty} h(k)E[e(n)e(n-m-k)] \\
&= \sum_{k=0}^{\infty} h(k)\varphi_{ee}(m+k)
\end{aligned} \qquad (G.4.17)$$

将 $\varphi_{ee}(m) = \sigma_e^2 \delta(m)$ 代入式(G.4.17)，可以得到：

$$\varphi_{xe}(m) = \sum_{k=0}^{p} h(k)\sigma_e^2 \delta(m+k) = \sigma_e^2 h(-m) \qquad (G.4.18)$$

利用 Z 变换的初值定理，由式(G.4.1)可以得到 $h(0) = 1$。由于 $h(m)$ 因果，式(G.4.18)可以记作：

$$\varphi_{xe}(m) = \begin{cases} 0 & m > 0 \\ \sigma_e^2 & m = 0 \end{cases} \qquad (G.4.19)$$

将式(G.4.19)代入式(G.4.16)，可以得到：

$$\varphi_{xx}(m) = \begin{cases} -\sum_{k=1}^{P} a_k \varphi_{xx}(m-k) & m > 0 \\ \sigma_e^2 - \sum_{k=1}^{P} a_k \varphi_{xx}(n-k) & m = 0 \end{cases} \qquad (G.4.20)$$

式(G.4.20)称为 Yule—Walker 方程，表明了模型参数与信号自相关之间的关系。所以只要用 $x(n)$ 的观察值，估计出 $(P+1)$ 个 $\hat{\varphi}_{xx}(m)$ ($m = 0,1,\cdots,P$)，代入并求解

Yule—Walker 方程,就可求出模型参数的估值 $\hat{a}_k(k=1,2,\cdots,P)$ 和 $\hat{\sigma}_e^2$。

求解 Yule—Walker 方程涉及矩阵求逆,运算量很大。其中最常用的一种求解方法——列文森—杜宾(Levinson - Durbin)算法,它首先解出 $P=1$ 时的方程的解,再递推 $P=2,3,\cdots$ 直到要求阶数的方程的解。相关求解过程请参阅相关书籍。

附录 H MATLAB 信号处理工具

MATLAB 以工具箱(Toolbox)的形式提供了用于数字信号处理的大量函数,用户可以调用相应的函数进行编程完成特定的信号处理任务。不仅如此,MATLAB 工具箱还提供了更加简单和直观的信号处理图形用户界面工具(GUI)——滤波器设计与分析工具(FDATool)和信号处理工具(SPTool),用户可利用此工具随时对比设计要求和滤波器特性,直观简便,极大地减轻了工作量,有利于滤波器的最优化。

H.1 滤波器设计与分析工具 FDATool

FDATool(Filter Design and Analysis Tool)是 MATLAB 信号处理工具箱中一个强有力的进行快速设计与分析滤波器的图形用户界面工具。它的主要功能如下:

1. 设计参考滤波器

利用 FDATool 可以方便地设计出满足各种性能指标(或直接指定滤波器系数)的滤波器,并且可以查看该滤波器的各种分析图形(例如滤波器的幅频特性、相频特性、群时延、零极点图等)。待设计出满意的滤波器后,还可以将其系数直接导出为 MATLAB 变量、文本文件或 C 语言头文件等。

2. 仿真和分析量化滤波器的性能

为了仿真和分析量化滤波器的性能,滤波器设计工具箱提供了一整套定义在量化对象基础上的量化函数。MATLAB6.0 以上的版本还专门增加了滤波器设计工具箱(Filter Design Tool)。FDATool 可以设计包括 FIR 和 IIR 的几乎所有常规滤波器。

3. FDATool

FDATool 也提供对滤波器进行分析的工具,例如幅频和相频响应曲线和零极点图等。FDATool 也可以和 MATLAB 产品族的其他产品无缝结合以开发综合项目。例如结合 Filter Design Tool 进行高级 FIR 与 IIR 滤波器设计、滤波器转换及多速率滤波器设计等,结合 Simulink 产生滤波器的原始 Simulink 模块,结合 Embedded Target for Texas Instruments C6000 DSP 可以下载代码到相应 DSP 目标板中等。

一. FDATool 用户界面

在 MATLAB 的命令窗键入 FDATool 命令,就可以进入滤波器仿真和分析环境,得到图 H.1.1 所示的界面。

FDATool 主窗口分为菜单栏、工具栏及 GUI 面板三大部分。其中 GUI 部分包括三个主要的区域:左上部分为当前滤波器的信息区域,右上部分为滤波器的显示区域,下半部分为设计面板区域。其中设计面板区域主要分为:

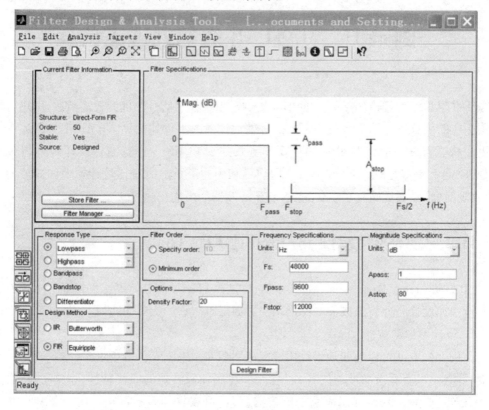

图 H.1.1　FDATtool 的起始界面

（1）Filter Type（滤波器类型）选项:包括 Lowpass（低通）、Highpass（高通）、Bandpass（带通）、Bandstop（带阻）和特殊的 FIR 滤波器。

（2）Design Method（设计方法）选项:包括 IIR 滤波器的 Butterworth（巴特沃斯）法、Chebyshev TypeI（切比雪夫 I 型）法、Chebyshev Type II（切比雪夫 II 型）法、Elliptic（椭圆滤波器）法和 FIR 滤波器的 Equiripple 法、Least－Squares（最小乘方）法、Window（窗函数）法。

（3）Filter Order（滤波器阶数）选项:包括 Specify Order（指定阶数）和 Minimum Order（最小阶数）。在 Specify Order 中填入所要设计的滤波器的阶数（N 阶滤波器,Specify Order＝$N-1$），如果选择 Minimum Order,则 MATLAB 根据所选择的滤波器类型自动使用最小阶数。

（4）Frenquency Specifications 选项:可以详细定义频带的各种参数,包括采样频率 Fs 和频带的截止频率。它的具体选项由 Filter Type 选项和 Design Method 选项决定,例如 Bandpass（带通）滤波器需要定义 Fstop1（下阻带截止频率）、Fpass1（通带下限截止频率）、

Fpass2(通带上限截止频率)、Fstop2(上阻带截止频率),而 Lowpass(低通)滤波器只需要定义 Fstop1、Fpass1。采用窗函数设计滤波器时,由于过渡带是由窗函数的类型和阶数决定的,所以只需要定义通带截止频率,不必定义阻带参数。

(5) Magnitude Specifications 选项:可以定义幅值衰减情况。例如设计带通滤波器时,可以定义 Wstop1(频率 Fstop1 处的幅值衰减)、Wpass(通带范围内的幅值衰减)、Wstop2(频率 Fstop2 处的幅值衰减)。当采用窗函数设计时,通带截止频率处的幅值衰减固定为 6db,不必定义。Windows Specifications 选项,当选取采用窗函数设计时,该选项可定义,它包含了各种窗函数。

图 H.1.2 所示为 FDATool 的主菜单和工具条。其中,图标 对用户学习 FDATool 的使用很有帮助。用户可先用鼠标点击该图标,然后点击界面上某个需要提供帮助的区域。这时,MATLAB 便将该区域用黑色粗线圈起,并给出详细的说明。

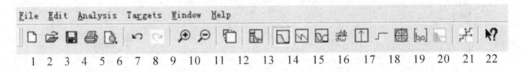

图 H.1.2　FDATool 的主菜单和工具条

1. 建立新对话;　2. 打开对话;　3. 保存对话;　4. 打印当前的响应;　5. 打印预览;
6. 放弃操作;　7. 恢复操作;　8. 放大;　9. 缩小;　10. 全景分析;
11. 滤波器指标;　12. 模值响应;13. 相位响应;14. 模值—相位响应;15. 群时延响应;
16. 冲激响应;　17. 阶跃响应;18. 零极点图;19. 滤波器系数;　20. 噪声加载方法;
21. 启动量化操作;22. 这是什么。

二. 滤波器设计与参数设置

启动 FDATool 后,如果要创建新的滤波器,可用菜单栏的 New | Session 命令得到图 H.1.3 所示的界面。图中右上方显示低通滤波器的幅频特性容限图。用户可在图 H.1.3 的左方选择所需滤波器的型式(FIR、IIR、低通、高通、带通……)。如果设计一个新的 FIR 低通数字滤波器,则应在 FIR 下拉菜单中,选择所需的算法,例如 Equiripple(等波纹),并在输入设计要求和技术指标后,点击 Design Filter 按钮,就可以得到所需滤波器。

现在以 FIR 滤波器的设计为例,了解滤波器的设计流程。选用图 H.1.3 原有技术指标设计 FIR 等波纹低通滤波器。所得滤波器的幅频特性示于该图的上方。

在图 H.1.3 所显示的特性曲线上,用户点击任何点,就会出现一个文本框,标出该点的横、纵坐标值,如图 H.1.4 所示。这样的标志点可以设置多个。以鼠标右键点击该框,从跳出的现场菜单中,可改变框中的字体大小、框的位置等,也可以撤销该框。

从图 H.1.3 所示 Analysis 项的子菜单可以做出选择,以显示滤波器的幅频特性、相频特性、合在一起的幅频特性和相频特性、群时延特性、冲激响应、阶跃响应、零极点分布

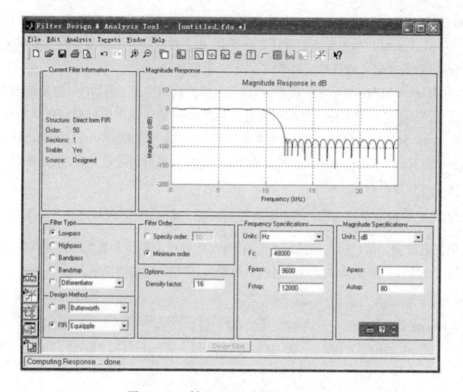

图 H.1.3　低通 FIR 滤波器的幅频特性

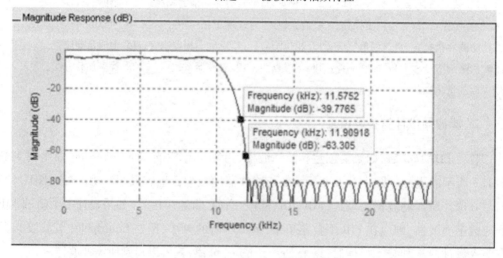

图 H.1.4　带标志点的特性曲线

和滤波系数等,分别如图 H.1.5 ~ H.1.14 所示。

在图 H.1.3 中,若单击 Analysis 项子菜单中的 Full View Analysis(全景分析)选项,则滤波器特性将在一个单独的图中显示出来,如图 H.1.15 所示。

Analysis 项子菜单中有 Analysis Parameters 选项。单击这个选项,出现图 H.1.16 的对话框。通过该对话框上方的列表框 Range,可以选择频率坐标的范围。例如,若选频率范围为 $[Fs/2, Fs/2]$,则滤波器的幅频特性将如图 H.1.17 所示。

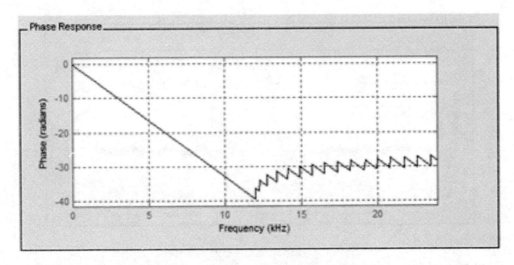

图 H.1.5 FIR 低通滤波器的相频特性

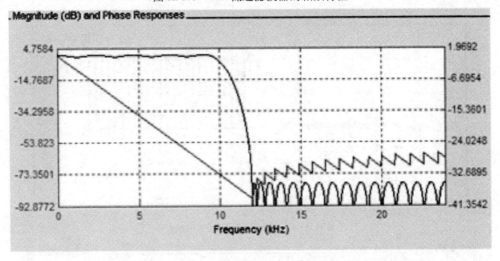

图 H.1.6 FIR 低通滤波器的幅频和相频特性

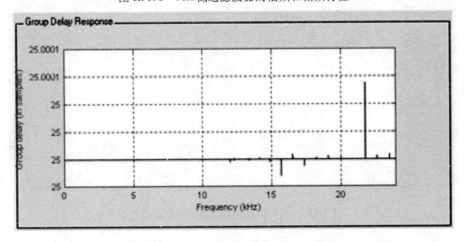

图 H.1.7 FIR 低通滤波器的群时延特性

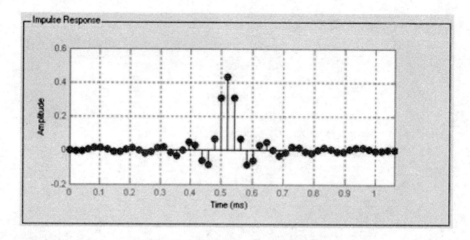

图 H.1.8　FIR 低通滤波器的冲激响应

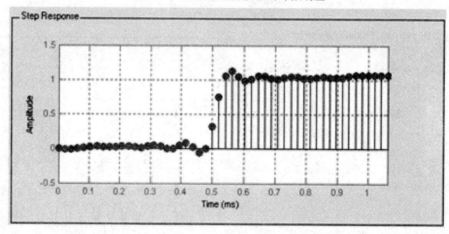

图 H.1.9　FIR 低通滤波器的阶跃

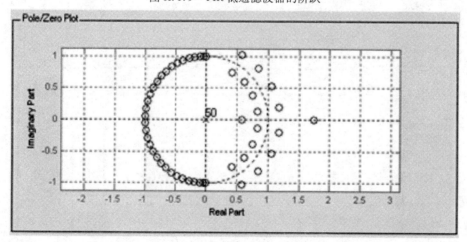

图 H.1.10　FIR 低通滤波器的零极点分布

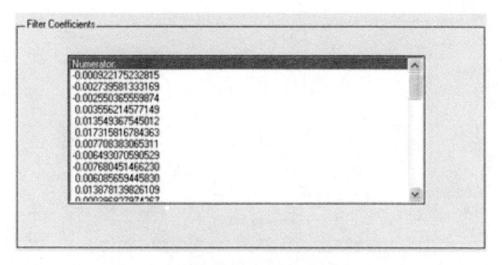

图 H.1.11　FIR 低通滤波器的滤波系数

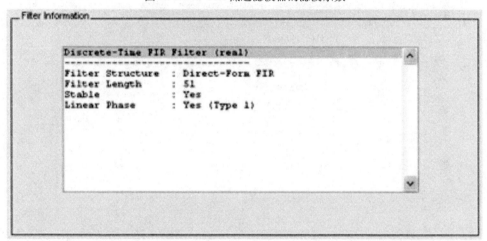

图 H.1.12　FIR 低通滤波器信息

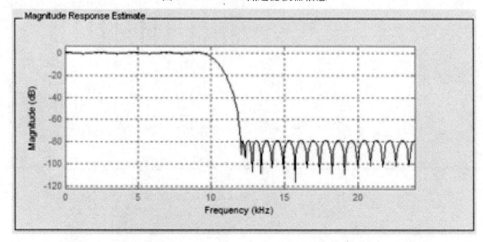

图 H.1.13　FIR 低通滤波器的幅度响应估计

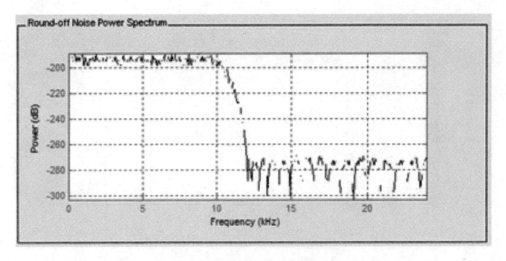

图 H.1.14　FIR 低通滤波器的噪声功率谱

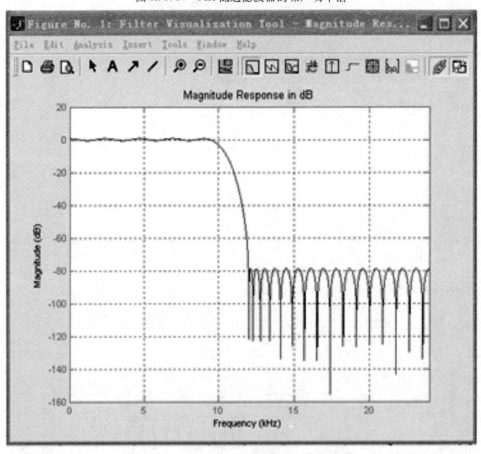

图 H.1.15　FIR 低通滤波器的全景显示

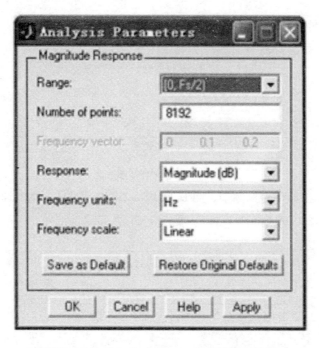

图 H.1.16 "Analysis Parameters"选项对话框

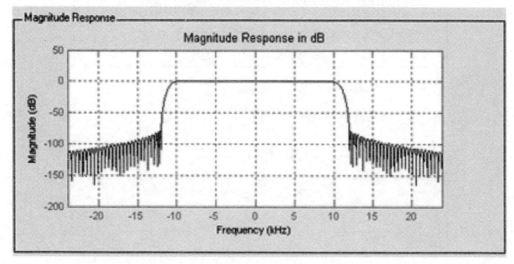

图 H.1.17 频率范围为 $[-Fs/2, Fs/2]$ 时的幅频特性

三. FIR 低通滤波器的频率变换

按照上面所讲的方法设计好低通滤波器后,就可以通过变换获得另一个低通、高通、带通、带阻滤波器。具体方法如下:

按图 H.1.3 所示的滤波器变换钮,得到图 H.1.18。该面板适用于低通滤波器作为目标滤波器。如果目标滤波器是其他类型的滤波器,可以通过面板右上角的 Transformed filter type 列表框来选择。面板左方和右方的文本框示出频率变换前后的对应频率,由用户确定。

图 H.1.18　频率变换面板

图 H.1.19 示出频率变换例子。图 H.1.19(a)是原来设计好的低通滤波器,经变换,可分别得到图 H.1.19(b)和 H.1.19(c)所示的高通、带通滤波器。

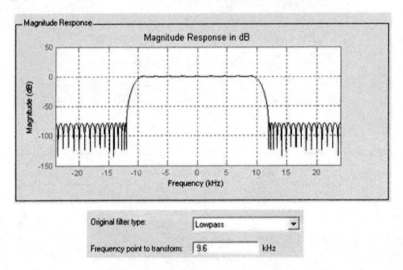

(a)低通滤波器(源滤波器)

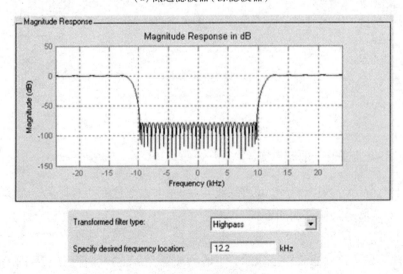

(b)高通滤波器(目标滤波器)

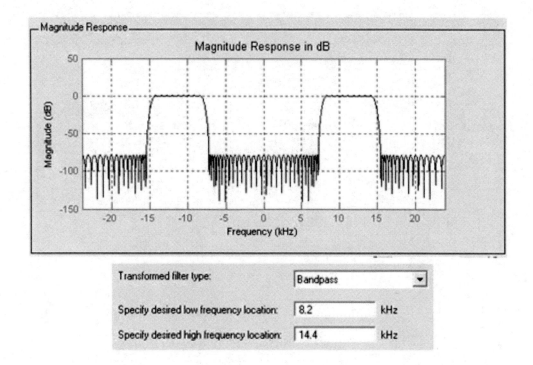

(c) 带通滤波器(目标滤波器)

图 H.1.19　FIR 滤波器变换

H.2　信号频谱分析和滤波设计工具 SPTool

SPTool(Signal Processing Tool)是 MATLAB 信号处理工具箱中进行数字信号处理的交互式用户界面环境。它包含了工具箱中许多重要函数的功能,通过这个工具可以简便快速地完成复杂数字信号处理任务,用户无需对工具箱中的函数十分熟悉,可以快速掌握和应用。

SPTool 可以用于信号分析、滤波器设计、滤波器分析、信号滤波、信号谱分析等处理和操作。

一. SPTool 用户界面

在 MATLAB 的命令窗键入 SPTool 命令,就可以进入滤波器仿真和分析环境,得到图 H.2.1 所示的界面。

用户可以通过 SPTool 提供的导入和导出功能在 MATLAB 和 SPTool 工作空间之间传输信号序列、滤波器和频谱。图 H.2.2 是 SPTool 的导入窗口界面,H.2.3 是 SPTool 的导出窗口界面。

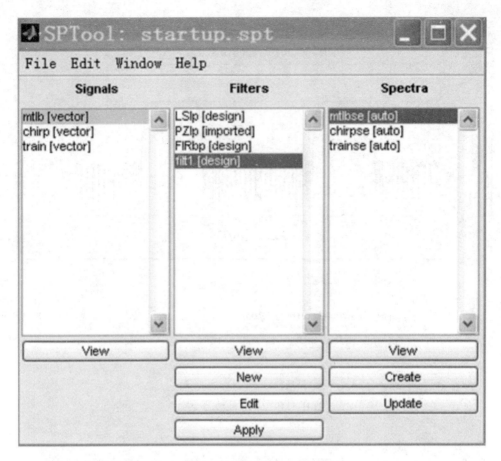

图 H.2.1　SPTool 的启动界面

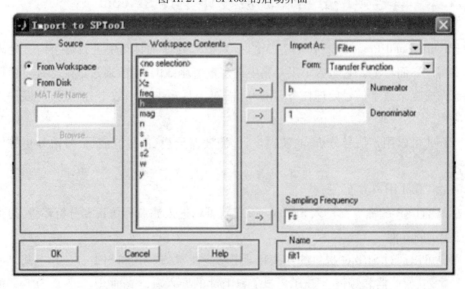

图 H.2.2　导入滤波器时的界面

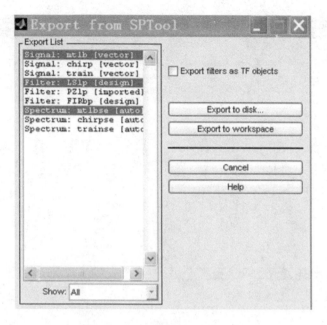

图 H.2.3　导出滤波器时的界面

二. 信号时域滤波性能分析

用户在 SPTool 主窗口打开信号浏览器,首先选择 Signals 列表框中的一个或几个信号,通过单击某一个需要的信号可以选中该信号变量,单击 Signals 列表框下面对应的 View 按钮,即打开被选中信号的信号浏览器界面,如图 H.2.4 所示。

现在用 SPTool 观看滤波器 filt1 的特性。在图 H.2.4 选中滤波器 filt1,并按下 View 钮,便打开图 H.2.5 所示的 Filter Viewer(滤波浏览器)。该图左方示出当前的滤波器是 filt1,采样率 Fs = 1000。用户可在图形面板上用复选钮选择需要观看的图形(一个或多个)。图 H.2.5 同时显示滤波器的模频特性和相频特性。可供选择的图形有模频特性、相频特性、群时延特性、零极点图、冲激响应和阶跃响应(图 H.2.6 ~ H.2.11)。模频特性的纵坐标轴可通过下拉菜单选为线性的、对数的,也可以用分贝来表示。图 H.2.6 用分贝来表示模频特性。

图 H.2.6 的两条垂直线成为标志线。可以用鼠标拖动标志线沿水平方向移动。标志线与特性曲线的交点用圆圈标出。相应的横坐标与纵坐标的值在界面的下方给出。可以通过工具条上的切换图标 ![icon] 获得标志线或消除当前的标志线。关于 Filter Viewer 的菜单和工具条,读者可参看图 H.2.12。

按钮 ![icon] 可以提供有跟踪功能的垂直标志线,按钮 ![icon] 可以提供兼有跟踪功能和斜率的垂直标志线。按钮 ![icon] 和 ![icon] 分别标出特性曲线的局部峰点和谷点。

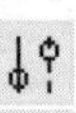

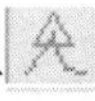

图 H.2.13 和图 H.2.14 显示以上几个按钮的功能。

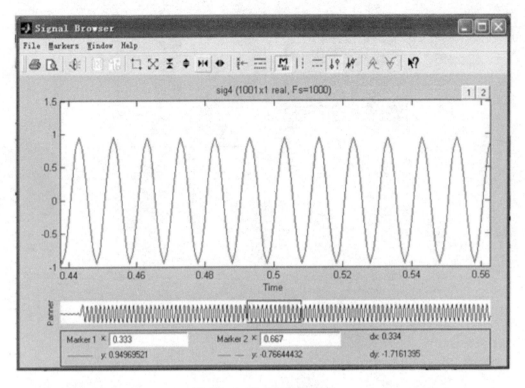

图 H.2.4　信号浏览器窗口

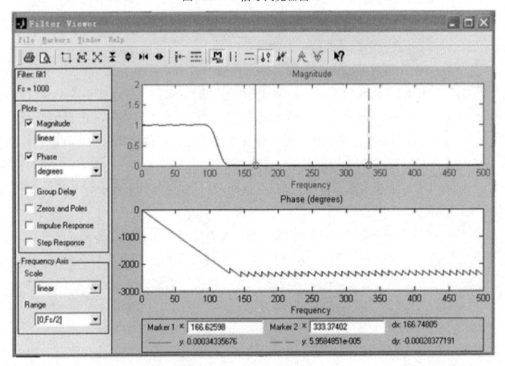

图 H.2.5　Filter Viewer 窗口

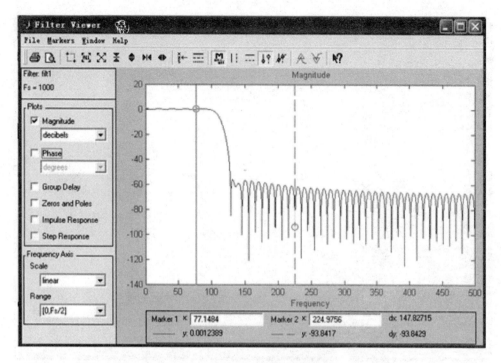

图 H.2.6 用分贝表示幅频特性

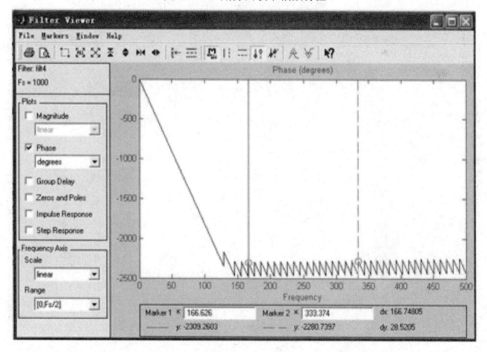

图 H.2.7 相频特性

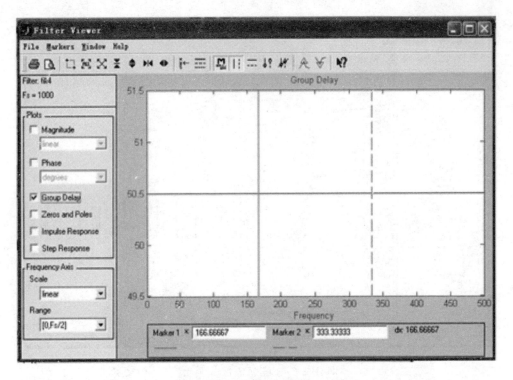

图 H.2.8　群延时特性

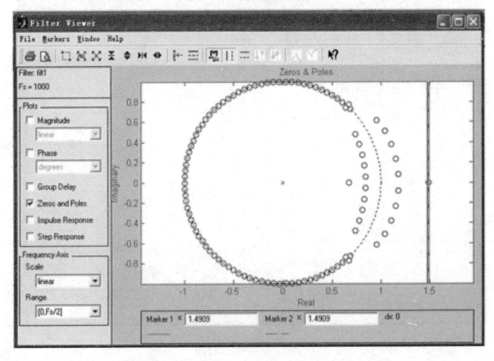

图 H.2.9　零极点图

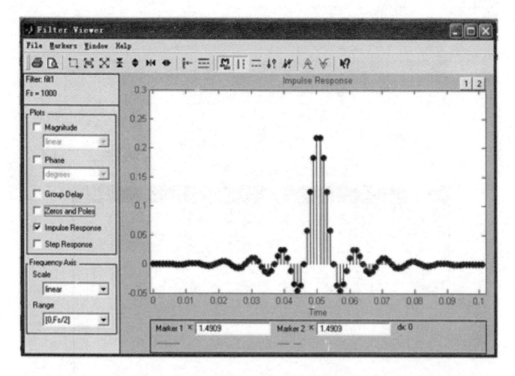

图 H.2.10 滤波器的冲激响应

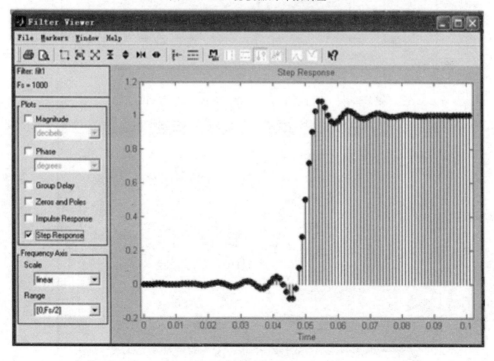

图 H.2.11 滤波器的阶跃响应

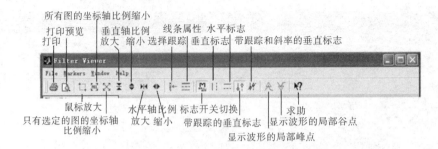

图 H.2.12 Filter Viewer 的工具条

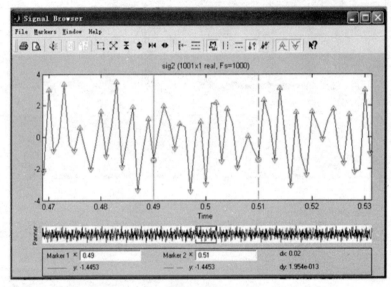

图 H.2.13 按下按钮 后所看到的波形

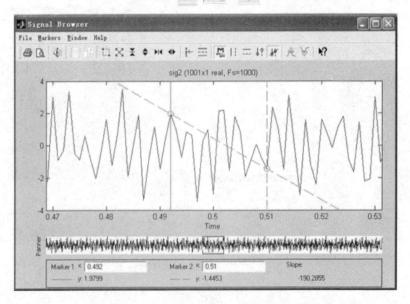

图 H.2.14 按下按钮 后所看到的波形

三. 滤波器设计

在 SPTool 主窗口的 Filters 列表框下面单击 New 图标和 Edit 图标,都可以打开 Filter Designer,如图 H.2.15 所示。

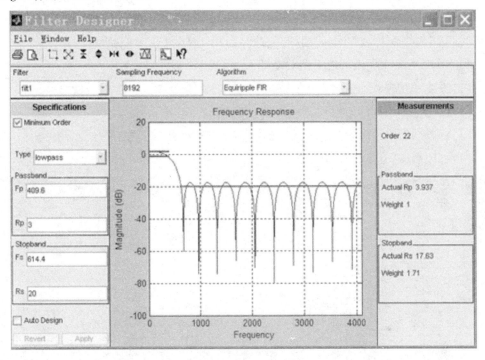

图 H.2.15　Filter Designer 窗口

Filter Designer 的界面分为 3 个区,即 Specifications、Main Axes 和 Measurement。图中,Main Axes 区显示滤波器的特性(目前,该图显示切比雪夫 I 型 IIR 低通滤波器的幅频特性)。

Filter Designer 的工具条如图 H.2.16 所示。

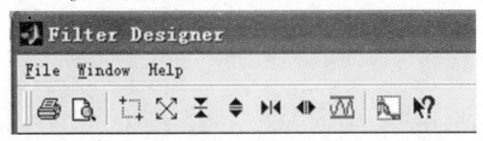

图 H.2.16　Filter Designer 工具条

按钮 用来放大滤波器的通带,以利观察。按下 图标后,可以从 SPTool 的 Spectra 的列表中选取一个信号频谱,使之与滤波器的频响曲线叠合起来,以观察信号的哪些分量可以通过滤波器或被滤波器滤掉。

四. 信号的频谱分析

频谱浏览器(Spectrum Viewer)提供了一个估计与分析特定数据信号的功率谱密度(PSD)的图形交互式环境,可以方便地实现功率谱的创建、查看和修改。

打开 Spectrum Viewer 窗口可以通过在 SPTool 主界面中单击 Spectra 列表框下面的 View 图标、Create 图标或 Update 图标。打开后的窗口如图 H.2.17 所示。

Spectrum Viewer 提供了以下主要功能:

(1) 查看和比较频谱密度图形;

(2) 使用多种不同的谱估计方法产生功率谱;

(3) 修改功率谱密度参数,如 FFT 长度、窗类型和抽样频率等;

(4) 打印频谱图形。

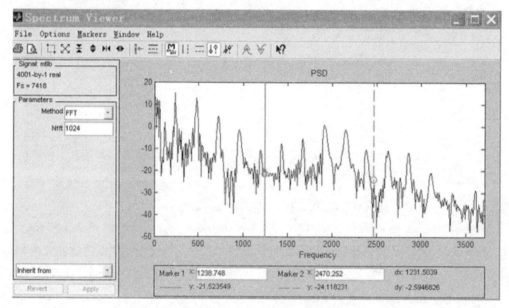

图 H.2.17 Spectrum Viewer 窗口

Spectrum Viewer 窗口除了菜单栏和方便访问常用菜单功能的快捷工具按钮以外,还包括左上部的信号识别区域,它提供了当前显示 PSD 估计对应信号的信息;Parameters 区域用于修改 PSD 参数;主轴显示区域用于查看频谱曲线;标识显示区域用于查看和控制主轴标识线的值,通过标识线测量频谱数据。

参考文献

[1] John G Proakis, et al. Digital Signal Processing – Principles, Algorithms, and Applications[M]. 3rd ed. Pretice Hall,1996.

[2] Sanjit K Mitra. 数字信号处理实验指导书(MATLAB 版)[M]. 孙洪,等译. 北京:电子工业出版社,2005.

[3] 胡广书. 数字信号处理教程(第二版)[M]. 北京:清华大学出版社,1997.

[4] A. V. 奥本汉姆. 离散时间信号处理[M]. 刘树棠,译. 西安:西安交通大学出版社,2001 年.

[5] 程佩青. 数字信号处理教程(第二版)[M]. 北京:清华大学出版社,2001.

[6] 丁玉美,高西全. 数字信号处理[M]. 西安:西安电子科技大学出版社,2001.

[7] 范影乐,杨胜天,李铁. MATLAB 仿真应用详解[M]. 北京:人民邮电出版社,2001.

[8] 邓善熙. 测试信号分析与处理[M]. 北京:国防工业出版社,2002.

[9] 程佩青. 数字信号处理教程习题分析与解答[M]. 北京:清华大学出版社,2002.

[10] 张小虹. 数字信号处理习题讲解[M]. 南京:东南大学出版社,2002.

[11] 金连文. 现代数字信号处理[M]. 北京:电子工业出版社,2003.

[12] 俞卞章. 数字信号处理(第二版)[M]. 西安:西北工业大学出版社,2005.

[13] 张德丰. MATLAB 数字信号处理与应用[M]. 北京:清华大学出版社,2010.

[14] 林川. MATLAB 与数字信号处理实验[M]. 武汉:武汉大学出版社,2011.

[15] 宁爱国,刘文波,王爱民. 测试信号分析与处理[M]. 北京:机械工业出版社,2013.

[16] 季秀霞. 数字信号处理[M]. 北京:国防工业出版社,2013.